KB040708

괴짜 물리학

기발한 상상력으로 풀어낸
지적 교양을 위한 **물리학 입문서**

괴짜 물리학

・ **렛 얼레인** 지음 | **정훈직** 옮김 | **이기진** 감수 ・

북라이프

옮긴이 **정훈직**

연세대학교를 졸업한 후 직장 생활을 하다가 영어 강사가 되었다. 글밥 아카데미에서 출판 번역 과정을 수료한 후 현재는 바른번역 소속 번역가로 활동하면서 영상번역을 병행하고 있다. 전자책 《피그말리온》을 번역했고 리얼리티 쇼 〈렛 잇 라이드〉, 게임 쇼 〈페치!〉, 애니메이션 〈넘팀스〉 등 다수의 TV 프로그램 번역에 참여했다.

감수 **이기진**

서강대학교 물리학과 교수. 세계적 국제 저널에 100편 이상의 논문을 발표했다. 평소에는 마이크로파 물리학 연구에 매진하다가 휴일이면 영감 있는 물건을 수집하는 컬렉터로 변신한다. 양복은 결혼식 때 입었던 한 벌뿐이고 주로 청바지와 운동화를 즐겨 신는다. 온갖 희귀한 골동품과 재기발랄한 그림, 장난감으로 가득 찬 보물섬 같은 그의 연구실에서 오늘도 일상 속에서 사소한 기적들을 이루어가며 우주와 인간을 탐구하고 있다. 지은 책으로 《보통날의 물리학》, 《제대로 노는 물리 법칙》, 《맛있는 물리》, 《꼴라쥬 파리》 등이 있다.

괴짜 물리학

1판 1쇄 발행 2016년 4월 30일
1판 9쇄 발행 2023년 5월 17일

지은이 | 렛 얼레인
옮긴이 | 정훈직
감 수 | 이기진
발행인 | 홍영태
발행처 | 북라이프
등 록 | 제2011-000096호(2011년 3월 24일)
주 소 | 03991 서울시 마포구 월드컵북로6길 3 이노베이스빌딩 7층
전 화 | (02)338-9449
팩 스 | (02)338-6543
대표메일 | bb@businessbooks.co.kr
홈페이지 | http://www.businessbooks.co.kr
블로그 | http://blog.naver.com/booklife1
페이스북 | thebooklife
ISBN 979-11-85459-43-1 03400

"세상의 모든 일은 물리학으로 설명할 수 있다.
심지어 일어나지 않은 일조차도!"
_선 캐럴, 이론물리학자

아마도 학자들은 '긱'geek과 '너드'nerd(두 단어 모두 '괴짜' 또는 '세상 물정을 잘 모르는 마니아' 정도로 번역될 수 있다―옮긴이)의 차이점을 두고 영원히 논쟁할지도 모릅니다. 하지만 제 생각에 이 둘은 차이가 없습니다. 둘 다 특정한 분야를 깊이 파고드는, 자랑스러운 사람들을 일컫는 말입니다. 곤충을 연구하는 전문가일 수도 있고 영화 〈스타워즈〉의 제다이가 사용하는 광선검의 종류를 구분할 수 있는 사람일지도 모릅니다. 아니면 누구도 생각해내지 못한 멋진 물건을 만들거나 재미있고 흥미로운 이야기를 쓰는 사람일 수도 있어요. 어떤 이들은 저와 아주 비슷해서 어떤 기계나 물건의 작동 원리를 알아내려고 몽땅 분해해버리고선 다시 조립하지 못하기도 하죠.

저는 긱과 너드가 부정적인 것들과 연관되어 있지 않다고 생각합니다. 심지어 어떤 사람들은 '괴짜'라고 불리는 것을 좋아하기도 하죠. 괴짜는 멋져요. 〈빅뱅이론〉The Big Bang Theory(미국 CBS 방송국에서 방영되는 시트콤 — 옮긴이)이나 〈미스버스터즈〉Mythbusters(디스커버리 채널에서 방영되는 과학 프로그램 — 옮긴이) 같은 인기 TV 쇼들을 보세요. 우리 모두는 조금씩 괴짜 같은 면이 있고 그래도 괜찮습니다.

저는 어떠냐고요? 저도 괴짜냐고요? 네, 괴짜 맞습니다. 저는 어렸을 때부터 우주, 만화책, 공상과학 등 특이한 것들에 관심이 아주 많았어요. 10대 시절에는 두 개의 광전지와 모터를 이용해 작은 전기 기계를 만들어서 빛의 움직임을 쫓아가는 실험도 해봤죠. 그 꼬마 기계를 참 좋아했어요. 그러다 나중에 물리학을 공부하게 되었고 결국 사우스이스턴루이지애나대학교의 교수가 되었습니다. 물론 옛날에 좋아했던 것들을 지금도 좋아한답니다.

물리학과 괴짜가 합쳐진 것보다 더 재미있고 흥미진진한 일이 있을까요? 그래요, 제가 하는 일이 바로 그겁니다. 저는 두 가지 기본적인 방식으로 제 주변의 세상을 봅니다.

첫째는 운동량의 원리, 일-에너지 원리, 전기장과 자기장의 관계(이런 관계를 나타내는 것이 맥스웰 방정식이죠) 같은 물리학의 기본적인 개념들입니다. 하지만 현실에서 일어나는 현상과 머릿속에 떠오르는 상상을 분석할 때 제가 사용하는 건 이뿐만이 아닙니다.

두 번째는 모형을 만드는 것입니다. 모형이란 무엇일까요? 그건 저와 여러분이 어렸을 때 만들었던 자동차 모형 같은 겁니다. 똑같아요. 뭔가를 나타내기 위해 사용되는 것이라면 무엇이든 모형이 될 수 있습니다. 예를 들어 중력 모형은 두 물체의 질량과 그 둘 사이의 힘을 연관시키는 수학적 표현을 도출해내죠. 아직 만들어지지 않은 모형도 만들어낼 수 있습니다. 가령 '트위터에 올린 글은 미국 전역에 얼마나 빨리 퍼져나갈까?'란 질문을 생각해본다고 합시다. 이런 경우는 데이터 몇 가지만 수집해서 실제에 적용되는 표현 양식을 찾기만 하면 됩니다. 질문에 답해가는 과정을 통해 모형을 만드는 것이죠. 모형 자체는 복잡할 수도 있지만 모형을 만드는 원리는 사실 간단합니다.

그런데 왜 어떤 사람들은 영화 〈스타워즈〉의 물리학적 원리를 살펴보느라 시간을 낭비하는 걸까요? 소설 《호빗》에 등장하는 골룸이 체온을 유지하려면 물고기를 몇 마리 먹어야 하는지 궁금해하는 이유는 뭘까요? 맥주를 차갑게 하는 데 필요한 얼음의 양을 정확하게 계산할 이유가 있을까요? 그리고 실제로도 얼음을 그만큼 쓸까요? 더 중요한 일은 없을까요? '시간을 낭비한다'는 말은 무슨 뜻일까요? 영화를 보는 게 시간 낭비일까요? 책을 읽거나 그림을 그리는 것은요? 어떤 사람에게는 시간 낭비일 수도 있는 일이 다른 사람에게는 생산적인 일이 될수도 있습니다.

이렇게 비현실적으로 보이는 질문들을 하나하나 분석하는 게 정말 쓸모가 없는지 한번 생각해봅시다. 인기 비디오게임 '앵그리버드'Angry Birds를 예로 들어보죠(개인적으로 앵그리버드 게임을 무척 좋아하기도 하지만 이 게임이 어떤 방식으로 작동되는지 살펴보는 건 더 재미있습니다). 게임 속 새들이 어떤 방식으로 움직이는지, 게임에 적용되는 물리학적 원리가 무엇인지 등 게임이 어떻게 작동되는지를 분석하는 건 현실 세계에서 물리학 연구를 하는 것과 매우 유사합니다. 비유하자면 비디오게임을 분석하는 것은 실내 암벽등반을 하는 것과 같아요. 실내에서 암벽을 끝까지 올라도 아무것도 없습니다. 하지만 암벽등반 기술을 향상시킬 수는 있죠. 그와 달리 실제로 등산하는 경우는 도달할 수 있는 정상이 존재합니다. 하지만 역시 똑같은 암벽등반 기술을 사용하죠. 따라서 현실에서의 물리학 연구는 실제 등산이고 앵그리버드 게임의 원리를 분석하는 것은 실내 암벽등반이라고 보시면 됩니다.

자, 지금부터 시작입니다. 제가 제일 좋아하는 개념 몇 가지를 차례대로 보여드릴게요. 이 개념들은 모두 물리학과 괴짜를 합쳐놓은 것이라고 생각할 수 있습니다. 그래서 책 제목도 '괴짜 물리학'입니다.

렛 얼레인

차례

제9장

공상과학에서나 보던 일

제10장

과학 위의 인간

시작하기 전에 한 가지만 덧붙일게요!

저는 여기 나오는 엄청난 질문들에 대한 답을 정리하면서 모형을 만드는 과정을 여러분과 공유하려고 합니다. 각 모형을 만들 때 이용하는 기본적인 물리학 개념들을 설명할 거예요. 그런데 이런 개념들 중에 어떤 것들은 두 번 이상 나오기도 할 겁니다. 그리고 개념이 사용될 때마다 간단하게 소개할 거예요. 즉, 책 전반에 걸쳐 같은 설명이 반복적으로 나올 수 있다는 이야기죠.

이렇게 하면 좋은 점이 두 가지 있습니다. 우선 물리학은 복잡하게 느껴질 수도 있어 어떤 개념을 두 번 이상 살펴본다고 해서 나쁠 건 없겠죠. 그리고 순서와 상관없이 책을 펼쳐도 그 개념에 대한 설명을 볼 수 있다는 장점이 있습니다.

일상의 물리학

제1장

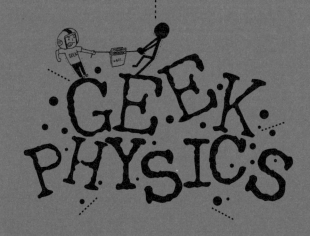

01

우주에도
중력이 존재할까?

제가 대학을 다닐 때는 먼저 교재에 나온 자료를 읽으면서 물리학과 관련된 내용을 접하게 되는 게 일반적이었습니다. 그런 다음 교수님이 그 주제에 대한 강의를 하고 실제 사례를 다루죠. 그 후엔 실험실에 가서 여러 장비들을 사용해 물리학 개념들을 더욱 깊이 있게 분석합니다. 그래요, 실제로 많은 학생들이 이런 방식으로 물리학을 접하고 공부합니다. 이런 접근법도 괜찮긴 하지만 더 좋은 방법은 없을까요? 실험을 먼저 해보는 것은 어떨까요?

한번 해봅시다. 이 실험은 스마트폰에 있는 구글 앱을 사용할 때 제일 재미있는 것 같은데요. 자, 스마트폰에 질문을 해봅시다.

"우주비행사는 왜 우주에서 떠다니나요?"

여러분도 같은 결과를 볼지 모르겠지만 제 스마트폰은 아래와 같은 공식 답변을 보여줍니다.

우주비행사들이 우주에서 떠다니는 이유는 우주에 중력이 없기 때문입니다. 알다시피 지구에서 멀어질수록 중력은 약해집니다. 우주비행사들은 지구에서 아주 멀리 떨어져 있어서 작용하는 중력이 아주 약하죠. 그래서 나사 NASA에서는 이 중력을 '미세중력'microgravity이라 부릅니다.

(출처) Why Do Astronauts Float Around in Space? | WIRED*

이 답변의 출처를 따라가보면 《와이어드》의 제 블로그로 가게 될 거예요. 그렇습니다. 이 설명은 제가 쓴 것인데, 완전히 틀렸어요. 그렇다고 실망하지는 마세요. 일부러 틀렸으니까요. 구글이 인증한 이 답변은 많은 사람들이 무중력을 설명할 때 흔하게 내놓는 대답이라 저도 무중력이라는 개념을 소개하려고 그렇게 쓴 것입니다. 구글은 틀린 답

---

* www.wired.com/2011/07/why-do-astronauts-float-around-in-space

을 올려놓기도 했지만 또 다른 흔한 답변을 놓쳤네요. 바로 '우주비행사들이 무중력 상태에 있는 이유는 우주에 공기가 없기 때문입니다.'라는 답이죠.

중력에 대한 이 두 가지 대답, 이 대단히 일반적인 관념은 왜 틀린 것일까요? 먼저 공기가 없기 때문이라는 답변부터 살펴봅시다.

공기가 없는데도 중력이 존재한다는 사실을 명확하게 드러내는 사례는 바로 달입니다. 아폴로 우주선이 달에 착륙했을 때 찍힌 영상을 아무거나 찾아보세요. 추천하자면 존 영John Young이 나오는 '점프 경례' jump salute 영상이 있어요. 영상을 보면 달에 공기가 없는데도 우주비행사들은 떠다니지 않죠. 달의 중력이 우주비행사를 당기고 있긴 하지만 달은 질량이 작기 때문에 중력도 약합니다.

그러면 처음 답변에 대해 알아봅시다. 앞서 제 설명처럼 우주비행사들이 우주에서 떠다니는 이유는 지구에서 너무 멀리 떨어져 있어 지구의 중력이 큰 영향을 미치지 못하기 때문인지도 모릅니다. 한번 확인해볼까요? 먼저 중력을 자세히 살펴보도록 하죠. 중력에 대한 뉴턴의 일반적인 공식에서 중력은 '질량이 있는 두 물체가 서로를 끌어당기는 힘'이라고 합니다. 중력의 강도는 두 물체의 질량을 곱한 것에 비례하고 두 물체 사이의 거리(r)의 제곱에 반비례합니다. 이를 방정식으로 나타내면 다음과 같습니다.

$$F_{grav} = G \frac{M_1 m_2}{r^2}$$

상수 G는 만유인력 상수입니다. 그 값은 $6.67 \times 10^{-11} \text{Nm}^2/\text{kg}^2$이죠. 그렇다면 그 유명한 g로 표기하는 9.8N/kg(9.8m/s^2으로 나타내기도 하죠)은 어떻게 되는 것일까요? g는 질량당 중력의 값은 맞지만 지구 표면에서만 해당되는 값이기 때문에 만유인력 상수는 아닙니다.

자, 주목하세요. 어떤 물건이 바닥에 놓여 있다고 할 때 그 물건은 지구와 상호작용을 하고 있죠. 지구의 질량은 $5.97 \times 10^{24}\text{kg}$이고 지구의 중심은 지구 표면 또는 바닥에서 $6.38 \times 10^{6}\text{m}$(지구의 반지름)만큼 떨어져 있습니다. 이 수치들을 중력 방정식에 대입해볼게요.

답은 얼마일까요? 1kg당 9.8N(뉴턴newton, 힘의 기본 단위. 1N은 질량 1kg인 물체를 1m/s^2로 움직이는 힘이다—옮긴이)이라는 중력이 나옵니다. 중력 방정식을 보면 지구에서 멀어질수록 중력은 약해진다고 나와 있죠? 그렇습니다. 하지만 여러분이 생각하는 것만큼 많이 약해지지는 않아요. 궤도를 돌고 있는 우주왕복선은 일반적으로 지구 표면을 기준으로 약 360km 상공에 있습니다. 예를 들어 우주비행사가 75kg이라고 가정합시다. 지구 표면에 있을 때와 우주 궤도에 있을 때 우주비행사의 무게(중력)는 얼마나 될까요? 아마도 유일하게 차이가 나는 수치는 우주비행사와 지구 중심 사이의 거리겠죠.

지구 표면에 있을 때와 우주 궤도에 있을 때 우주비행사에게 작용하는 중력을 비교해보면 전자는 734N(75kg)이고 후자는 657N(67kg)입니다. 우주 궤도에 있을 때가 중력이 작다고요? 그렇죠. 하지만 '무중력 상태'라고 할 수 있을 정도는 아닙니다. 우주 궤도에서의 중력은 지구 표면에서 측정한 중력의 89%입니다. 따라서 우주라고 해도 무중력 상태라고 볼 수는 없죠. 그러면 사람들이 무게를 어떻게 느끼는지 알아봅시다. 여러분이 지구 표면에 있다고 가정하고, 여러분이 현재 느끼고 있는 것이 실은 중력이 아니라고 해보죠. 엘리베이터 안에서 일어나는 몇 가지 상황을 통해 보여드릴게요.

EXAMPLE 1

엘리베이터 안에 서 있어보세요. 버튼은 누르지 말고요. 그냥 가만히 서서 엘리베이터가 움직이지 않도록 해보세요. 기분이 어떻습니까? 어색한가요? 아래 그림을 보죠.

엘리베이터 안의 사람은 움직이지 않고 그 상태를 유지하고 있으므로 평형 상태에 있습니다. 즉, 가속도(a)가 0입니다. 가속도가 0이면 알짜힘net force(물체에 작용하는 모든 힘을 합한 것—옮긴이)도 0일 것입니다(물리학 용어로 벡터가 0이죠). 이 사람에게 작용하는 두 가지 힘은 바닥이 사람을 위로 미는 힘과 중력의 작용에 의해 지구가 사람을 아래로 당기는 힘입니다. 이 두 가지 힘의 강도가 동일해야 알짜힘이 0이 될 수 있겠죠.

EXAMPLE 2

이제 버튼을 누르고 올라가보죠. 엘리베이터가 위로 올라가는 짧은 시간 동안 기분이 어떻습니까? 긴장되나요? 몸이 조금 무겁게 느껴질 수도 있습니다. 이 엘리베이터가 제가 일하는 건물에 있는 고물 엘리베이터와 비슷하다면 너무 느리게 올라가서 짜증이 날 수도 있겠네요. 이상한 냄새가 나진 않나요? 아래 그림을 봅시다.

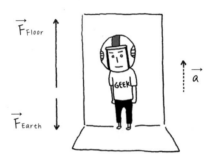

힘과 관련해서는 어떤 점이 달라져야 할까요? 사람이 위로 올라가고 있다면 알짜힘도 위를 향해야 합니다.

앞서 언급했던 두 가지 힘으로 설명하자면 이런 일이 일어날 수 있는 경우는 두 가지입니다. 바닥이 사람을 더 세게 밀어 올리거나 지구가 더 약하게 당기는 것이죠. 중력은 사람의 질량과 지구의 질량, 그리고 둘 사이의 거리에 따라 결정되기 때문에 중력 자체는 변하지 않습니다. 다시 말해 사람이 올라가려면 바닥이 사람을 더 세게 밀어야 한다는 뜻이죠. 중력은 변하지 않는데도 사람의 몸이 더 무겁게 느껴진다는 사실은 흥미롭습니다.

EXAMPLE 3

엘리베이터가 꼭대기 층에 가까워지고 있습니다. 곧 멈추겠군요. 엘리베이터는 위로 올라가기는 했지만 속도는 감소하고 있었으니 아래 방향으로 가속해야겠죠.

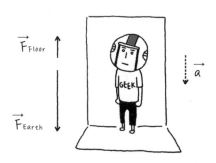

이제 알짜힘은 아래쪽으로 작용해야 합니다. 이번에도 중력은 변함이 없죠. 알짜힘이 아래로 작용하려면 바닥이 약하게 밀어 올리는 수밖에 없고 사람의 몸은 더 가볍게 느껴집니다.

EXAMPLE 4

엘리베이터 줄이 끊어져서 엘리베이터가 추락한다고 가정해봅시다. 이런 경우 엘리베이터의 가속도는 (자유낙하하는 여느 물체와 마찬가지로) -9.8m/s^2가 됩니다. -9.8m/s^2로 가속하면 바닥은 사람을 얼마나 세게 밀어 올리는 걸까요? 사실 이때 바닥이 사람에게 가하는 힘은 0입니다. 이럴 때는 기분이 어떨까요? 무섭겠죠. 줄이 끊어진 엘리베이터를 타고 있으니까요.

그것 말고도 다른 느낌은 없을까요? 점심 약속에 늦었다면 무서우면서 배가 고플지도 모르죠. 아, 자신의 몸무게도 느껴지지 않겠네요. 이와 같은 일이 현실에서 벌어질 수 있을까요? 물론입니다! 실제로 이런 경험을 하겠다고 돈을 내는 사람들도 있답니다. 놀이공원에 가보세요. '공포의 탑'Tower of Terror(디즈니랜드에 있는 놀이기구로, 흔히 자이로드롭이라고 불리는 놀이기구와 비슷하다—옮긴이) 같은 무서운 놀이기구를 타려는 사람들이 아주 많습니다.

지금까지 이야기했던 내용을 요약해보겠습니다.

- 앞서 예시된 모든 상황에서 중력은 변하지 않는다.
- 각 상황마다 가속도가 다르다.
- 바닥이 사람을 밀어 올리는 힘이 약할수록 몸이 가볍게 느껴진다.
- 바닥이 사람을 전혀 밀어 올리지 않는다면 사람은 몸무게를 느끼지 못한다.

엘리베이터 이야기는 여기까지 하고, 지구에서 무게를 느낄 수 없는 또 다른 사례를 알아봅시다. 바로 우주비행사들의 무중력훈련에 쓰이는 기구인 '구토 혜성'vomit comet 입니다. 구토 혜성은 추락하는 엘리베이터와 똑같이 아래 방향으로 가속하며 비행하지만 엘리베이터처럼 지면과 충돌하지는 않죠. 충돌을 막기 위해 구토 혜성은 무게가 느껴지지 않을 정도로 하강한 다음 다시 상승하기를 반복합니다. 이런 비행 방식 때문에 상당히 많은 우주비행사들이 멀미를 하곤 해서 '구토 혜성'이라는 별명이 붙었죠. 영화 〈아폴로 13〉의 무중력 장면은 구토 혜성 내부에서 촬영했습니다. 그 장면들은 겉보기에 무중력일 뿐만 아니라 실제로도 무중력 상태였던 거죠. 물론 이 때문에 무중력 장면들은 한 번에 약 30초씩만 촬영했습니다.

다시 우주와 중력 이야기로 돌아가보죠. 우주비행사들은 지구를 둘러싼 궤도를 도는 우주왕복선 안에 있습니다. 그런데 우주왕복선은 가속하고 있을까요? 그렇습니다. 중력에 의해 지구가 우주왕복선을 당기고 있기 때문이죠. 우주왕복선은 원을 그리며 이동하는 동시에 가속하고 있습니다. 그 움직임이 중력에 의해 결정되므로 우주왕복선이 하강하고 있다고 해도 잘못된 말이 아닙니다. 하지만 움직이면서 반드시 지구에 가까워지는 것은 아니므로 궤도를 돌고 있다고 말하는 게 더 맞죠.

이렇게 생각해봅시다. 물이 들어 있는 양동이를 물이 쏟아져 나오지 않을 정도로 세게 돌려본 적이 있나요? 원형으로 가속을 하면 물이 쏟아지기는커녕 양동이 바닥을 누르죠. 그러면 이제 양동이를 돌리는 사람의 중력이 아주 강해서 양동이 바닥의 물을 당길 수 있을 정도라고 상상해봅시다. 우주비행사들은 바로 이런 일을 겪고 있습니다. 그들은 양동이 안에 있는 물과 같습니다. 양동이 바닥이 우주비행사들을 지구 방향으로 밀어내는 대신, 중력이 그들을 당기고 있습니다.

가령 여러분이 (큰 물체들로부터 아주 멀리 떨어져 있어서) 중력이 0인 장소에 실제로 있게 된다면 어떨까요? 많은 공상과학 영화들에서 볼 수 있듯이 여러분의 몸에 무게가 있는 것처럼 느낄 수 있을까요?

네, 느낄 수 있습니다. 엘리베이터가 위로 가속하는 두 번째 사례를 다시 생각해보세요. 중력이 없는 곳에서도 움직이는 엘리베이터 안에 있다면 가속을 느낄 수 있겠죠. 이 경우에는 무중력 상태를 느낄 수 없을 것입니다. 이는 궤도를 돌고 있는 상황과는 정반대입니다. 우주선을 $9.8m/s^2$의 가속도로 움직이게 할 수 있다면 지구 위에 있는 것과 똑같은 느낌이 들겠죠.

로켓을 사용해 지속적으로 우주선의 속도를 증가시키면 중력이 있는 것처럼 느끼게 됩니다. 하지만 다른 행성으로 이동하지 않고 궤도에 머물면서 지구 주위를 돌고 싶을 수도 있겠죠. 가속을 통해 무게감을 만들어낼 수 있는 다른 방법은 없을까요? 있습니다. 회전하는 우주선을 만들면 됩니다. (우주선 내부가) 원형으로 회전하면 가속도가 붙고 따라서 알짜힘도 생깁니다. 중력이 0인 곳에서 물이 들어 있는 양동이를 빙빙 돌리면 물은 양동이 안에 그대로 있을 것입니다. 만일 그 양동이 안에 사람이 있다면 중력이 있는 것처럼 느끼겠죠. 지구 위에서 움직이지 않는 엘리베이터에 서 있을 때와 같은 정도의 힘으로 양동이 바닥은 우주비행사를 밀어 올립니다. 이 두 가지 상황은 기본적으로 똑같이 느껴질 것입니다(회전하는 우주비행사의 머리 위쪽은 발과는 다르게 움직이므로 완전히 똑같지는 않겠죠).

실제로 영화 〈2001 스페이스 오디세이〉에서는 앞서 이야기한 것과 똑같이 회전하는 우주선에서 두 사람이 걸어 다니는 모습을 보여주는 장면이 나옵니다. 여기서 소개한 내용이 그 장면에 잘 나타나 있죠.

잠깐, 복습해봅시다. 우주에는 중력이 존재할까요? 네, 존재합니다. 행성 크기 정도의 아주 큰 물체에서 멀리 떨어져 있지 않는 한 일반적으로는 중력이 있습니다. 우주비행사들이 무중력 상태에 있는 것처럼 보이는 이유는 중력 때문에 우주비행사들과 그들이 탄 우주선 둘 다 가속하고 있기 때문입니다. 외부 힘을 이용해 우주선에 가속도를 높여준다면 중력과 동일한 효과를 만들어낼 수 있습니다.

02

자동차끼리 충돌하는 것보다
벽에 충돌하는 게 더 위험하다?

디스커버리 채널에서 방영되는 과학 프로그램 〈미스버스터즈〉에서 이런 실험을 한 적이 있습니다. 두 대의 큰 트럭을 정면충돌시켜 그 사이에 있는 작은 차를 박살내는 거죠. 실험을 하는 쪽에서 보면 준비하기 참 어려운 실험일 듯합니다(특히 부숴도 되는 트럭이 두 대밖에 없다면 말이죠).

첫 번째 실험에서 주인공인 애덤과 제이미는 바퀴 18개짜리 트럭 두 대를 80km/h의 속도로 달리게 해서 정지해 있는 작은 승용차에 동시에 부딪치게 합니다. 실험 결과는 인상적이었지만 승용차는 충돌 과정에 온전히 포함되지 못했습니다. 두 대의 트럭이 충돌하는 순간 승용차가 밖으로 밀려 나가버려서 완전히 부서지지는 못했죠.

그다음 실험에서는 내용을 바꿔 고정된 벽 앞에 정지해 있는 차에 로켓을 단 썰매를 부딪치게 했습니다. 이때 등장하는 주인공 중 한 명이 160km/h의 속도로 벽에 부딪치는 것은 80km/h로 달리는 두 대의 차가 충돌하는 것과 동일하다고 주장하죠. 맞는 말일까요? 직관적으로는 이치에 맞는 것 같기도 합니다. 하지만 맞은편에서 80km/h로 달려오는 차와 부딪치느니 160km/h로 달리다가 벽에 부딪치는 편이 낫지 않을까요? 어쨌든 그 주장이 온라인상에서 엄청난 논란을 불러일으키자 나중에 〈미스버스터즈〉에서 그 내용을 다루기도 했죠.

답을 알아보기 전에 〈미스버스터즈〉의 다른 편에 나오는 물리학 원리를 알아봅시다. 여기서는 전화번호부 두 권을 놓고 각각의 페이지들을 교차시켜 놓으면 두 책을 분리하는 게 불가능할 것이라는 가정을 다뤘습니다. 애덤과 제이미는 전화번호부 두 권의 페이지를 교차시켜 놓고 줄다리기를 하듯이 양쪽에서 당겨 분리하려고 하죠. 다음은 그 상황을 나타낸 그림입니다.

실험을 참 잘하는 것처럼 보이지만 당기는 방식에 무슨 문제가 있어 보이지 않나요? 이런 식으로 잡아당김으로써 애덤과 제이미는 145kg 의 힘만 만들어냈을 뿐입니다. 사실 그 힘의 두 배를 만들어낼 수도 있 었죠.

이 사례에서 전화번호부에 작용하는 힘에 대해 알아볼까요? 책의 속도가 변하고 있지는 않으니 책에 가해지는 힘의 합은 0입니다. 즉, 제이미가 전화번호부에 145kg의 힘을 가하고 있고 애덤은 그것을 다 만 그 자리에 붙들고 있는 셈입니다(또는 반대로 애덤이 힘을 가하고 제이미 가 붙들고 있다고 해도 되죠).

그런데 만약 제이미의 맞은편에 애덤이 아니라 줄이 달려 있는 벽이 있다면 어떻게 될까요? 변하는 것은 아무것도 없겠죠. 벽은 애덤과 똑 같이 줄에 힘을 가할 수 있습니다. 벽이 정말로 당기거나 밀 수 있을까 요? 물론 그럴 수 있습니다. 여러분은 벽을 밀어보려고 한 적이 있나 요? 이때 벽도 여러분을 밀어냅니다. 만일 애덤과 제이미가 아래 그림 처럼 당긴다면 어떨까요?

이 경우 애덤과 제이미는 각각 145kg의 힘으로 당길 것이고 벽은 290kg의 힘으로 반대 방향으로 당길 것입니다. 프로그램에서는 승용차 두 대가 전화번호부를 반대 방향으로 당겨 분리하려 했지만 실패했죠. 이때 기록된 힘은 2,180kg 정도였습니다. 결국에는 군용차량 두 대로 전화번호부 분리에 성공했는데, 이때 힘은 3,630kg 정도였죠. 만일 승용차 두 대가 같은 방향으로 당겼다면(맞은편 줄은 나무에 묶어놓고) 그 힘은 4,360kg에 달했겠죠. 이 정도의 힘이면 전화번호부를 분리하기에 충분했을 것입니다. 하지만 애덤과 제이미는 군용차량으로 당기자는 아이디어를 생각해냈고 거기까지가 한계였는지도 모릅니다. 아마 저라도 그렇게 했을 거예요.

다시 벽에 충돌하느냐, 차에 충돌하느냐의 이야기로 돌아가서 우주에 있는 두 대의 차가 같은 속도로 달려 어떤 물체에 충돌하는 상황을 생각해봅시다. 왜 우주에 있냐고요? 우주에서는 자동차에 작용하는 힘이 없어서 속도가 변하지 않는다고 가정할 수 있거든요. 우주에 있다고 하면 모형화하기가 더 쉽죠. 이 자동차들은 항성 같은 거대한 물체에서 멀리 떨어져 있어 중력도 무시할 수 있다고 가정합시다. 공기를 뚫고 간다거나 땅바닥을 밀고 나아가지 않기에 공기저항이나 마찰도 없습니다.

이런 상황에서는 두 가지가 사실이어야 합니다. 첫째, 충돌 전 총 벡터 운동량이 충돌 후 총 벡터 운동량과 같아야 합니다. 여기서 제가 벡터를 언급하는 이유가 뭘까요? 벡터가 중요한 이유는 자동차 한 대가 다른 자동차와 반대 방향으로 움직일 때 총 벡터 운동량은 0이기 때문입니다. 자동차가 충돌하고 멈춘 후에도 벡터 운동량은 여전히 0일 것입니다.

둘째, 충돌 전과 후의 총 에너지가 동일해야 합니다. 자동차와 충돌 대상에 아무런 힘도 작용하지 않는다면 에너지는 변하지 않죠. 실험에 영향을 미치는 모든 물체들을 고려하기 위해서는 충돌 대상도 포함시켜야 합니다. 우주에서라면 이는 명백한 진리입니다. 충돌 전 모든 에너지는 기본적으로 운동에너지입니다. 충돌 후에 이 에너지는 움직이는 물체의 운동에너지가 되거나 차량을 변형시키는 작용을 하는 구조에너지라는 것이 될 수 있습니다.

좋습니다. 그러면 이번에는 두 대의 고무 자동차가 동일한 최초 속도로 충돌 대상을 향해 달리고 있다고 가정합시다. 충돌 후에 자동차들은 같은 속도로 뒤로 튕겨져 나갑니다. 이 경우 운동량과 에너지가 둘 다 보존됩니다. 실제로 처음의 운동에너지는 마지막의 운동에너지와 같을 거예요. 이는 곧 다른 종류의 에너지는 변하지 않는다는 뜻입니다. 고무 자동차이기에 구조에 변화가 생긴다거나 손상을 입는다거나 하지 않죠. 사실 이런 사례는 좀 지루하긴 합니다.

만일 차량 두 대가 같은 속도로 출발해서 충돌 대상과 동시에 부딪친 다음 멈춘다면 어떨까요? 이 경우에도 운동량은 보존됩니다. 차들은 반대 방향으로 달리고 있기 때문에 최초 운동량은 0이고 멈췄기 때문에 최종 운동량도 0입니다.

에너지에 대해서는 어떻게 판단할 수 있을까요? 충돌 전 운동에너

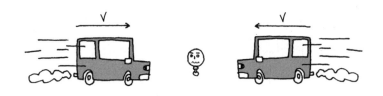

지는 충돌 후와 동일하지 않습니다. 자동차들이 충돌 후에는 움직이지 않기 때문이죠. 운동에너지와 운동량의 핵심적인 차이점에 주목하세요. 운동에너지는 스칼라량이라서 언제나 양수이기에 자동차 두 대가 반대 방향으로 달린다고 해서 상쇄되지 않습니다. 그러면 이 운동에너지는 모두 어떻게 되는 것일까요? 충돌 대상에 손상을 입힙니다. 어때요, 간단하죠?

이제 〈미스버스터즈〉의 충돌 실험으로 돌아가서 정지해 있는 자동차와 두 배 빨리 달리는 자동차가 부딪히는 상황을 살펴봅시다.

이 경우 최초의 운동량은 0이 아닙니다. 충돌 후 자동차들이 크게 망가질 수는 있겠지만 정지하지는 않는다는 뜻이죠. 충돌하는 동안에 모든 일이 순리대로 진행된다면 원래 운동량의 방향이 오른쪽이므로 충돌 후에도 오른쪽으로 움직일 것입니다.

출발할 때의 에너지는 어떨까요? 한 대는 최초 속도의 두 배(2V)로 달리고 나머지 한 대는 정지(V=0)해 있다고 해서 전체 에너지도 두 배가 되는 건 아닙니다. 왜냐고요? 운동에너지는 속도의 제곱에 비례하거든요. 다른 차가 움직이지 않고 있어도 두 대의 차가 모두 달리는 경우보다 속도가 두 배인 한 대의 차가 에너지는 더 많다는 뜻입니다. 문제는 에너지 전부가 손상을 입히는 데 쓰이지는 않는다는 점이죠. 최초의 운동량이 0이 아니면 충돌 후에 자동차들이 정지 상태에 놓일 수 없기 때문입니다.

지금까지는 두 차량을 우주에서 충돌시키는 경우를 살펴봤는데요. 만약 실제로 정지해 있는 자동차를 벽에 붙여 고정시키면 어떻게 될까요?

자동차 두 대와 충돌 대상뿐이었던 경우와 비교하면 이 경우는 외부에서 작용하는 힘들이 굉장한 차이를 만들어냅니다. 이때는 정지해 있는 차에 가해지는 힘이 중요하죠. 처음과 마지막의 운동량이 같지 않거든요.

여기서 에너지에 대해 무엇을 알 수 있을까요? 외부의 힘이 작용한다 하더라도 그 힘이 움직이지 않기 때문에 에너지가 추가되지는 않습니다. 일은 힘과 그 힘이 이동한 거리를 곱한 양입니다. 일이 0이면 충돌 후의 총 에너지는 최초의 운동에너지와 같을 것입니다. 이 경우 두 대의 차가 같은 속도로 움직일 때에 비해 총 에너지는 두 배가 되겠죠.

결국 차 한 대의 속도를 두 배로 하고 다른 한 대는 정지해 있는 상황은 차 두 대가 모두 달리는 상황과 같지 않습니다. 두 대를 모두 달리게 하는 아이디어 자체는 좋고 실험을 하기에도 편리해 보이지만 적절하지는 않습니다.

안타까워하지 마세요. 그래도 〈미스버스터즈〉는 멋진 프로그램입니다. 이런 실수를 보면 애덤과 제이미는 그저 멋진 과학 이론을 현실에 적용해보려는, 우리와 같은 보통 사람이라는 걸 알 수 있습니다.

03

큰 우박일수록
더 빨리 떨어질까?

매년 봄이 되면 우박이 떨어지는 영상이 유튜브에 올라오곤 합니다. 스마트폰 보급이 확대되고 유튜브에 영상을 올리고 보는 것에 익숙해지면서 이처럼 충격적인 기후 현상들이 불러오는 결과를 보기도 쉬워졌습니다.

큰 우박은 왜 문제가 될까요? (큰 우박은 자동차 창문을 깨뜨릴 정도니 정말 말 다했죠.) 우박이 클수록 질량도 커지지만 더 빨리 떨어지기 때문입니다. 질량이 커지는 건 당연하게 생각되어도 더 빨리 떨어진다는 건 그 정도로 당연하지는 않습니다. 그러면 크기에 따라 우박이 얼마나 빨리 떨어지는지 계산해봅시다.

먼저 모든 우박은 밀도가 같다고 가정해보죠. 다른 경우와 마찬가지로 이런 가정도 엄밀히 말하면 사실이 아닐 겁니다. 하지만 그럴듯한 추정치가 되기에는 충분하죠. 우박이 얼음으로만 구성되어 있다면 그 밀도는 대략 m^3당 917kg이 될 수 있습니다. m^3당 1,000kg인 물의 밀도보다는 낮습니다. 그래서 물보다 밀도가 낮은 물질들이 그렇듯 얼음도 물 위에 뜹니다. 이 사실은 다들 알고 있죠.

우박이 대기를 통과하며 떨어질 때 우박에 작용하는 힘에는 두 가지가 있습니다. 먼저 우박을 아래로 당기는 '중력'이 있습니다. 이 힘의 강도는 우박의 질량에 중력장의 크기(g)를 곱한 것입니다. 이미 말했듯이 우박이 클수록 질량도 크겠죠. 우박의 질량은 그 부피와 밀도에 따라 결정됩니다. 우박은 구 모양이니 반지름을 두 배로 늘리면 부피는 반지름의 세제곱에 비례하므로 질량은 여덟 배로 늘어납니다.

떨어지는 우박에 작용하는 또 다른 힘은 바로 '공기저항'이죠. 공기 저항의 일반적인 공식에 따르면 이 힘은 물체의 형태, 공기의 밀도, 물체의 단면 면적, 이동 속도의 제곱으로 결정됩니다. 떨어지는 우박의 반지름을 두 배로 늘리면 면적은 반지름의 제곱에 비례하므로 단면 면적은 네 배로 늘어납니다. 여기서 문제점을 이미 발견했을지도 모르겠네요! 중력은 우박을 아래로 당기고 공기저항은 떨어지는 우박을 위로 밀어냅니다. 우박이 커지면 공기저항과 중력 둘 다 커지겠죠. 하지만 이 두 가지의 힘이 같은 정도로 증가하지는 않습니다.

우박이 오랜 시간 동안 떨어지면 점점 더 빨리 떨어질 것입니다. 물론 빨리 떨어질수록 공기저항도 증가하고요. 나중에는 종단 속도에 도달하겠죠. 종단 속도에서는 공기저항과 중력의 강도가 같아집니다. 이렇게 되면 우박에 가해지는 알짜힘은 0이어서 속도가 더 이상 변하지 않게 되죠.

우박의 크기를 알 수 있다면(그러면 질량도 알 수 있습니다) 최종 속도를 계산할 수 있습니다. 크기가 다른, 예를 들면 콩과 야구공만 한 우박 두 개를 갖고 최종 속도를 비교해보죠. 크기가 콩 정도 되는 우박의 반지름이 0.2cm라면 최종 속도는 약 10m/s(36km/h)가 됩니다. 반지름이 약 3.5cm인 야구공 크기의 우박은 최종 속도가 40m/s(144km/h)로 두 우박의 속도 차이가 아주 크죠.

물론 우박과 관련해서 속도만 중요하지는 않습니다. 우박이 물체들과 충돌할 때는 두 가지를 살펴볼 수 있어요. 바로 운동량과 운동에너지입니다. 어느 쪽을 생각하는 것이 좋을까요? 이것은 그렇게 쉬운 문제가 아닙니다. 운동에너지를 먼저 생각해보면 콩 크기와 야구공 크기의 우박이 도달하는 최종 속도는 이미 계산했으니 이 속도와 질량을 운동에너지 공식(1/2×질량×속도의 제곱)에 대입하기만 하면 됩니다. 계산하면 콩 크기 우박의 운동에너지는 0.001J(줄Joule, 에너지와 일의 단위. 1J은 1N의 힘으로 물체를 1m만큼 움직이는 데 드는 일 또는 에너지다—옮긴이)에 불과해요. 야구공 크기의 우박은 더 빠르고 질량도 더 커서 운동에너지가 122J에 이릅니다.

이 에너지 값들을 쉽게 이해할 수 있는 방법은 없을까요? 총알의 운동에너지와 비교해봅시다. 22구경 권총 총알의 운동에너지는 약 100J 입니다. 45구경 권총의 총알은 운동에너지가 500~800J 정도 됩니다. 그렇다면 야구공 크기의 우박을 맞는 게 22구경 총알에 맞는 것과 같다는 말일까요? 아닙니다. 우박의 운동량을 살펴보고 다시 비교해보도록 하죠.

야구공 크기의 우박은 약 6kg·m/s의 운동량을 가지고 있습니다. 이를 총알과 비교하면 45구경 총알의 운동량은 약 4.5kg·m/s이고 22구경은 약 1kg·m/s입니다. 즉, 현실에서 이 우박은 미국 메이저리그 투수가 던지는 진짜 야구공과 비슷하다고 할 수 있죠.

야구공 크기의 우박과 질량이 같은, 강철로 된 구球기가 있다면 어떨까요? 물론 이것이 가능하려면 강철 구의 내부는 비어 있어야 합니다. 우박과 강철 구를 떨어뜨린다면 최종 속도는 같을 것이고 운동량과 운동에너지도 둘 다 같을 것입니다. 하지만 이 두 물체가 자동차 앞 유리에 부딪치면 어떻게 될까요? 다른 결과가 나오겠죠. 왜 그럴까요? 그 이유는 충돌하는 순간 우박이 강철 구보다 형태가 쉽게 바뀔 수 있기 때문입니다. 다음은 이 두 구형 물체가 막 충돌해서 얼마 지나지 않았을 때(정지하기 전)의 모습을 그린 것입니다.

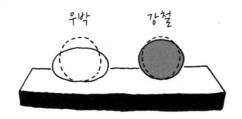

앞의 그림을 보면 우박의 얼음이 강철 구보다 더 압축되는데 이것은 두 가지를 뜻합니다. 첫째, 더 많이 압축될수록 시간이 더 많이 걸린다는 점입니다. 우박과 표면의 충돌 시간이 더 많이 걸린다면 물체에 가해지는 힘은 더 작을 것입니다. 그 이유는 힘과 운동량의 특성 때문입니다. 본질적으로 알짜힘은 운동량이 변화하는 시간에 비례합니다. 강철 구와 얼음 구 둘 다 운동량이 줄어들어 0이 되어야 합니다. 강철 구가 더 짧은 시간 동안 운동량 0에 도달하려면 더 큰 힘을 필요로 하겠죠. 따라서 물체들이 운동량이나 에너지가 같다고 해서 동일한 방식으로 충돌을 일으킨다는 이야기는 아닙니다.

우박의 사례는 크기와 관련해 흔하게 제기되는 문제점을 보여줍니다. 사람들은 종종 큰 물체들도 작은 것들과 똑같이 운동한다고 생각하지만 그런 경우는 거의 없습니다. 우박의 경우 공기저항과 무게가 각각 그 반지름의 다른 힘(제곱과 세제곱)에 의해 결정되기 때문에 상쇄되지 않죠. 큰 우박일수록 떨어질 때 최종 속도가 더 빠르고 충돌 순간의 운동에너지는 더 큽니다. 이런 이유로 우박이 크면 좋지 않다는 것이죠. 가능하면 우박을 피하고 자동차가 피해를 입지 않도록 덮개를 씌우는 것이 최선입니다.

04

수영장에 공을 넣으면
물은 얼마나 무거워질까?

다음은 제 블로그 방문자 중 한 분이 올린 질문입니다.

"올림픽경기장 크기의 수영장에 약 250만 l의 물이 채워져 있습니다. 수영장 아래에 있는 가상 저울로 측정한 물의 무게는 250만 kg입니다. 만일 무게가 5,443kg, 폭은 1.5m인 구형의 건물해체용 철구를 기중기에 매달아서 반만 물 속에 넣는다면 저울에 측정되는 무게는 얼마나 될까요?"

먼저 250만 kg이라는 답은 오답이라는 말씀부터 드립니다. 왜 이렇게 답하는 분들이 있는지는 이해하기 쉽죠. 기중기가 철구를 붙잡고 있으니 철구가 무게를 증가시킬 수는 없을 거라고 흔히들 생각하죠. 그런데 틀린 답이 또 있습니다! 2,721.5kg이라는 답이에요. 어쨌든 철구의 반은 전체 무게에 포함되지 않는다는 생각이죠. 하지만 그것도 답은 아닙니다.

이보단 좀 더 똑똑해 보이는 다른 오답이 있어요. 첫 번째 오답과 같은 250만 kg인데, 이번에는 뉴턴 때문입니다. 만약 철구가 아래로 누른다면 그 힘은 물이 위로 밀어 올리는 힘에 의해 상쇄되어 전체 무게는 변하지 않는다는 생각이죠. 좀 낫긴 하지만 여전히 정답은 아닙니다. 그럼 대체 철구의 반을 물속에 넣으면 어떻게 될까요? 힘을 나타낸 아래 그림을 봅시다.

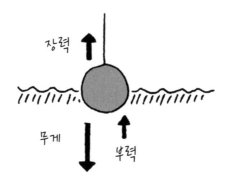

철구에 작용하는 힘은 세 가지가 있습니다. 우선 줄의 장력tension이 있죠. 철구가 물속으로 내려가지 않게 하려면 장력이 있어야 합니다

(속이 꽉 찬 철구는 물에 뜨지 않습니다). 그다음으로는 중력장에 의한 무게 (mg)가 있습니다. 그러면 마지막 힘은 무엇일까요? 바로 부력Buoyancy 입니다. 본질적으로 물이 철구를 밀어 올리는 힘이죠.

이 부력의 값은 얼마일까요? 철구가 아래와 같이 물로 대체되었다고 가정합시다.

이 그림은 철구가 자리를 차지하지 않았을 때 그 자리에 있었을 물을 보여줍니다. 이 물에 작용하는 힘은 어떻게 설명할 수 있을까요? 줄에 물을 매달아놓지는 않았으니 이 물에는 두 가지 힘만이 작용하고 있습니다. 물을 아래로 당기는 중력이 있고 물을 위로 밀어 올리는 부력이 있죠. 이 물이 움직이지 않고 있다고 가정한다면 두 가지 힘의 강도는 동일해야 합니다.

그런데 부력이 존재하는 이유는 무엇일까요? 부력을 이해할 수 있는 한 가지 방법은 어떤 물체의 바깥쪽에 있는 물이 그 물체와 충돌하는 것을 생각해보는 겁니다. 이때 마음에 드는 점은 물체가 철구든, 물이든 형태만 같다면 그 물체가 바깥쪽에 있는 물과 충돌하는 방식은 같다는 사실입니다. 이로써 물의 부력이 얼마가 되어야 할지를 알 수 있죠. 이 경우 물의 부력은 물의 무게와 같습니다. 이 물의 형태가 철구와 같기 때문에 부력도 동일할 겁니다. 이런 방식으로 부력은 '물의 밀도× 물체의 부피×중력상수(g)'라고 할 수 있습니다.

$$\text{부력}(F_B) = \text{물의 밀도} \times \text{물체의 부피} \times \text{중력상수}(g)$$

이것이 수영장 바닥에 있는 저울과 무슨 상관이 있을까요? 이는 뉴턴의 제3법칙과 상관이 있습니다. 개인적으로 뉴턴의 제3법칙을 '힘의 정의'라고 부르기를 좋아하는데요, 이것은 '기본적으로 힘은 두 사물 사이의 상호작용'이라는 개념입니다. 위의 경우, 물이 F_B의 힘으로 철구를 밀어 올리면 철구는 같은 강도의 힘으로 물을 밀어 내려야 하죠.

지금까지 철구에 작용하는 힘을 알아봤습니다. 이제 이 물 전부가 저울 위에 있다고 상상해보죠. 다음 그림은 철구를 물속에 넣기 전의 힘을 나타낸 것입니다.

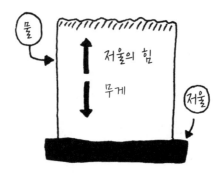

그렇습니다. 물을 담고 있는 용기 같은 것은 없죠. 물은 그저 저울 위에 있을 뿐입니다(단순하게 하기 위해서예요). 이제 철구를 물속에 넣겠습니다. 물이 철구를 밀어 올리기 때문에 철구는 물을 아래로 밀어 내려야 합니다. 아래 그림은 철구를 넣었을 때 힘을 나타낸 것입니다.

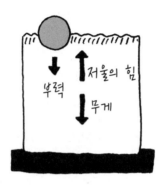

물에 새로운 힘이 작용하면 무슨 일이 일어날까요? 물은 여전히 움직이지 않습니다. 그렇다면 알짜힘은 0(0벡터)이어야 한다는 말이죠. 또 다른 힘이 아래로 밀어 내리는데 어떻게 힘이 합쳐져서 0이 될 수 있을까요? 더하거나 뺀 것이 없으므로 물의 질량은 변하지 않습니다. 단 한 가지 바뀔 수 있는 것은 저울이 물을 밀어 올리는 힘이죠. 그 힘은 증가해야만 하는데, 이 말은 저울이 나타내는 눈금도 올라간다는 뜻입니다. 얼마나 올라갈까요? 그 물체가 대신한 자리의 물 무게와 같은 양만큼 올라가겠죠.

여기에서 흥미로운 점이 두 가지 있습니다. 첫째, 이와 같은 무게의 변화는 물속에 들어가는 물체의 재료에 따라 결정되지 않는다는 점입니다. 물체가 철이든, 나무든 상관없다는 말이죠. 그 물체가 동일한 부피의 물을 대신한다면 저울의 눈금도 같은 양만큼 변할 것입니다. 나무는 그 정도로 물속에 잠기지는 않겠죠. 잠기게 하려면 아래로 밀어 내려야 합니다.

한 가지 더 감안해야 할 것은 저울입니다. 저울의 입장에서 볼 때 더 많은 물을 지탱해야 한다는 점은 어떨까요? 물론 저울은 이런 문제를 생각하지 않겠죠. 눈금을 0에 맞추는 것이라든지, 전원이 제대로 켜지고 꺼졌는지에 관심이 더 많을 것입니다. 아무튼 이 경우 저울의 관점에서 보면 지탱해야 할 물이 더 많아집니다. 물속에 넣은 공이 $1m^3$의 부피를 차지한다면 그 자리에 있던 물은 어디로 갈까요? 이 공 때문에 수영장 물의 수위는 $1m^3$만큼 증가할 것입니다. 따라서 수영장 바닥에서 보면 물이 더 늘어난 것처럼 보입니다(물이 더 깊어지죠).

흥미롭게도 사람들은 이 수영장 질문과 관련해 제가 내놓은 답을 잘 믿으려 하지 않습니다. 그래서 제가 실험을 좀 해봤습니다. 저울 위에 물을 넣은 비커를 놓습니다. 비커와 물의 질량을 더하면 254g입니다. 다음으로 철구를 물속에 반만 집어넣습니다. 철구를 붙잡아놓는 데 필요한 장력을 측정하기 위해 철구는 용수철저울에 매달아 물속에 넣었습니다.

동일한 양의 물에 철구를 반만 집어넣자 저울이 가리키는 눈금은 254g에서 268g으로 증가했습니다. 참고로 철구의 질량은 206g입니다. 이 철구를 같은 크기의 나무 공으로 대체하면 어떨까요? 이미 말씀드렸듯이 저울에 표시되는 무게는 같은 양만큼 변해야 합니다.

　나무 공을 넣었을 때 저울의 눈금은 거의 비슷한 양(13g)만큼 증가했습니다. 보세요, 제 말이 맞았죠. 물론 여러분도 이 실험을 해볼 수 있습니다. 저울과 물을 채운 유리컵을 구하기가 아주 어렵지는 않겠죠. 공 하나를 물속에 넣고 저울의 눈금이 어떻게 되는지 살펴보면 끝입니다.

　어쨌든 참 좋은 질문이었고 답은 질문보다도 훨씬 좋았네요.

05

파이가 중력과 관련 있는 건 우연일까?

전 '파이'를 아주 좋아합니다. 먹는 파이도 좋지만 파이 값(π)이 좋다는 이야기입니다. 따지고 보면 싫어할 이유도 없죠. 한 가지 재미있는 속임수를 알려드릴게요. 계산기를 꺼내보세요. 파이의 제곱은 얼마인가요? 계산기에 설정된 파이 값이든 3.1415든 여러분이 편하게 생각하는 자릿수만큼의 숫자를 사용하면 됩니다.

해보셨나요? 결과가 낯익은 수치인가요? 제 계산기에서는 파이 제곱이 9.869라고 나옵니다. 이 숫자, kg당 N의 단위로 나오는 (지구 표면 근처에서의) 중력장의 크기(g)와 아주 비슷해 보이지 않나요?

잠깐만요. 그런데 이 중력장의 크기라는 것은 뭘까요? 9.8은 초의 제곱당 미터의 단위로 나타내는 '중력가속도' 아닌가요? 네, 맞습니다. 많은 사람들이 그렇게 말하긴 하지만 딱 맞아떨어지는 이름은 아니에요. 책상 위에 책이 놓여 있다고 합시다. 책은 움직이지 않는 채로 가만히 있죠? 즉, 책의 운동량은 변하지 않고 있습니다. 운동량의 원리에서 알짜힘은 운동량의 변화율과 같다고 하니 알짜힘은 0이어야 하죠. 책에 작용하는 힘은 두 가지뿐입니다. 아래로 당기는 중력과 위로 밀어 올리는 책상의 힘이죠.

이 중력의 강도는 얼마나 될까요? 물어보면 책의 질량에 g를 곱한 값이라고 흔히 대답할 거예요. 지구 표면 위에서라면 사실이죠. 하지만 g를 중력가속도라고 한다면 약간의 문제가 생깁니다. 책은 가속하고 있지 않으니까요!

이제 책을 떨어뜨려볼까요? 이때 책에 작용하는 힘은 단 하나, 중력입니다. 이 경우는 $9.8m/s^2$만큼 아래쪽으로 가속하겠죠. 하지만 특수한 경우이므로 g를 중력가속도보다는 중력장의 크기라고 부르는 것이 낫습니다. 단위는 어떤가요? g가 중력장의 크기라면 쿨롬coulomb(기호는 C. 1쿨롬은 1암페어의 전류가 1초 동안 운반하는 전하량으로 프랑스의 물리학자 쿨롱이 고안했다―옮긴이)당 힘을 단위로 사용하는 전기장과 마찬가지로 그 단위는 질량당 힘이 되어야 합니다. 사실 g를 중력장의 크기로 부르는 것은 올바르기도 하지만 물리학에 입문하는 학생들이 장場, field의 개념을 이해하는 데 도움을 주기도 합니다. 나중에 수업에서 전기장을 배울 때 그 개념을 그렇게 어렵게 받아들이지 않겠죠.

다시 파이 제곱으로 돌아옵시다. 어쩌면 파이의 제곱이 g의 값과 비슷하다는 점이 대단한 우연의 일치라고 생각할 수도 있어요. 하지만 그 값이 비슷하다는 점은 우연이 아닙니다. 우연의 일치가 아니라면 파이 제곱이 g와 정확하게 일치하지 않는 이유는 무엇일까요?

그 답은 우리가 알고 있는 g 값이 정확한 수치가 아니라는 것입니다. 지구 표면에서 g 값은 몇 가지에 의해 결정됩니다. 우선 명목상의 g와 실제 g의 문제가 있습니다. 명목상의 g는 지구 표면에서 측정하는 값입니다. 이 경우 지구 자전에 의한 기준틀reference frame(물체의 운동을 나타내기 위해 설정하는 관성 틀—옮긴이)의 가속도를 감안합니다. 관측 지점이 적도에 가까울수록 명목상의 g 값은 작아지죠.

g에 영향을 미치는 다른 요인은 지구가 본질적으로 균일하지 않다는 점입니다. 밀도가 높은 지질로 된 지역에 가까이 있을수록 g 값은 증가합니다. 위치가 바뀔 때마다 g도 바뀐다는 의미죠. g 값이 딱 하나로 고정되어 있지 않다는 것입니다.

이제 좀 더 재미있는 사실을 알아봅시다. 파이와 g가 이런 관계를 맺는 이유는 무엇일까요? 그건 미터의 정의와 관련이 있습니다. 그전에 초진자秒振子를 살펴보도록 하죠. 이 진자는 한쪽에서 반대쪽으로 이동하는 데 1초가 걸립니다(즉, 왕복 주기가 2초입니다). 누구나 초진자를 본 적이 있을 텐데요. 바로 괘종시계입니다. 괘종시계의 추는 한 번 왔다 갔다 하는 데 2초가 걸립니다. 초진자인 거죠.

엄밀히 말하면 괘종시계는 초진자가 아니긴 합니다. 초진자는 질량이 없는 끈 끝에 달린 점질량(질량이 모여 있는 점―옮긴이)인 반면 괘종시계에는 좌우로 움직이는 단단한 막대가 있죠. 따라서 초진자의 무게중심은 왕복운동을 하는 막대의 길이와 같지 않습니다. 괘종시계의 진자 길이를 측정해보면 거의 1m에 가까울 것입니다. 초진자는 기본적으로 길이가 1m입니다. 물론 여러분이 초진자를 만들고 지구 반대편에 있는 여러분의 친구도 초진자를 만든다면 그 둘은 길이가 다를 수도 있겠죠.

한번 만들어볼까요? 일단 콩이나 금속 구 같은 질량이 작은 물질을 준비합니다. 금속의 무게는 마찰력에 비해 매우 커서 마찰력을 무시할 수 있을 정도가 되기 때문에 재료로 쓰기가 좋아요. 무게중심에서 축이 되는 지점까지의 거리를 1m로 만들고 작은 각도(약 10도 정도)로 진동하게 해봅시다. 원한다면 녹화를 하거나 스톱워치로 측정해도 좋습니다. 어떤 방식으로 하든지 한쪽에서 반대쪽으로 움직이는 데 약 1초 정도가 걸릴 것입니다.

저는 아래 공식을 유도하지는 않을 겁니다. 하지만 실험을 통해 각도가 작은 진자의 진동 주기는 다음과 같다는 사실을 보여주는 건 그리 어렵지 않겠죠.

$$T = 2\pi\sqrt{\frac{L}{g}}$$

주기(T)를 2초로 하면 길이를 구할 수 있습니다. 그렇게 하면 길이(L)는 파이 제곱분의 g가 되겠죠. 그리고 길이를 1m로 정하면 g는 초(T)의 제곱당 9.8m가 됩니다. 잠깐만요! g를 kg당 N으로 나타내면 어떻게 되죠? 이 두 가지의 단위는 동일하니까 쉽게 해결되네요.

그런데 파이가 왜 진자의 주기를 나타내는 공식에 나올까요?

좋은 질문입니다. 진자가 움직이는 경로가 원 모양이기 때문일까요? 아닙니다. 용수철에 달린 진동하는 물체의 움직임(단진동)을 나타내는 방정식도 각도가 작은 진자의 공식과 같은 형태지만 원으로 움직이지는 않죠. 그러면 왜 파이가 방정식에 있을까요? 단진동을 나타내는 수식이 사인 또는 코사인 함수라는 점이 가장 그럴듯한 대답이 될 것 같네요. 그 외에 다른 설명이 있을지는 모르겠습니다. 수식으로 사인 함수가 나오므로 주기를 나타내는 공식에는 파이가 있어야 합니다.

사람들이 연관이 없다고 생각한 것들이 다양한 상황들에 의해 연결되는 경우가 얼마나 많은지 정말 깜짝 놀랄 정도입니다. 파이와 중력장의 크기가 아주 적절한 사례가 되겠죠. 원과는 아무 상관이 없는 또다른 상황에서 파이가 등장하는 걸 보면 아마 여러분은 또 한 번 놀랄지도 모릅니다.

06

인구가 많아지면
지구가 달을 끌어당길까?

"지구가 달을 당기는 인력은 지구의 질량에 의해 결정된다고 알고 있습니다. 그러면 인구가 증가할수록 지구가 달을 더 당겨서 결국 둘 사이의 거리가 가까워질까요?"

질문을 한 부분씩 나눠서 알아보기로 하죠. 먼저 지구에 있는 모든 사람의 질량은 얼마일까요? 제가 이 글을 쓰는 이 순간 지구에 살고 있는 사람의 수는 약 70억 명입니다. 이 책을 다 쓰고 나서도 70억 명 정도라면 다행이겠지만 아무튼 두고 봐야겠네요.

사람의 평균 질량을 알면 인구 전체의 질량을 구할 수 있습니다. 그러면 한번 추측해볼까요? 마구잡이로 추측한다는 말은 아니에요. 실제와 가깝게 맞춰야죠. 남성의 평균 질량은 70kg 정도이고 여성은 약 50kg이라고 생각합시다. 성인만 봤을 때 실제보다 약간 높은 수치가 아닐까 싶지만 미국의 성인들은 다른 나라에 비해 약간 덩치가 클 것 같습니다. 그리고 남성과 여성의 비율은 비슷하다고 보면 평균 질량은 대략 60kg 정도가 되겠죠. 아이들까지 감안하면 평균 질량은 40kg 정도가 될 것 같습니다.

물론 이 40kg은 추정치입니다. 하지만 말도 안 되는 추정치는 아니죠. 제가 실제로 돌아다니면서 모든 사람들을 한꺼번에 체중계에 올려놓는다면 어떻게 될까요? 체중계가 고장이 나겠죠. 하지만 인간의 정확한 평균 질량을 알아낼 수는 있습니다. 어쨌든 20kg보다 가볍지는 않을 것 같네요. 60kg보다 무거울 수도 없겠고요(어디에선가 거인 종족이 새롭게 발견되지 않는 한 말이죠). 그러니 40kg은 말도 안 되는 평균치는 아닙니다. 100kg이라고 한다면 정말 황당하겠지만요.

인간의 평균 질량을 추정했으니 인구수에 평균 질량을 곱하기만 하면 인구 전체의 질량이 나올 것입니다. 계산하면 결과는 2,800억 kg(2.8×10^{11}kg)입니다. 상당한 수치이긴 하지만 지구의 질량과 비교하면 어떨까요? 지구의 질량은 약 6×10^{24}kg으로, 비율로 따지면 인구 전체의 질량은 극히 작습니다(4.7×10^{-12}%).

인간의 질량을 퍼센트로 따져봤을 때 얼마나 작은지를 깨닫기는 쉽지 않습니다. 다른 예를 들어보죠. 60kg인 사람을 기준으로 보면 어떨까요? 지구의 질량에 대한 인구 전체의 질량은 한 사람의 질량에 대한 그 사람의 효모 세포 한 개의 질량과 비율이 같습니다. 이렇게 보면 지구 질량에 비해 인구 전체의 질량이 얼마나 작은지 알 수 있죠.

지구의 질량

인구 전체의 질량

60kg 사람의 질량

효모세포 1개의 질량

그런데 이 질문에서 살펴봐야 할 내용이 더 있습니다. 지구 위에 있는 물질들의 질량은 변할까요? 여기서 '물질들'이라는 것은 모든 생명체를 포함해 공기나 물처럼 소모될 수 있는 것을 의미합니다. 결론부터 말하자면 아닙니다. 인간은 어디에서 오나요? 그보다는 인간을 구성하는 요소가 어디에서 오는지부터 질문해야겠네요. 사람이 성장하거나 새롭게 형성될 때 이런 물질을 구성하는 기본 요소에는 세 가지가 있습니다. 바로 공기, 물, 음식입니다. 사람의 구성 요소 중 얼마만큼 이 공기에서 비롯되는지는 저도 확신하지 못하지만 작게나마 비중이 있을 것이라고 생각합니다.

음식은 어디에서 오나요? 모든 사람이 채식주의자라면 음식은 식물에서 오겠죠. 그런데 식물을 구성하는 요소는 어디에서 올까요? 대부분이 공기에서 옵니다. 식물은 이산화탄소를 흡수하고 산소를 배출하죠. 식물은 탄소(그리고 물과 다른 것들)를 저장해서 성장의 구성 요소로 이용합니다. 이상하다고 느낄 수 있지만 사실입니다.

다시 말해 전체 인구를 구성하는 요소는 간접적으로나마 공기가 된다는 뜻입니다. 그리고 인간이 죽으면 부패해서 이산화탄소를 만들어내죠. 이렇게 끝없이 순환을 합니다. 사실 구성 요소들 거의 모두가 지구 위에 이미 존재하는 것들이죠. 맞습니다. 방금 저는 '거의 모두'라고 했습니다.

지구의 구성 요소에서 없어지는 것도 있나요? 또 더해지는 것도 있나요? 두 질문 모두 답은 '예'입니다. 지구의 질량이 줄어드는 때는 언제일까요? 먼저 대기에서 기체가 손실되는 경우가 있습니다. 지구의 대기를 여러 가지 기체 입자가 돌아다니는 곳으로 보면(현실에서도 크게 다르지 않습니다), 이 기체 입자들 중에 어떤 것(산소나 질소 분자)들은 다른 입자들에 비해 약간 더 빨리 움직입니다. 입자의 속도가 상당히 빠르면서 대기권 맨 위에 가까워지면 그 입자는 지구 중력이 미치는 영향권에서 벗어날 수도 있습니다. 이는 실제로 일어나는 일이지만 대기에 미치는 영향은 아주 작습니다. 한편 지구의 질량이 줄어드는 또 다른 경우는 인간이 우주로 사물을 보낼 때입니다. 하지만 사람이 만들어서 우주로 보내는 사물들의 질량도 다 합쳐봤자 꽤 작죠.

지구의 질량은 증가하기도 합니다. 나사에 따르면 매일 수백 톤 정도의 유성체가 지구에 떨어진다고 합니다. 1년을 기준으로 하면 $3 \times 10^7 kg$에 달하죠. 한 1만 년 치의 유성을 모으면 전 세계 인구의 질량과 같아질 겁니다. 하지만 굉장히 작은 것을 두 배로 늘린다고 해도 여전히 엄청나게 작다는 사실은 변하지 않죠.

요약하면 지구의 질량은 변한다는 말이 맞지만 인구의 질량 때문에 변하는 것은 아닙니다. 인구의 전체 질량은 지구의 질량에 비해 상대적으로 아주 작아서 지구의 중력장에 커다란 영향을 미치지는 못합니다. 지금보다 인류가 훨씬 늘어난다 할지라도 지구의 총 질량은 대체로 변동이 없을 것입니다.

07

거울은 정말
좌우를 바꾸는 걸까?

아이들은 자라면서 어느 시점이 되면 거울에 사물이 거꾸로 비친다는 점을 알아차립니다. 거울을 보면 왼손이 오른쪽에 있는 것처럼 보이죠. 거울은 왼쪽과 오른쪽을 뒤집어놓습니다. 하지만 다리가 있어야 할 자리에 머리가 보이지는 않죠? 왜 거울은 위와 아래는 뒤집어놓지 않을까요?

사실을 말하면 거울은 왼쪽과 오른쪽을 뒤집어놓지 않으며 위와 아래도 마찬가지입니다. 제가 여기서 끝낸다면 좀 황당하겠죠? 하지만 끝낼 수 없다는 점은 여러분이 더 잘 알겠죠.

자, 거울 앞으로 가서 서봅시다. 무엇이 보이나요? 머리의 위쪽은 거울에서도 위쪽에 있을 거예요. 오른손은 거울의 오른쪽에 있고요. 왼손도 왼쪽에 있을 겁니다. 그래요, 바뀌는 것은 없어요. 그러면 왜 문제가 되는 걸까요?

아마도 우리가 (이미지만이 아니라 실제로) 거울 너머에 있다고 했을 때 우리의 오른손은 거울의 왼쪽에 있을 것이고 왼손은 오른쪽에 있을 것이라고 생각하는 점이 문제가 되는 것 같습니다. TV 프로그램에 일란성 쌍둥이가 나와서 이런 속임수를 쓰는 영상이 유튜브에 올라와 있습니다. 똑같은 방 두 개 사이에 유리창이 있고 일란성 쌍둥이가 각 방에 한 명씩 있습니다. 그 방에 들어오는 다른 사람들은 거울에 반사된 자신의 모습을 볼 수 없는데도 일란성 쌍둥이들을 보면서 거울이 있다고 착각하죠. 이 영상을 보면 쌍둥이 중 한 명이 오른손을 들면 다른 한 명은 왼손을 듭니다. 이걸 보면 거울이 왼쪽과 오른쪽을 뒤집는다고 생각하는 이유를 알 수 있죠.

사실 이것은 물리학과 관련된 질문이 아닌데도 그렇다고 느끼는 것과 같은 이유로 다시 한번 혼란을 유발할 수도 있습니다. 현미경, 망원경, 카메라가 이미지를 뒤집는다는 사실은 많은 사람들이 알고 있습니다. 이 때문에 초심자들은 망원경을 제 위치에 놓을 때 혼란스러워하죠. 쌍안경은 뒤집어진 이미지를 다시 되돌려놓습니다. 야구 경기나 새를 거꾸로 보고 싶어 하는 사람은 없기 때문이에요. 실제로 빛은 사람 눈에 있는 수정체를 통과할 때 안구 뒤에서 뒤집힌 상태가 되는데, 인간의 뇌는 그런 방식으로 빛을 처리하도록 프로그램되어 있습니다.

왜 이런 일이 일어날까요? 기본적으로 하늘에서 내려오는 빛은 계속해서 아래로 움직여 우리의 눈에 있는 수정체의 초점을 통과해 눈 뒷부분의 아래에 와서 부딪칩니다. 그리고 바닥에서 올라오는 빛은 위로 움직여 수정체를 통과해서 눈 뒷부분의 위로 올라옵니다. 하지만 거울에서는 이와 같은 현상이 전혀 없습니다. 거울은 우리의 이미지를 우리에게 곧바로 반사하고 있을 뿐입니다.

만일 걸어서 거울 너머로 간다면 왼쪽이 오른쪽에 있게 되고 오른쪽은 왼쪽에 있게 되겠죠. 하지만 머리는 여전히 거울의 위쪽에 있을 것입니다. 즉, 이것은 거울 뒤편으로 돌아서 걸어갔을 때만 해당되는 이야기입니다. 거울 위로 뛰어넘어 머리부터 바닥에 떨어진다면 어떻게 될까요? 그러면 머리는 다리의 맞은편에 있을 것이고 다리는 머리의 맞은편에 있겠죠. 하지만 오른손은 거울의 오른쪽에 있고 왼손도 왼쪽에 있을 것입니다. 그래요, 왼쪽과 오른쪽이 바뀌는 대신 위와 아래가 바뀐 겁니다. 충격 받았다고요? 아직 끝나지 않았어요.

이제 문제를 이해할 수 있습니다. 거울과 관련된 질문은 인간의 문화적 배경에서 비롯됩니다. 사람들은 거울에 비친 자신의 이미지를 거울 뒤편으로 걸어 돌아간 자신과 같다고 생각하는 것입니다. 사람들이 거울 뒤편으로 갈 때 머리부터 먼저 거울 위로 넘어간다고 생각한다면 아마 저는 다른 질문에 대한 답을 쓰고 있겠죠? '왜 거울은 위와 아래를 뒤집어놓을까?'라는 질문 말이에요.

거울이 뒤집어놓는 게 하나 있기는 합니다. 앞과 뒤를 뒤집어놓죠. 앞으로 걸어가서 거울의 세상으로 들어갈 수 있다고 상상해보세요. 여러분의 오른손은 여전히 오른쪽에 있을 것입니다. 그리고 머리도 위쪽에 있겠죠. 하지만 거울에는 여러분의 얼굴이 아니라 뒤통수와 등이 보일 것입니다. 따라서 거울은 좌우나 위아래가 아닌 앞과 뒤를 뒤집어놓습니다.

제2장

영화 속
슈퍼 영웅의 진실

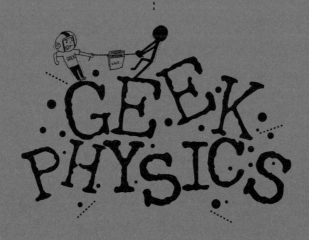

01

헐크가 점프하면
도로가 부서질까?

헐크는 날아다닐 수 없지만 높이 점프할 수 있습니다. 헐크가 점프할 때 지면이 받는 힘은 어느 정도일까요? 수치를 추정해보기 전에 헐크가 점프할 때의 모습을 세 가지 상태로 나눠 살펴봅시다. 다음 페이지의 그림과 같이 헐크가 점프하는 동안에는 중력과 지면이 밀어 올리는 힘이 작용할 것입니다. 이런 문제에는 일-에너지 원리를 적용하는 게 가장 좋은 접근 방법입니다. 시간의 변화가 아닌 위치의 변화를 다룰 때는 일-에너지 원리가 제일 잘 들어맞습니다.

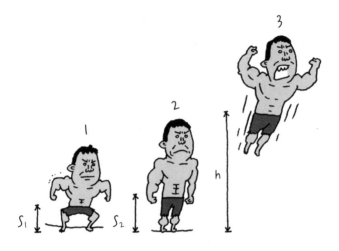

　일-에너지 원리에는 어떤 내용이 있을까요? 이 원리에 따르면 특정 시스템에 일을 행할 때 그 시스템의 에너지가 변한다고 합니다. 그러면 일은 무엇일까요? 일의 가장 간단한 형태는 어떤 거리만큼의 힘을 가하는 것입니다(그렇죠. 엄밀하게 말해 그보다 좀 더 복잡하기는 하지만 저는 단순하게 설명하려 합니다). 에너지는 무엇일까요? 시스템에 헐크와 지구를 포함시키면 그 시스템은 운동에너지(움직이는 사물이 갖는 에너지)와 위치에너지를 갖게 됩니다.

　일과 에너지에 대해 한 가지만 지적하고 넘어가죠. 일과 에너지에 대해서는 다음과 같은 정의들이 있습니다. '에너지는 일을 할 수 있는 능력이다.' '일을 하면 에너지는 변한다.' 그렇습니다. 순환적 정의예요. 왜 그럴까요? 일-에너지 원리는 사실 우리가 계산을 하기 위해 이용하는 기준에 불과하기 때문입니다. 이 원리는 구체적일 필요가 없습니다. 다만 우리가 살펴보는 모든 시스템에 일-에너지 원리가 적용된다는 점은 사실입니다.

헐크 이야기로 돌아가보죠. 점프에서 중요한 부분을 살펴보려면 거꾸로 작업을 해야 합니다. 앞 그림의 2에서 3의 위치로 가는 모습을 보면 헐크의 움직임이 중력에만 기반을 두고 있다는 점에서 일반적인 포물체 운동과 같습니다. 헐크는 위로 올라가면서 속도가 줄어드는 것 외에는 아무 일도 안 하고 있죠. 높이가 최고에 달하면 헐크는 순간적으로 멈춥니다. 다시 말해 최고점에 올랐을 때 헐크에 작용하는 에너지는 전부 위치에너지라는 이야기죠. 그가 점프한 높이를 측정함으로써 점프를 하는(1에서 2로) 부분에서 필요한 일을 계산할 수 있습니다. 또한 (지면과 접촉하고 있는 동안) 점프에 의한 거리를 이용해 지면이 헐크에 가하는 힘을 알아낼 수 있습니다.

이를 계산하는 데 사용할 추정치가 몇 가지 필요합니다. 우선 헐크의 질량이 필요한데 알아내기가 만만치 않습니다. 헐크는 아주 다양한 모습으로 나타나서 추정할 수 있는 질량의 범위가 굉장히 넓습니다. 그래서 일단은 헐크의 밀도가 일반인과 같고 크기는 영화 〈어벤져스〉에 등장하는 모습과 같다고 가정해봅시다.

영화의 한 장면에서는 헐크가 호크아이 옆에 서 있는 모습이 나옵니다. 호크아이의 키가 보통 사람과 비슷하다면(약 180cm) 헐크의 키는 약 250cm가 될 것 같네요. 헐크의 몸은 살짝 굽어 있어 기본적으로 추측한 값입니다만 그래도 이 수치를 사용하겠습니다. 그렇다면 질량은 어떨까요? 헐크는 호크아이보다 키만 큰 게 아니라 살집이 훨씬 두툼하고 어깨도 더 벌어져 있습니다. 인간과 헐크가 모두 원기둥 모양을 하고 있다고 가정하면 다음과 같은 그림을 그려볼 수 있습니다.

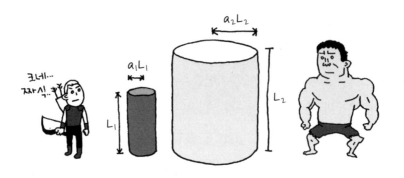

여기서 저는 사람의 키와 그 사람을 나타내는 원기둥의 반지름 사이에 관계가 있다고 추정했습니다. 그리고 이 두 수치를 연결해주는 상수 'a'가 있습니다. 헐크는 보통 사람하고는 다르다는 점을 상기하세요. 키만 큰 게 아니고 덩치도 더 크죠. 헐크의 반지름 대 키의 비율이 호크아이보다 1.25배 크다고 해보겠습니다(역시 추측일 뿐입니다). 호크아이의 질량이 70kg이고 헐크와 호크아이가 밀도가 같다면 헐크의 몸무게는 293kg일 것입니다.

헉! 그 정도면 대단한 질량이죠. 여기에서 기억해야 할 점은 헐크가 보통 사람에 비해 40% 더 키가 크다고 해서 질량도 40% 더 나간다는 이야기가 아닙니다.

이 원기둥에 대해 이야기를 해야만 할 것 같군요. 독자들의 원성이 들립니다. "인간은 원기둥 모양이 아니라고요!" 물론 맞는 말씀입니다. 하지만 사람을 원기둥으로 어림잡는 일이 그렇게 말도 안 되는 건 아닙니다. 그래도 꽤 괜찮은 추정치가 나오거든요. 이것을 보니 그 유명한 구 모양의 소 이야기가 떠오르는군요. 물리학자들과 오랜 시간 동안 함께 있다 보면 구 모양의 소 이야기를 들을 수 있습니다. 대체 무슨 이야기냐고요?

간략하게 설명할게요. 제가 방 안에서 연필 한 자루를 던졌다고 가정해봅시다. 연필을 왜 던질까요? 걱정 마세요. 전 가끔씩 아무렇게나 행동할 때가 있거든요. 그런데 이 연필의 포물체 운동을 모형으로 만들고 싶다면 어떻게 해야 할까요? 고려할 수 있는 사항들은 다음과 같습니다.

- 연필을 구부러질 수 있는 물체로 생각해야 하는가? (만약 그렇다면 던졌을 때 진동하면서 구부러질 겁니다.)
- 반강성의(굳기가 중간 정도인) 물체라면 그 물체는 세 가지 방향으로 회전한다(이것은 아주 중대한 문제입니다).
- 공기저항은 어떤가?
- 방 안에 있는 공기 밀도의 변동은 어떤가?
- 방 안에 작용하는 중력장의 크기는 모두 같은가? 연필과 저쪽에 있는 커다란 책상 사이의 중력 작용은 어떤가?
- 연필에 전기가 과도하게 흐르고 있어서 다른 물체들과 정전기 반응을 일으키거나 지구의 자기장과 전자기 반응을 일으키는가?

여기까지만 이야기해도 이 문제가 복잡하다는 점을 이해할 수 있겠죠. 그런데 연필이 움직이는 수평 거리를 이용해서 최초 속도만을 구하고자 한다면 어떨까요? 그런 경우라면 위 사항들은 그냥 무시해버려도 됩니다. 정확하지는 않더라도 꽤 그럴듯한 답을 도출할 수 있거든요. 실제로 그렇게 한다면 앞서 제시한 복잡한 문제들은 다음과 같이 줄어듭니다.

- 하나의 점질량
- 중력장의 크기가 변하지 않는 상태에서의 중력 작용

이러면 이제 문제는 쉽게 풀리죠. 우리는 물리학(그리고 과학) 모형을 만들려고 하는 것일 뿐, 모형이 완벽할 필요는 없습니다. 실은 절대로 완벽할 수 없습니다. 사람들은 다만 쓸모 있는 모형을 원하죠. 연필이 점질량이라고 가정한다면 모형은 아주 잘 적용됩니다.

그러면 이제 구 모양의 소 이야기를 해볼까요? 이 농담을 맨 처음에 누가 했는지는 모릅니다만 한번 들으면 절대로 잊혀지지 않죠.

소와 여러 동물들이 있는 목장이 있었다. 목장 주인은 우유 생산량을 늘리고 싶어서 엔지니어, 심리학자, 물리학자에게 컨설팅을 요청했다. 일주일 후 엔지니어가 보고서를 들고 왔다. 그리고 이렇게 말했다.

"우유 생산량을 늘리려면 더 큰 우유 펌프와 관을 구해서 우유를 끝까지 뽑아내야 합니다."

다음은 심리학자가 와서 말했다.

"소가 우유를 더 많이 생산하게 해야 합니다. 한 가지 방법은 소를 편안하고 행복하게 하는 것이죠. 소는 우유를 더 많이 만들어냅니다. 외양간을 녹색으로 칠하세요. 그러면 소들은 풀과 행복한 들판을 떠올리면서 행복해할 겁니다."

마지막으로 물리학자가 와서 설명했다.

"소가 구 형태라고 가정하시고……."

이제 물리학자가 아니라도 이 농담을 이해할 수 있겠네요. 이해를 하든 못 하든 저는 다시 봐도 재미있어요.

어쩌다 이야기가 딴 데로 흘렀죠? 자, 다시 헐크의 질량으로 돌아가겠습니다. 저를 늘 괴롭히던 문제가 하나 있습니다. 헐크로 변하는 브루스 배너는 굉장히 평범해 보이는 사람이지만 어느 순간 무시무시한 헐크로 변합니다. 그가 70kg의 인간에서 거의 300kg에 가까운 헐크로 변할 때 추가되는 질량은 어디에서 올까요? 아인슈타인의 $E=mc^2$과 같이 이것이 에너지가 질량으로 변환되는 사례라면 어떨까요?

이렇게 되려면 2.7×10^{19}J의 에너지가 필요합니다. 이 에너지는 어디에서 올까요? 태양에서 방출하는 총 전력은 약 4×10^{26}W(와트. 전력이나 일률을 나타내는 단위로, 1와트는 1초에 1J의 일을 하거나 1볼트의 전압으로 1암페어의 전류가 흐를 때 전력의 크기다―옮긴이)입니다. 하지만 지구에 도달하는 전력은 약 1.7×10^{17}W에 불과합니다. 헐크가 이만큼의 태양 에너지를 전부 다 사용해도 변신에 필요한 에너지를 얻으려면 2분 30초가 넘게 걸릴 것입니다. 이 시간을 헐크가 '분노하는 시간'이라고 할 수 있을 것 같습니다.

그런데 헐크의 질량이 변하지 않는다면 어떨까요? 이 경우 헐크는 여전히 70kg이긴 하지만 밀도가 달라질 것입니다. 계산해보면 인간 밀도의 0.24배가 됩니다. 인간의 밀도를 처음 추정할 때는 물의 밀도와 비슷하다고 보면 되죠. 물의 밀도는 1,000kg/m³입니다. 그렇다면 헐크의 밀도는 240kg/m³가 되겠죠. 이 정도면 코르크의 밀도와 비슷합니다. 말이 안 되죠.

자, 이제 헐크의 점프 높이를 추정해봅시다. 영화 〈어벤져스〉 예고편을 보면 실제 건물과 닮은꼴을 사용한 것 같은 장면이 나옵니다. 이것을 구글 어스Google Earth를 활용해 영화에서 헐크가 점프하는 장소의 정확한 위치로 추정되는 곳을 찾아봤습니다. 지도에서 찾은 위치와 주변 건물들의 높이로 보니 헐크는 약 120m 높이까지 점프하는 것으로 보입니다.

그러면 이제 추정치를 대입하기만 하면 됩니다. 대입한 결과 힘의 평균은 $4.08 \times 10^5 \mathrm{N}$으로 나옵니다. 헐크가 지면을 밀어내는 힘이자 지면이 헐크를 밀어내는 힘의 강도죠. 그렇습니다. 이는 힘의 평균입니다. 또한 전체 힘에서 가장 작은 힘입니다. 힘이 변하는 상황을 감안하면 점프하는 과정에서 어떤 때는 힘이 작고 어떤 때는 크다는 의미입니다. 저는 가장 작은 전체 힘의 수치로 가장 높이 점프하는 상황을 다루고자 합니다.

헐크는 점프할 때 콘크리트를 부술까요? 사실 정말로 하고 싶었던 질문입니다. 점프하는 과정에서 헐크가 콘크리트를 아주 강하게 밀어낸 나머지 금이 갈 수도 있다는 생각이 듭니다. 콘크리트(또는 지면에 쓰인 재료)가 온전히 남아 있는지 어떻게 알아낼 수 있을까요? 먼저 압축강도를 알아내야 합니다. 압축강도란 재료가 부서지지 않고 견뎌낼 수 있는 최대한의 압력을 말합니다.

헐크의 발 크기를 다소 작게 추정하면 2.9MPa(메가파스칼. 재료의 압축강도 단위. 1Pa은 단위면적(m^2) 당 1kg의 하중을 견딜 수 있는 강도다—옮긴이)이라는 압력을 얻게 됩니다. 엔지니어링 툴박스The Engineering Toolbox[*]에 따르면 콘크리트의 압축강도는 10MPa 정도인데요. 이 정도의 점프로는 도로에 금이 가게 할 수는 없을 것 같네요. 하지만 정말 그럴까요? 저는 점프하는 헐크의 변위에 따른 힘을 나타내는 곡선이 일정하지 않고 절정이 있을 것 같다고 생각합니다.

그 절정의 값이 힘을 넘어선다면 더 큰 압력을 만들어내고 도로에 금이 갈 것입니다. 또한 제가 계산할 때는 헐크의 발 전체 면적을 사용했습니다. 헐크가 평발로 점프를 한다면 이 계산이 옳겠죠. 그렇지만 사람들은 보통 이런 식으로 점프하지 않습니다. 대체로 엄지발가락 아래 부분으로 몸을 밀어 올리죠. 이렇게 하면 접촉 면적이 줄어들고 압력은 증가합니다.

결국 헐크가 점프할 때마다 도로에 갈라진 틈 정도는 생길지 모릅니다. 하지만 도로를 부숴버리지는 못한다고 예상할 수 있습니다.

---

[*] www.engineeringtoolbox.com/compression-tension-strength-d_1352.html

02

토르의 망치는
왜 아무나 못 들까?

10대 때 처음으로 토르를 알게 되었습니다. 당시엔 만화책을 많이 읽었죠. 대놓고 한쪽 편을 들고 싶지는 않지만 저는 대체로 마블코믹스Marvel comics를 좋아했고 DC코믹스에서 나오는 만화책들은 거의 보지 않았습니다. 토르는 마블 계에서 제가 가장 좋아하는 슈퍼 영웅은 아니었지만 그래도 꽤 멋있긴 했죠.

토르라는 이름을 처음 들어보신다고요? 영화 〈어벤져스〉를 못 보셨나요? 그렇다면 설명해드리죠. 마블 계에서 토르는 지구에서 잠시 유

배 생활을 하는 노르웨이의 신입니다. 어쩌면 외계인이었을지도 모르 겠네요. 영화에서 어떤 식으로 나왔는지 기억이 나질 않는군요. 중요 한 건 토르가 초능력을 갖고 있다는 점입니다. 묠니르$_{Mjölnir}$라는 이름의 슈퍼 망치도 갖고 있죠. 이름이 발음하기 어려우니 자주 언급하지는 않겠습니다.

망치의 기원에 대한 한 가지 이야기에 따르면 오딘$_{Odin}$ 신이 난쟁이 대장장이들에게 항성의 핵으로 망치를 만들라고 지시합니다. 마블 계 에서조차 묠니르의 기원에 대해서는 여러 가지 설이 있다는 사실에 주 의하세요. 하지만 항성의 핵으로 만들었다는 이야기가 맞다면 이 망치 의 질량을 계산할 수 있습니다. 제가 여러분과 이제부터 하려는 계산 에 이 이야기가 가장 잘 들어맞죠.

항성의 핵에서 얻는 물질은 어떨까요? 뜨거울까요? 그렇죠. 엄청나 게 뜨겁습니다. 밀도는 높을까요? 그럴 것 같네요. 이제 항성에 대해 이야기하면 좋겠네요. 요약하자면 항성은 행성과 같습니다. 항성과 행 성 모두 물질이 축적되어 만들어진 존재라는 점에서 그렇습니다. 우주 에 큰 수소 가스 구름이 있다고 가정해봅시다. 수소는 어디에서 왔을 까요? 일단 그냥 우주에 있었다고 칩시다. 수소 원자들은 질량이 있으 므로 모두가 서로를 끌어당기는 인력이 있습니다. 이 인력은 아주 약 하지만 시간이 흐르면 수소 구름을 응결시킬 수 있습니다.

일반적으로 이렇게 압축되는 기체 구름은 항성과 행성이 함께 있는 일종의 태양계를 형성할 수 있습니다만 지금은 항성만 보기로 하죠.

이런 거대한 수소 가스 집합체가 항성과 같은 구의 형태가 된다면 동시에 무슨 일이 일어나야 할까요? 왜 수소 가스는 계속 줄어들지 않을까요? 이 압축 과정을 막는 것은 무엇일까요? 바다 밑바닥에서 바다가 얇은 막으로 무너져 내리는 것을 막아주는 원리와 비슷한 이야기가 이 질문에 대한 가장 좋은 답이 될 것 같습니다.

바다에 있는 물의 입자는 그 밑에 있는 다른 물 입자와 충돌함으로써 무너지지 않습니다. 바다 밑으로 깊이 들어가면 갈수록 더 낮은 곳에 있는 물 입자는 위에 있는 입자들을 지탱하기 위해 더 많이 충돌해야 하죠. 물속 깊은 곳에서는 물의 압력이 커져야 한다는 뜻입니다. 압력이 커지지 않는다면 바다 전체가 말도 안 될 정도로 밀도가 높은, 얇은 막의 형태로 바닥에 줄어들은 상태가 되어버리겠죠.

항성에서도 본질적으로 같은 일이 일어납니다. 항성과 바다의 차이점은 항성은 크기가 훨씬 크고 물로 만들어지지 않았다는 점이에요. 액체 상태의 물은 대량으로 있을 때 밀도가 일정하다는 흥미로운 특징이 있습니다. 하지만 수소 가스는 압력을 증가시키면 밀도도 증가합니다. 바다의 깊이는 대체로 수 km에 이르지만 항성은 태양처럼 작은 것조차 반지름이 약 696만 km에 달하죠. 상당한 크기라서 무너지는 것을 막기 위해서는 내부 압력이 엄청나게 높아야 합니다. 이 압력으로 인해 밀도 또한 대단히 높아지죠.

자, 그럼 슈퍼 망치 묠니르가 태양의 핵에 있는 물질로 만들어졌다고 가정해봅시다. 이 물질의 밀도는 대략 cm^3당 150g이 됩니다. 매우 높죠. 이에 비해 물의 밀도는 cm³당 1g이고 수은은 cm³당 11.4g입니다. 아무튼 이 물질은 밀도가 매우 높을 뿐 아니라 아주 뜨거워서 온도가 1,500만 K(켈빈kelvin. 절대온도 또는 켈빈온도라고 한다. 0℃는 273K이다─감수자)에 달합니다(백열등 필라멘트의 온도는 약 3,000K입니다).

이런 물질을 핵에서 어떻게 꺼낼 수 있을까요? 저도 잘 모르겠습니다. 꺼낼 수 있다고 해도 확실히 뜨겁겠죠. 이런 점은 우리가 만들고자 하는 형태로 마음껏 만들 수 있다는 면에서 좋습니다. 여러분은 이 물질로 망치를 만들고 싶을 수도 있겠죠. 하지만 두 가지 문제가 있습니다. 우선 이 망치는 아주 뜨거워서 그 주변에 있는 사물을 모두 녹여버릴 겁니다. 이런 점은 좋지 않죠.

정말 큰 문제는 망치를 냉각시킬 때 발생합니다. 양성자는 다른 양성자에 붙어 다니기를 싫어하죠. 둘 다 똑같이 양전하를 갖고 있기 때문입니다. 태양의 핵 내부에 있는 양성자들은 어쩔 수 없이 그 위에 있는 696만 km의 물질에 눌려서 함께 있습니다. 하지만 일단 핵에서 이 물질을 꺼내면 양성자들과 헬륨 원자들이 그 덩어리에서 마구 쏟아져 나올 것입니다. 즉, 증발해버릴 겁니다. 헬륨은 고체의 형태로 보유할 수 없고 수소도 마찬가지입니다. 결국에는 태양의 핵에서 꺼낸 물질로 인해 녹아버린 주변 지역만이 넓게 남겠죠.

그러면 다른 항성을 이용해서 망치를 만들 수는 없을까요? 질량이 큰 항성에서는 수소와 헬륨이 핵융합을 거쳐 무거운 원소를 형성하는데 철 원자까지도 생성될 수 있습니다. 철은 실온에서 고체로 존재할 수 있으므로 좋은 선택이 되겠죠. 하지만 고려해야 할 사항이 두 가지 있습니다. 첫째, 항성의 질량이 크면 내부의 핵도 밀도가 높을 것입니다. 밀도가 얼마가 될지는 항성의 크기에 의해 결정됩니다. 항성이 철 원자를 만드는 과정을 거치는 동안에 항성 핵의 밀도는 cm^3당 1억 g만큼이나 높을 수 있습니다. 상상을 초월하죠. 또한 온도는 약 20억 K가 됩니다.

물론 이 물질은 식으면서(식는 데 꽤 오래 걸립니다!) 늘어날 것입니다. 일단 실온으로 돌아오면 그 밀도는 지구에서 볼 수 있는 철의 밀도, 즉 cm^3당 약 7.8g이 됩니다. 그저 평범한 쇠망치가 되는 것이죠.

평범하면 재미가 없습니다. 그러면 이렇게 생각해봅시다. 밀도가 cm^3당 1억 g인 핵의 물질로 만들어진 완제품 망치가 있다면 무슨 일이 일어날까요? 질량이 상당히 크겠죠. 예를 들어 망치의 형태가 직육면체로 (손잡이를 제외하고) '15×15×8cm'라고 하면 부피는 1,800cm^3입니다. 밀도는 질량을 부피로 나눈 값이므로 질량은 밀도에 부피를 곱한 값이 되겠죠. 이렇게 질량을 계산해보면 그 값은 (지구 표면에서) $1.8×10^{11}$g이 됩니다. 한번 망치를 들어보시겠다면 행운을 빌어드릴게요.

만일 토르가 지구 표면에서 여러분의 정수리 위 50cm 지점에 망치를 들고 있으면 어떻게 될까요? 이 경우 여러분에게는 두 가지 인력이 작용할 것입니다. 지구가 여러분을 아래로 당길 것이고(그게 저라면 약 73kg이 되겠네요) 망치도 질량이 있으므로 그 인력이 여러분을 당길 겁니다. 보통 때 같으면 우리는 이런 인력을 무시하겠죠.

만유인력의 모형을 사용하면 망치는 0.15kg의 힘으로 당길 것입니다. 놀랄 만큼 큰 수치는 아니지만 여러분이 느낄 수 있을 정도입니다. 물론 그 망치에 가까이 다가갈수록 인력은 강해지겠죠. 망치의 중심에서 3.5cm 떨어진 곳에 물건을 놓으면 망치의 인력은 지구의 중력과 같아질 정도입니다. 망치의 두께가 3.5cm를 넘는다는 점이 아쉽네요.

　이렇게 망치의 질량이 엄청나다 보니, 힘깨나 쓴다는 인물들 외에는 아무도 들어 올릴 수 없는 이유를 알 수 있겠죠. 자, 망치를 만드는 이야기는 여기까지만 하죠. 재미있는 이야기가 하나 더 있습니다.

　"토르는 어떻게 날아다닐까요?"

　한때 저는 토르가 날 수도 있다는 잘못된 주장을 했습니다. 그 주장은 확실히 틀렸고 토르는 날지 못합니다. 그 대신 토르는 묠니르를 던지고 나서 손잡이를 붙잡은 채로 묠니르에 끌려 다닙니다. 어떻게 이런 일이 벌어질 수 있을까요?

단순한 모형으로 시작해보죠. 묠니르와 토르가 크기와 질량이 동일하다고 가정합시다. 둘이 나란히 있다면 무게중심은 그 중간에 있겠죠. 자, 이제 토르가 망치를 던지면 어떻게 될까요? 토르는 망치를 던지기 위해 일정 시간 동안 망치에 힘을 가할 것이고 망치의 운동량은 증가할 것입니다. 하지만 힘은 두 물체의 상호작용입니다. 토르가 망치에 어떤 종류의 힘을 가하든지 망치도 동일한 시간 동안 반대 방향으로 토르에게 힘을 가하죠. 따라서 토르가 망치를 던지면 망치의 운동량이 증가하면서 토르의 운동량은 반대 방향으로 증가합니다.

그런데 토르가 망치를 던진 다음에 그것을 붙잡으면 어떻게 될까요? 기본적으로 위와 정확히 똑같은 일이 발생합니다. 던진 망치를 잡음으로써 토르는 그 망치에 힘을 가하고 망치도 토르에게 힘을 가할 겁니다. 그렇다면 토르는 망치를 던짐으로써 움직이기도 하지만 망치를 잡았을 때 원래 자리로 곧바로 돌아오겠죠. 이는 날기 위한 방법으로는 그리 생산적이지 않습니다. 아, 게다가 이런 상황에서는 망치의 질량이 큰지는 중요하지 않습니다.

일반적으로 사람들은 이를 '운동량의 보존'이라고 부릅니다. 외부의 힘이 작용하지 않는 두 개의 물체로 구성된 시스템이 있다고 하면 무게중심의 운동량은 변하지 않을 것입니다. 이때 한 물체가 한 방향으로 운동한다면 다른 하나는 반대 방향으로 운동해서 전체 운동량은 변하지 않습니다.

하지만 포기하기에는 이릅니다. 전체 운동량을 바꿀 수 있는 방법이 있어요. 외부의 힘을 이용하면 됩니다. 토르가 망치를 똑바로 위로 던진다면 토르—망치 시스템에 외부의 힘이 작용합니다. 바로 지면의 힘이에요. 지면에 의해 토르와 망치는 위로 올라갑니다. 사실 수평으로는 마찰력이 이와 같은 일을 하죠. 따라서 망치는 어떤 면에서는 토르가 공중으로 움직이는 데 도움을 줄 수 있긴 하지만 날아가는 데는 도움이 되지 않습니다. 안타깝게도 날아가려면 점프를 할 때의 힘과 같은 힘이 필요합니다. 다리가 아닌 팔로 점프하는 것과 비슷하다는 이야기죠.

문제가 한 가지 더 있습니다. 공중에 있는 동안에는 어떻게 방향을 바꿀까요? 토르가 망치를 던져서 공중에 뜰 수 있었다고 가정해봅시다. 방향을 바꾸기 위한 운동량의 변화가 있으려면 다른 외부의 힘이 필요합니다. 공중에서 방향 전환이 가능하려면 망치를 던지기는 하되 붙잡지 않는 방법밖에는 없습니다. 이렇게 하면 토르가 망치를 오른쪽으로 던졌을 때 토르 자신은 왼쪽으로 밀리겠죠. 운동량은 보존됩니다만 토르는 망치를 잃어버릴 것입니다.

벌써부터 반박하는 소리가 들리는군요. "묠니르에는 던진 사람에게 되돌아갈 수 있는 능력이 있다고요!" 그렇다면 묠니르에도 외부의 힘이 작용해야 합니다. 어떤 식으로 그렇게 될 수 있는지는 저도 모르겠군요. 힘과 운동량 같은 물리학 모형을 토르의 망치처럼 만들어진 물체에 적용해보는 것 이상의 문제는 저도 어떻게 할 수가 없습니다. 하지만 이런 것들을 생각해보는 건 여전히 재미있네요.

03

캡틴 아메리카의 방패는
얼마나 무거울까?

캡틴 아메리카에 대해 알아볼까요? 혼란을 피하기 위해 저는 캡틴 아메리카의 만화책 버전이 아닌 영화 〈캡틴 아메리카: 윈터 솔져〉Captain America 2: Winter Soldier에 나오는 캡틴 아메리카만 분석하도록 하겠습니다. 두 가지의 세계(만화책과 영화)가 늘 일치하는 것은 아니니까요.

영화의 한 장면에서 캡틴 아메리카는 윈터 솔져에게 자신의 방패를 던집니다(캡틴 아메리카는 평소에 이런 행동을 합니다). 그런데 잠깐, 윈터

솔져는 방패를 그냥 잡아서 곧바로 캡틴 아메리카에게 다시 던지는데 요. 그 힘이 상당히 강해서 캡틴 아메리카는 뒤로 약간 밀려납니다. 이 정도 정보만으로 방패의 질량을 계산할 수 있을까요? 네, 제 생각에는 가능합니다.

이 계산은 두 부분으로 나뉩니다. 우선 방패가 캡틴 아메리카와 부 딪치기 전에 얼마나 빨리 움직였는지 알아내야 합니다. 그런 후 방패 와 캡틴 아메리카의 상호작용을 보통의 물리적 충돌 상황으로 살펴볼 수 있습니다. 두 번째는 방패를 잡은 캡틴 아메리카가 뒤로 반동하는 속도를 알아내야 합니다. 계산 순서가 그리 중요하지는 않으므로 충돌 후 캡틴 아메리카의 반동 속도를 먼저 알아보기로 하죠.

영상을 보고 반동 속도를 어떻게 측정할까요? 가장 쉬운 방법은 영 상 분석 프로그램 같은 것을 사용해서 각각의 영상 프레임에 나오는 캡 틴 아메리카의 위치를 판단하는 겁니다. 위치와 시간의 데이터를 갖고 반동 속도를 쉽게 구할 수 있죠.

하지만 이번 경우에는 그렇게 할 수 없습니다. 왜냐고요? 영상에 그런 데이터가 쉽게 드러나지 않기 때문이죠. 이상적인 경우라면 그 장면에서 캡틴 아메리카가 다른 물체와 함께 있어서 그 물체를 보고 사물들의 전반적인 크기를 판단할 수 있어야 합니다. 게다가 모든 움직임은 카메라의 시야를 기준으로 수직이 됩니다. 카메라를 향해 다가오거나 카메라로부터 멀어지는 움직임들은 원근법에 의해 물체의 크기가 변화하기 때문에 문제가 됩니다. 불행하게도 이 영상에서는 분석하기에 적절한 각도가 나오지 않네요.

반동 속도를 판단할 수 있는 다른 방법은 없을까요? 캡틴 아메리카가 처음에 어떤 속도(반동 속도)로 미끄러지기 시작해 일정하게 감속을 해서 느려진다고 가정하면 반동 속도를 계산할 수 있습니다. 여기서 얼마나 일정하게 감속하는지는 항력계수를 이용해 판단할 수 있습니다. 항력계수를 0.3(단단한 표면 위에 있는 자갈에 대한 항력계수로 적당한 것 같습니다)으로, 영상을 통해 미끄러지는 시간을 1.08초로 추정하면 반동 속도는 3.24m/s라는 결과가 나옵니다. 이것은 캡틴 아메리카가 방패를 잡은 후에 방패와 캡틴 아메리카의 속도라는 점을 명심하세요.

방패의 질량을 알아내기 위해 필요한 게 두 가지 더 있습니다. 하나는 캡틴 아메리카의 질량입니다. 캡틴 아메리카는 인간이므로(그렇습니다. 머리부터 발끝까지 인간입니다) 질량을 추정하기는 아주 쉽죠. 캡틴 아메리카를 100kg이라고 합시다. 그러면 방패의 충돌 속도는 어떨까요? 이 수치도 영상을 통해 알아내야 합니다.

윈터 솔져가 방패를 던진 직후 아주 잠깐 방패가 찍힌 장면이 있습니다. 위키피디아 Wikipedia의 설명에 따르면 방패의 지름은 0.76m라고 합니다. 이것으로 영상에 나오는 사물들의 크기를 조정해서 시간에 따른 방패 위치를 그래프로 그려볼 수 있습니다. 이렇게 해서 구한 방패의 속도는 19.5m/s입니다. 방패의 속도치고는 아주 빠르지만 슈퍼 영웅들의 이야기이니 그럴 수도 있겠죠.

그러면 이제 방패의 질량을 계산해봅시다. 여기서는 충돌과 힘의 특성이 가장 중요합니다. 방패가 캡틴 아메리카를 밀어내면 캡틴 아메리카도 같은 힘으로 방패를 다시 밀어내는 식으로 둘은 상호작용을 하죠. 이 둘의 힘은 왜 같을까요? 힘이란 늘 두 가지 사물의 상호작용이기 때문입니다. 사람이 벽을 밀면 벽은 똑같은 힘으로 사람을 밀죠. 사람과 벽이 상호작용을 하듯 캡틴 아메리카와 방패도 상호작용을 합니다. 그리고 이렇게 충돌하는 힘과 관련해 중요한 사실이 하나 더 있습니다. 방패가 캡틴 아메리카를 밀어내는 힘이 작용하는 시간은 캡틴 아메리카가 방패를 밀어내는 시간과 정확히 같다는 점입니다.

이 개념을 활용하기 위해서는 우선 운동량의 원리를 살펴봐야 합니다. 운동량의 원리에 따르면 물체에 알짜힘이 작용할 때 그 물체의 운동량이 변합니다. 캡틴 아메리카에 가해지는 힘과 방패에 가해지는 힘이 동일하므로(방향은 반대입니다) 캡틴 아메리카의 운동량과 방패의 운동량 또한 서로 반대로 변할 것입니다. 이는 충돌 전 방패와 캡틴 아메리카의 운동량을 합한 것과 충돌 후 둘의 운동량은 같다는 말과 똑같은 이야기입니다. 사람들은 이를 운동량의 보존이라고 합니다(전과 후의 운동량이 같기 때문이죠).

캡틴 아메리카와 방패는 충돌한 후 하나의 물체가 되어 함께 움직입니다. 이를 비탄성 충돌(물체 사이의 충돌 과정에서 충돌 전 운동에너지의 일부를 물체의 변형이나 소리, 열 등으로 잃어버려서 충돌 후 운동에너지가 감소하는 충돌―옮긴이)이라고 부르는데, 충돌 후에도 두 물체의 속도가 같기 때문에 계산하기도 쉽습니다. 이 경우에는 훨씬 더 쉽죠. 충돌 전에 방패만 움직이고 있었기 때문입니다. 충돌 전 방패의 운동량이 충돌 후의 운동량과 같다는 뜻이죠.

이제 이 수치들을 활용할 준비가 되었습니다. 충돌 후 방패와 캡틴 아메리카가 합쳐졌을 때 속도를 이미 계산했고 충돌 전 방패의 속도도 알고 있습니다. 이 수치들을 다 합치면 우리가 알고 싶어 하는 값을 구할 수 있습니다. 바로 방패의 질량이죠.

결과를 들을 준비가 됐나요? 반동 속도는 3.24m/s, 방패의 속도는 19.5m/s라는 수치를 이용하면 방패의 질량은 19.9kg이 됩니다(캡틴 아메리카가 100kg이라고 가정했을 때입니다). 아주 묵직한 방패죠. 이로부터 방패의 밀도를 추정해볼 수 있습니다. 방패의 지름이 0.76m이고 두께는 0.5~1.0cm인 평평한 원반의 형태라고 가정하면 밀도의 범위는 $8,767kg/m^3 \sim 4,383kg/m^3$가 됩니다. 이 정도면 합리적인 수치죠. 철의 밀도는 약 $7,800kg/m^3$고 티타늄은 약 $4,500kg/m^3$거든요.

어쨌든 상당히 무거운 방패네요. 이 방패를 실제로 던지려면 신체 조건이 확실히 좋아야 하겠죠. 야구공이나 축구공을 던지는 것보다는 훨씬 어려울 겁니다. 그래서 캡틴 아메리카가 슈퍼 영웅이 아닐까요?

04

슈퍼맨은 사람을 우주로
날려버릴 수 있을까?

어릴 적 영화에서 본 슈퍼맨은 아주 힘이 세서 무슨 일이든 할 수 있었습니다. 그러면 슈퍼맨은 펀치 단 한 방으로 사람을 우주로 날려 보낼 수 있을까요? 먼저 몇 가지 추정치를 정한 뒤에 계산해봅시다.

여기서 우주라고 하면 아마 대기권 밖을 생각할지 모릅니다. 그런데 대기권의 높이는 얼마나 될까요? 지구의 대기권은 특정한 높이에서 그냥 끝나지 않습니다. 그보다는 공기의 밀도가 계속 낮아져서 나중에는 공기를 감지하지 못할 정도가 되죠. 하지만 이번 문제에서는 우주라고 말할 수 있는 고도를 정해야 합니다. 저는 지구 표면을 기준으로 420km 상공부터를 우주로 정하겠습니다. 왜 420km냐고요? 안 될 이유도 없죠. 또 420km는 국제우주정거장 궤도의 높이라서 괜찮은 선택인 것 같습니다.

사람이 우주 공간까지 올라가려면 얼마나 빠른 속도로 올라가야 할까요? 참고로 이 상황은 슈퍼맨이 어떤 사람에게 이미 펀치를 날린 다음의 일입니다. 물론 슈퍼맨이 보통 사람을 주먹으로 가격했다면 그 사람의 몸은 온전하지 못할 겁니다. 이런 문제를 피하기 위해 슈퍼맨이 자신을 복제한 존재에게 펀치를 가한다고 합시다. 이 복제된 슈퍼맨을 '슈퍼맨-b'라고 부를게요.

슈퍼맨-b가 위로 올라가는 동안에는 두 가지 힘만이 작용합니다. 우선 아래로 당기는 중력이 있는데 이 중력은 슈퍼맨-b가 위로 올라갈수록 조금씩 줄어듭니다. 또한 공기저항력이 작용합니다. 일단은 공기저항이 없다고 가정합시다. 전에 슈퍼맨이 싸울 때 지구에 있는 공기가 모두 빨려나가서 없어졌다고 생각할 수도 있겠죠.

지구 표면에서 고도 420km까지 위치 변화에 따라 무슨 일이 일어나는지 알아보려면 일-에너지 원리를 이용해야 합니다. 일-에너지 원리에 따르면 어떤 시스템에 일을 행할 때 그 시스템의 에너지가 변합니다. 그런데 피해자(슈퍼맨-b)와 지구까지 합쳐 이것을 시스템이라고 생각하면 시스템 외부에서 일을 하는 것은 없습니다(잊지 마세요. 이 상황은 슈퍼맨이 펀치를 가한 이후입니다). 에너지에 변화만 있었을 뿐이죠. 이 경우 에너지의 형태는 두 가지입니다. 바로 운동에너지와 위치에너지입니다.

우리는 펀치를 맞은 슈퍼맨-b의 최초 속도는 알 수 없지만 최종 속도는 알고 있습니다. 그가 가장 높은 지점에 도달했을 때, 다시 내려오기 직전에 일시적으로 멈출 겁니다. 마지막 운동에너지는 0이라는 뜻이죠. 위치에너지는 어떻게 변할까요? 상호작용하는 두 물체 사이의 위치에너지는 두 물체의 중심 간 거리에 반비례합니다. 그리고 그 값은 두 물체의 질량과 만유인력 상수에 의해 결정되죠. 이 내용들을 다 합치면 우리가 모르는 한 가지를 알아낼 수 있습니다. 바로 펀치를 맞는 사람의 최초 속도죠.

$$W = \Delta K + \Delta u_G = 0$$

$$0 = 0 - \frac{1}{2} m_h v_1^2 - G \frac{m_h M_E}{R_E + h} + G \frac{m_h M_E}{R_E}$$

$$v_1^2 = 2GM_E \left(\frac{1}{R_E} - \frac{1}{R_E + h} \right)$$

ΔK : 운동에너지
Δu_G : 위치에너지
v_1 : 슈퍼맨-b가 날아가는 속도
m_h : 슈퍼맨의 몸무게
M_E : 지구의 질량
G : 만유인력 상수
R_E : 지구의 반지름

제가 아는 값들을 대입하면 슈퍼맨-b가 처음 날아가는 속도는 2,778m/s가 됩니다. 네, 빠르죠. 하지만 슈퍼맨-b는 저 속도보다 훨씬 더 빠른 속도로 올라가야 합니다. 왜냐고요? 공기저항 때문입니다.

다음은 슈퍼맨-b가 슈퍼맨에게 맞은 직후 힘의 작용을 나타낸 그림입니다.

다음 두 가지 모형으로 중력과 공기저항력을 구해보겠습니다.

$$F_{gravity} = G \frac{M_E m_s}{r^2}$$

$$F_{air} = \frac{1}{2}\rho A C v^2$$

중력 모형에서 두 질량은 지구의 질량(M_E)과 슈퍼맨(m_s)의 질량이고, r은 슈퍼맨-b와 지구 중심 간 거리입니다. 중력은 슈퍼맨-b가 우주로 올라가면서 어느 정도 감소할 것입니다.

공기저항 모형에서 A는 물체의 횡단면 면적이고 C는 물체의 형태에 의해 결정되는 항력계수입니다. ρ는 공기의 밀도입니다. 대기권에서 위로 올라갈수록 밀도는 감소합니다. 공기저항력은 속도와 고도 두 가지와 함께 변합니다. 사실 항력계수도 속도에 의해 결정되지만 여기서는 일정하다고 가정하겠습니다. 어쨌든 이 문제는 그리 쉽지 않죠.

몇몇 수치들을 추정해보겠습니다. 슈퍼맨-b가 일반인과 비슷하다고 가정하고 질량을 70kg으로 보죠. AC 값은 스카이다이버의 최종 속도를 근거로 추정하겠습니다. 스카이다이버가 54m/s로 떨어진다면 공기저항은 스카이다이버의 몸무게와 같을 것입니다. AC가 $0.392m^2$가 된다는 의미죠. AC 값은 그냥 $0.05m^2$로 하겠습니다. 앞서 일반적인 자세를 취하는 스카이다이버를 기준으로 계산했거든요. 슈퍼맨-b가 머리를 위로 해서 날아갔다면 횡단면이 훨씬 작을 것입니다.

다른 문제는 공기 밀도의 변화를 다루는 것과 관련이 있습니다. 예전에 높은 고도에서 공기저항을 연구해본 적이 있는데, 레드불 스트라토스_{Red Bull Stratos}(우주에서 스카이다이빙을 하는 프로젝트의 이름─옮긴이)의 우주 점프는 지구 표면보다 공기의 밀도가 훨씬 낮은 지점에서 시작했죠. 다음은 스카이다이버의 하강 속도를 계산하기 위해 사용한 공기의 밀도 모형입니다.

▶ 높이에 따른 공기의 밀도

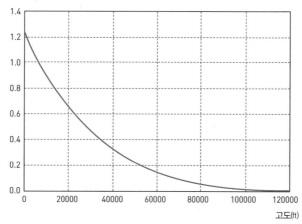

이 모형은 굉장히 높은 고도에서는 정확히 들어맞지 않습니다. 따라서 100km 정도까지만 사용하고 그 이후의 공기 밀도는 무시할 수 있을 정도라고 가정하겠습니다. 잘못된 가정이긴 하지만 크게 문제가 되지는 않을 거예요.

우선 슈퍼맨-b의 최초 속도가 대단히 빠르다는 사실을 보여드리겠습니다. 높은 고도에서의 공기 밀도를 없애버리면 출발 속도의 값은 더 작아질 것입니다. 게다가 슈퍼맨-b가 높은 고도에 도달했을 때는 그리 빠르게 움직이지 않으므로, 높은 곳에 공기가 있다고 해도 공기 저항은 작을 것입니다.

이제 뭘 해야 할까요? 출발에 필요한 속도를 직접 계산할 수는 없습니다. 하지만 출발 속도를 정해서 슈퍼맨-b가 얼마나 높이 올라갈 수 있는지를 판단하는 수치 모형을 만들 수는 있습니다. 그런 다음 원하는 높이가 될 때까지 출발 속도를 계속 증가시키는 것이죠. 각각의 출발 속도에 따라 아주 작은 시간 단계별로 움직임을 나눌 텐데, 각 단계에서 저는 다음과 같이 할 것입니다.

- 고도에 따른 공기의 밀도를 계산한다.
- 고도, 공기의 밀도, 속도를 이용해 중력과 공기저항의 합을 계산한다.
- 이 알짜힘에 따른 시간 단계별 운동량의 변화를 계산한다.
- 위 계산에서 나온 운동량을 기초로 해서 시간 단계별로 고도의 변화를 알아낸다.

- 위 내용을 반복한다.

  복잡해 보이긴 하지만 그렇게까지 힘든 일은 아닙니다. 이 모형을 이용하면 슈퍼맨의 주먹에 가격당한 슈퍼맨-b가 2,778m/s의 최초 속도로 도달하는 고도는 6,500m 정도에 불과합니다. 앞에서 우주로 정한 420km까지 가려면 한참 멀었죠.

  속도를 점차 증가시키면서 공기저항을 감안해 이 모형을 계속 적용하면 어떻게 될까요? 결국에는 속도가 크게 증가하면서 우주에 도달할 수 있습니다. 아래 그래프는 출발 속도를 10^5m/s까지 증가시켰을 때 최대 고도를 나타낸 것입니다.

  10^5m/s로 출발한다 해도 슈퍼맨-b는 160km에 미치지 못합니다.

▶ 출발 속도에 따른 최대 도달 고도

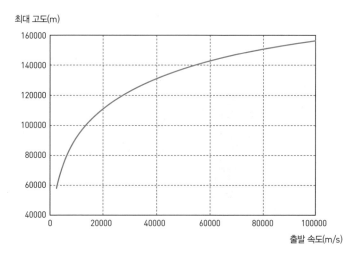

좀 실망스럽네요. 그보다는 높이 올라갈 수 있다고 생각했거든요. 슈퍼맨이 에베레스트 산 정상에서 펀치를 날리더라도 슈퍼맨-b를 우주로 보내기는 어려울 겁니다. 공기저항도 문제가 됩니다. 공기저항력까지 고려하면 슈퍼맨-b는 더 빠른 속도로 출발해야 하니까요. 하지만 더 빠른 속도로 출발한다면 공기저항은 더욱 강해지겠죠. 엄청나게 빠른 속도로 출발하면 공기저항 모형은 더 이상 유효하지 않습니다.

결국 슈퍼맨이 펀치를 날려서 누군가를 우주로 보낼 수 있을지는 의문입니다. 만일 보낼 수 있다고 해도 단순한 펀치로는 안 되겠죠. 아무리 슈퍼맨이라도 간단하게 할 수 있는 일이 아닙니다.

그런데 그 펀치는 어떻습니까? 슈퍼맨이 슈퍼맨-b를 아주 강하게 쳤다고 합시다. 굉장히 강력해서 슈퍼맨-b의 속도가 10^5m/s가 될 정도로요. 무슨 일이 일어날까요? 올려치기로 정확하게 턱을 가격했다고 합시다. 다음은 슈퍼맨-b가 가격당하는 순간의 그림입니다.

이때 슈퍼맨-b는 Δy만큼의 거리를 움직이는 동안 속도가 0에서 초속 10^5m/s로 증가합니다. 이렇게 되려면 슈퍼맨의 힘은 어느 정도가 되어야 할까요? 중력은 무시하고(이 경우는 중력이 미치는 영향력이 작습니다) 일-에너지 원리를 사용하겠습니다. 슈퍼맨-b가 목표물이라면 일을 하는 것은 슈퍼맨뿐입니다. 일을 계산하려면 주먹의 힘과 주먹이 이동한 거리를 곱하기만 하면 됩니다. 이 일은 어떤 결과를 불러올까요? 슈퍼맨-b의 운동에너지를 변화시킵니다(위치에너지도 변화시킵니다만 운동에너지와 비교하면 변화량은 매우 작습니다).

슈퍼맨-b의 최종 속도와 펀치를 맞아서 이동하는 거리를 알고 있으므로 이 펀치에 의한 힘의 평균치를 알아낼 수 있습니다. 아직 추정하지 않은 유일한 수치는 슈퍼맨-b에게 펀치가 가하는 힘이 이동한 거리입니다. 0.75m가 괜찮을 것 같네요. 거리를 대입해서 얻는 힘의 평균치는 4.67×10^{11}N입니다.

슈퍼맨의 주먹이 접촉하는 표면적이 0.0007m^2라고 가정합시다(추정치를 얻기 위해 제 주먹의 전면을 측정해봤습니다. 물론 슈퍼맨의 주먹은 더 크게 했죠). 이 펀치로 슈퍼맨-b의 피부에 가해지는 압력은 얼마나 될까요?

$$P = \frac{F}{A}$$

$$P = \frac{4.67 \times 10^{11}\text{N}}{0.0007\text{m}^2} = 6.67 \times 10^{13}\text{Pa} = 9.67 \times 10^9\text{psi}$$

상당한 압력이죠. 일반적인 스쿠버 탱크의 내부 압력은 3,000psi(프

사이. 압력의 단위로 1프사이는 1제곱인치에 가해지는 1파운드의 압력을 말한다─옮긴이)고 금속 탱크 벽의 두께는 0.635cm입니다. 무슨 이야기냐고요? 슈퍼맨이 슈퍼맨-b를 이 정도로 강하게 때린다면 슈퍼맨의 주먹이 슈퍼맨-b의 머리를 바로 뚫고 나갈 수 있다는 말입니다. 생각만 해도 끔찍하죠.

슈퍼맨의 발이 지면에 가하는 압력은 어떨까요? 슈퍼맨이 지면을 박차는 힘은 그가 슈퍼맨-b를 밀어내는 힘과 강도가 비슷할 것입니다. 물론 슈퍼맨이 발로 접촉하는 면적은 주먹보다는 넓겠지만 그렇다고 해도 압력은 엄청나겠죠. 슈퍼맨은 자신이 날린 펀치의 힘 때문에 땅속으로 들어갈 것이라고 확신합니다.

그러면 슈퍼맨-b에게 미치는 영향력은 어떨까요? 슈퍼맨-b의 질량이 70kg이라면 펀치를 맞는 동안에 그의 평균 가속도를 구할 수 있습니다. 힘을 질량으로 나누기만 하면 됩니다(이번에도 중력은 비교적 작습니다). 그렇게 해서 나온 슈퍼맨-b의 평균 가속도는 $6.67 \times 10^9 \text{m/s}^2$ 입니다.

슈퍼맨-b가 두 부분으로 이루어져 있다고 상상해보면 어떨까요? 한 부분은 머리로 질량이 7kg이고 다른 부분은 머리를 제외한 몸통으로 63kg입니다. 슈퍼맨은 슈퍼맨-b의 머리만 밀어냅니다. 그런데 몸통도 가속하는 이유는 무엇일까요? 당연한 말이지만 머리와 몸이 분리되어 있지 않기 때문이죠. 이는 슈퍼맨-b의 머리가 목을 통해서 몸을 당겨 올린다는 뜻입니다. 몸통이 머리와 동일하게 가속하기 위해서는 몸통의 힘이 $4.2 \times 10^{11}\text{N}$이 되어야 합니다.

니미츠급 항공모함(미국 해군의 핵추진 항공모함 — 옮긴이)의 질량이 9×10^7 kg입니다. 슈퍼맨-b의 목에 똑같은 힘을 만들어내려면 그를 거꾸로 매달아서 항공모함 4,500대가 머리에 매달려 있도록 해야 합니다. 여러분은 어떨지 모르겠지만 제가 보기엔 슈퍼맨-b의 머리가 떨어질 것 같네요(더구나 전 세계의 항공모함을 다 합쳐도 4,500대가 안 됩니다).

이제 확실하게 결론을 내리죠. 슈퍼맨은 주먹으로 사람을 가격해서 우주로 보낼 수 없습니다. 정말로 강하게 사람을 친다고 해도 그가 날아가기 전에 머리가 먼저 날아가 버릴 것입니다(어쩌면 그보다 안 좋을 수도 있습니다). 동시에 슈퍼맨은 땅속으로 들어가겠죠.

슈퍼맨이 사람을 날려버리고 싶으면 그냥 입으로 세게 불어버리는 게 나을지도 모르겠네요.

제3장

생활에 유용한 질문들

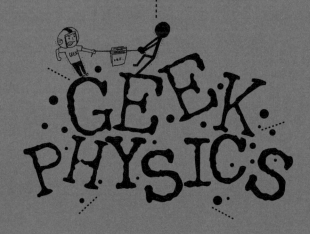

01

맥주를 시원하게 하려면
얼음이 얼마나 필요할까?

무척 더운 여름날 밖에 있다면 시원한 음료수 한 잔
이 간절하겠죠. 그런 날에는 어떤 음료가 좋을까요? 탄산음료도 좋고
물론 맥주도 좋을 겁니다. 어떤 음료를 마시든 더운 날씨에는 금방 미
지근해지는데요. 이럴 때 음료를 시원하게 보관하는 가장 좋은 방법은
얼음과 함께 아이스박스에 넣어두는 것입니다.

맥주를 시원하게 마시는 방법에 대해 이야기하자니 갑자기 이런 질
문이 떠오르네요.

"음료를 시원하게 만들려면 얼음이 얼마나 필요할까요?"

몇 가지 가정을 하고 시작해봅시다.

- 음료수는 n개이고 처음에는 실온에 있다. 실온은 22℃다.
- 음료를 얼음과 같이 둔다. 얼음은 0℃다.
- 캔에는 물이 가득 들어 있다(캔에 담긴 물이 인기가 별로 없다는 놀라운 일이죠! 어쨌든 이렇게 하면 물의 열용량을 이용할 수 있습니다).
- 캔의 표준 크기는 12온스, 물의 양은 355ml 또는 355g이다.
- 캔의 재질은 알루미늄이고 무게는 15g이다.
- 아이스박스는 질량이 0이다. 음료가 시원해지는 동안 에너지의 이동은 작다.

그러면 사물에는 열에너지가 있다는 점을 이야기하면서 시작해봅시다. 사물은 뜨거울수록, 크기가 클수록 열에너지가 많습니다. 위 질문은 음료수에서 얼음으로 열에너지를 이동시키는 문제인데요. 온도와 관련해 흥미로운 사실 중 하나는 물건들을 잠시 동안 접촉한 상태로 내버려두면 온도가 같아진다는 겁니다. 온도와 열에너지를 혼동하지 않도록 조심하세요. 피자를 알루미늄 포일에 넣어 오븐에서 데우면 포일과 피자 둘 다 같은 온도에 도달합니다. 그런데 포일은 만져도 괜찮지만 피자를 만지면 쉽게 화상을 입는 이유는 피자의 열에너지가 포일보다 훨씬 높기 때문이죠(또 피자는 포일보다 맛도 훨씬 좋습니다!).

음료수를 0℃의 얼음에 넣으면 먼저 얼음의 상태가 고체에서 액체로 변하는 과정이 진행됩니다. 상태가 전환되려면 얼음에 에너지를 가해야만 하죠. 그런 다음에는 (얼음이었던) 물의 온도가 올라가는 동시에 음료수의 온도가 내려갈 것입니다. 마지막에는 음료수와 물의 온도가 동일한 지점에서 만나겠죠. 사람들은 이 정도만으로 만족하지는 않겠지만 어쨌든 음료가 더 시원해지기는 했죠.

온도가 변화하려면 에너지가 얼마나 필요할까요? 물체에서 열에너지의 변화($\Delta E_{thermal}$)는 온도 변화, 질량, 열용량에 의해 결정됩니다.

$$\Delta E_{thermal} = mC\Delta T$$

위 수식에서 m은 물체의 질량, ΔT는 온도 변화, C는 물체의 열용량입니다. 사물마다 열용량은 다릅니다. 그렇기 때문에 스티로폼 커피잔은 화상을 입히지 않지만 (동일한 온도로) 그 안에 들어 있는 커피는 화상을 입힐 수 있습니다. 어떤 물건이 고체에서 액체로 변하는 등 상태가 바뀌면 이 또한 에너지를 소모합니다. 상태 변화를 위해 필요한 에너지의 양은 질량과 숨은 융해열에 의해 결정됩니다.

이제 추정치를 계산해야죠. 탄산음료 또는 맥주가 한 캔 있다고 합시다. 이것을 식히려면 얼음이 얼마나 필요할까요? 얼마나 시원하면 만족할까요? 결정을 못 하겠다고 해도 괜찮습니다. 처음에 필요한 얼음의 양에 대한 음료의 최종 온도를 그래프로 깔끔하게 그려볼게요. 음료수(그리고 알루미늄 캔)의 최초 온도는 22℃라는 점을 잊지 마세요.

여기서 핵심은 얼음의 (물로 바뀌는) 에너지 변화에 음료수의 에너지 변화를 더하면 0이 되어야 한다는 것입니다. 그런데 얼음의 에너지 변화가 문제가 됩니다. 얼음이 전부 녹을 때, 이 에너지가 모두 음료수의 열에너지 감소에서 온다고 가정하면 음료수의 온도가 얼음의 최초 온도보다 더 차가워질 수도 있다는 것입니다. 에너지 보존의 측면에서 보면 문제가 없지만 실제 이런 일은 벌어지지 않습니다.

핵심은 다음과 같습니다. 이런 상황에서는 물체들의 온도가 변해서 결국에는 온도가 같아진다는 것입니다. 이 개념을 이용해 (0℃에서) 얼음의 최초 질량에 대한 음료수 한 캔의 최종 온도를 오른쪽 그래프와 같이 그릴 수 있습니다.

화살표는 음료수가 도달할 수 있는 가장 낮은 온도를 표시한 것입니다. 음료수는 얼음의 온도보다 차가워질 수 없죠.

좀 더 현실에 가깝게 만들어보죠. 앞서 음료수의 열에너지가 모두 얼음물로 간다고 가정하고 계산했습니다. 현실에서는 다른 종류의 열에너지도 얼음물에 들어갑니다(아이스박스 자체와 아이스박스 바깥에서 오는 열에너지죠). 얼음이 받는 전체 열에너지의 60%가 음료수 이외의 다른 것에서 온다고 가정합시다. 그런 경우라면 그래프와 같이 음료수 하나에 얼음이 250g, 식스팩에는 1.5kg, 식스팩 두 개에는 3.0kg이 필요할 것입니다.

반대로 생각해보면 어떨까요? 얼음의 양을 알아보는 대신 봉지에 들어 있는 4.5kg짜리 얼음을 구입하면 어떨까요? 이 정도의 얼음은 음료수 캔 몇 개를 시원하게 만들까요? 앞서의 계산을 적용하면 18개가

▶ 얼음의 최초 질량에 따른 음료수의 최종 온도

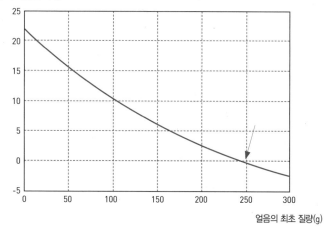

음료수의 최종 온도(℃)

얼음의 최초 질량(g)

나옵니다. 그렇다면 정답은 무엇일까요? 저라면 음료수 12개에 4.5kg
의 얼음을 권하겠습니다. 그러면 얼음이 다 녹아버리지 않고 음료수를
더 오랜 시간 동안 시원한 상태로 유지할 수 있으니까요.

02

건물이 사람을
죽일 수 있을까?

오래전에 사람들의 눈길을 끈 뉴스가 하나 있습니다. 라스베이거스에 있는 브다라 호텔Vdara Hotel이 태양열 때문에 살인 광선의 역할을 한다고 보도되었죠. 간단히 말해 곡선 형태의 반짝이는 건물에 햇빛이 반사되어 열이 집중되는 지점이 생긴다는 이야기입니다. 돋보기를 이용해 햇빛을 집중시켜서 개미를 태우는 장난과 비슷하지만 개미 대신 자동차나 사람들을 태우는 것이죠. 어떻게 이런 일이 가능할까요? 이 경우는 기본적으로 건물이 2차원의 휘어진 거울과 같은 역할을 합니다. 그리고 (태양처럼) 아주 먼 곳에서부터 온 빛이 이 거울에 부딪치면 그 빛은 모두 반사되어 동일한 하나의 점에 모입니다. 사람들은 이것을 초점이라고 하죠.

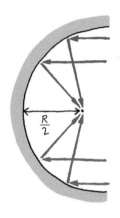

먼 곳으로부터 들어온 평행 광선들은 중심에서 반지름의 절반만큼 떨어진 한 점에 모입니다. 하지만 건물은 2차원의 구조물이 아니죠. 선이 아니라 크고 굽은 원기둥 같은 모양입니다. 이 건물을 모형으로 만들고 싶다면 어쨌든 분해를 해야 하죠. 바로 세워진 사각형 거울로 알아보면 어떨까요? 지면 위의 굽은 길을 따라 거울을 여러 개 놓으면 건물을 하나 세운 것과 마찬가지가 됩니다.

사각형 거울 하나에 햇빛이 들어오면 빛은 반사되어 사각형의 상을 만들 것입니다. 거울의 평면이 태양을 마주 보고 있었다면 바닥에 있는 이 빛도 사각형이 되겠죠. 땅바닥 위에 이 밝아진 구역의 크기는 거울의 크기와 지평선 위에 있는 태양의 각도에 의해 결정됩니다. 태양이 하늘에 낮게 있을 때는 반사된 구역도 넓겠죠. 태양이 아주 높이 있으면 밝아진 구역은 작을 것입니다.

그건 그렇고 빛이 반사된 구역이 왜 중요할까요? 빛의 강도 때문입니다. 빛의 강도는 본질적으로 빛이 한 구역을 비출 때 1초마다 발생하는 에너지인데요. 지구 표면과 충돌하는 햇빛의 에너지는 m²당 약 1,000W입니다. 거울이 완전히 평평하다면 사각 거울에 부딪치는 햇빛 에너지의 전부가 반사된 구역 전반에 걸쳐 균등하게 퍼질 것입니다. 따라서 반사 구역이 작으면 태양에서만 오는 빛에 비해 빛의 강도는 훨씬 높아질 수 있겠죠.

지금은 사각 거울 하나에서만 반사된 빛을 이야기하고 있다는 점을 잊지 마세요. 중요한 것은 이 건물이 여러 개의 거울에서 반사된 빛의 일부분이 겹치도록 배열한 것과 비슷하다는 사실입니다. 이렇게 빛이 겹치는 지점에서 빛의 강도를 추정하려면 건물에 대한 자세한 정보가 필요합니다.

건물의 길이가 약 90m라고 가정하죠. 이 길이를 각각 폭이 3m인 거울 30개로 분리하겠습니다. 건물은 햇빛의 70%를 반사하고, 열이 집중되는 지점의 가로세로 길이가 대략 3m×4.5m라고 가정한다면 반사된 햇빛의 강도는 m²당 1만 7,000W 정도가 될 것입니다.

m²당 1만 7,000W면 어느 정도의 전력일까요? 그 정도의 전력이면 플라스틱을 쉽게 녹일 수 있습니다. 태양열 핫도그 조리기가 뭔지 아시나요? 간단히 말하면 내부에 반사판이 있는 종이 상자로, 한쪽에는

투명한 플라스틱 덮개가 있어요. 이 덮개로 햇빛이 들어와서 내부에 열기를 더하는 것이죠. 이런 제품에는 온실 효과와 똑같은 원리가 적용됩니다. 태양으로부터 오는 가시광선은 플라스틱 덮개를 통과해서 일단 핫도그를 가열하고 뜨거워진 핫도그는 적외선을 방출합니다. 이 적외선은 플라스틱을 통과하지 못하죠.

이런 태양열 오븐이 만들어내는 m^2당 전력은 어느 정도일까요? 햇빛이 한곳에 집중되지 않는다고 하면 m^2당 1,000W라는 일반적인 수치가 나오겠죠. 만일 햇빛이 전부 다 핫도그와 같은 하나의 물체에 집중된다면 구역당 전력은 오븐과 핫도그의 크기에 따라 결정될 것입니다. 오븐의 한쪽 면은 30cm×30cm이고, 핫도그는 1cm×10cm라고 합시다. 이렇게 하면 면적의 비율은 90 대 1이 됩니다. 따라서 에너지가 전부 핫도그로 간다면 m^2당 9만 W가 되죠. 실제 값은 m^2당 2만 W 정도로 예상되므로 건물에서 반사된 햇빛의 강도와 비슷합니다.

말도 안 되는 이야기 같지만 건물이 살인 광선이 될 수 있을까요? 네, 그렇습니다. 브다라 호텔의 설계자들은 건물이 햇빛과 어떤 상호작용을 할지 염두에 두지 않고 설계한 것 같네요.

03

빗자루를 똑바로
세울 수 있을까?

어쩌면 여러분은 한 번도 해보지 못했을 수 있
습니다. 하지만 여러분을 포함해 누구라도 할 수 있습니다. 무엇을 할
수 있냐고요? 바로 빗자루를 똑바로 세우는 겁니다. 일단 빗자루를 잡
고 세운 다음 손을 떼고 지면에서 수직으로 서 있도록 하면 끝입니다.
그런데 이걸 신기하게 본 사람들은 이렇게 말하죠.

"야, 오늘은 행성들의 위치가 일렬로 맞춰지는 날이라서 빗자루가

쓰러지지 않는구나!"

   그래요, 오늘이 정말 특별한 날일 수도 있지만(누군가의 생일이라든지 말이죠) 행성의 위치는 그 어떤 것에도 영향을 미치지 못합니다.

   중력 이야기로 시작해보죠. 흔히 이야기하는 '질량×g' 중력 말고 실제 중력, 즉 뉴턴이 말하는 중력 말이에요. 중력은 질량이라는 속성을 가진 물체들 사이의 상호작용입니다. 사물과 지구의 상호작용만을 뜻하지는 않죠. 어쩌다 보니 사람 눈에 가장 잘 보이는 작용이긴 하지만요. 질량 1과 질량 2의 두 사물이 (각각의 중심에서 측정한 거리) r만큼 떨어져 있다고 가정합시다. 이 두 사물 사이에 작용하는 중력(F_G)은 다음과 같습니다.

$$F_G = G \frac{M_1 m_2}{r^2}$$

   M_1과 m_2는 두 물체의 질량이고 G는 중력 상수로 그 값은 6.67×10^{-11} N·m²/kg²입니다. 미안해요. 이 상수를 군이 여기에 언급해서 말이죠. 무엇보다 G가 아주 작은 숫자라는 사실이 중요합니다.

   빗자루는 어떤가요? 빗자루의 질량을 1kg으로 추정하겠습니다. 이 수치는 나중에 중요한 역할을 할 것입니다. 어떤 사물들이 이 빗자루와 상호작용을 할까요? 당연히 지구죠. 지구의 질량은 약 6×10^{24}kg이고 빗자루는 그 중심에서 약 6,000km(지구의 반지름) 떨어져 있습니다. 중력을 표현한 공식에 넣을 모든 수치를 알고 계산한 중력은 9.8N입니다(제대로 계산하지 않고 질량과 지구의 반지름은 반올림한 값을 넣었지만 답은 잘 나왔습니다). 이 결과가 '질량×g'라는 공식과 같아 보이는 이유가 뭘까요? 실제로 같기 때문이죠. g=9.8N/kg이 어디에서 왔겠어요?

이제 두 개의 행성에 대해 알아보는 것은 어떨까요? 지금 이 순간에도 금성은 밤하늘에 반짝이고 있습니다. 그런데 금성은 얼마나 멀리 있을까요? 인터넷으로 검색하기에 딱 좋은 질문이네요. 이럴 땐 울프램알파$_\text{WolframAlpha}$[*]를 추천합니다. 이 사이트에는 금성의 질량과 지구와의 거리가 나와 있습니다. 지구의 질량과 지구 중심까지의 거리 대신 이 두 가지 값을 가지고 중력을 계산해보면 2×10^{-8}N이 나옵니다. 이 정도면 지구의 중력과 비교했을 때 정말 작죠. 왜일까요? 질량은 지구와 꽤 비슷하긴 하지만 금성은 지구에서 아주 멀리 떨어져 있거든요.

다른 행성은 어떨까요? 목성처럼 질량이 좀 더 나가는 행성이 괜찮겠죠? 목성의 질량은 금성의 약 1,000배입니다. 목성도 멀리 떨어져 있죠. 질량과 거리의 정확한 수치를 찾아서 계산해보면 중력은 2×10^{-7}N입니다. 여전히 작은 수치죠(혹시라도 모르실까봐 말씀드립니다).

한 가지를 더 해보죠. 여러분과 빗자루 사이에 작용하는 인력은 얼마나 될까요? 여러분의 질량이 65kg이고 여러분의 중심에서 빗자루 중심까지의 거리는 0.3m라고 합시다. 이것이 만들어내는 인력은 4.8×10^{-8}N입니다. 그래요. 이 수치도 작기는 하죠. 하지만 자세히 보

---

[*] www.wolframalpha.com

면 금성의 중력보다 여러분의 인력이 큽니다. 이제 답이 나왔네요. 빗자루 주위에 있는 사람들이 행성이 일직선으로 정렬하는 만큼이나(또는 그 이상으로) 중요할 수도 있다는 것이죠!

행성의 중력 때문이 아니라면 빗자루는 어떻게 균형을 잡을까요? 어렵지 않습니다. 두 가지 사실만 생각하면 됩니다. 첫째, 빗자루의 무게중심은 상당히 아래쪽에 있습니다. 사람들이 생각하는 것보다 지면에 가까이 있죠. 빗자루의 비가 맨 아래쪽에 있으면서 빗자루 손잡이보다 크기 때문에 무게중심은 낮습니다.

빗자루가 균형을 잡는 일과 무게중심이 무슨 상관이 있을까요? 빗자루의 무게중심이 빗자루를 지탱해주는 일정한 부분의 바로 위에 있지 않으면 빗자루는 쓰러질 것입니다. 이 사례에서는 빗자루를 지탱해주는 구역이 비로 덮여 있습니다.

또 하나 중요한 사실이 있습니다. 비가 구부러지면서 용수철과 유사한, 회복력이 있는 물체의 역할을 한다는 것이죠. 여러분이 빗자루를 놓기 전에 빗자루가 완벽하게 균형을 잡은 상태가 아니어도 괜찮다는 뜻입니다. 여러분은 빗자루에 가까이 있기만 하면 됩니다.

일단 빗자루 균형 잡기에 성공했다면 정확하게 동일한 원리가 적용되는 다른 걸 해봐도 좋습니다. 예를 들면 달걀을 세우는 게 있죠. 이는 달이나 태양이나 행성과는 전혀 상관없는 일입니다. 주의를 기울여서 한다면 1년 중 아무 때나 성공할 수 있습니다. 달걀을 갖고 놀아 보는 것이 핵심입니다. 달걀 껍데기에는 작은 혹처럼 튀어나온 부분들이 있어서 이를 이용해 달걀을 똑바로 세울 수 있습니다. 겉으로는 대단해 보일지 몰라도 생각보다 그리 어렵지 않습니다.

빗자루를 세우는 묘기는 흥미롭긴 하지만 행성들이 일직선을 이루는 날이라서 일어나는 일은 아닙니다. 사람들이 말하는 것을 다 믿을 필요는 없어요. 사람들도 진실을 잘 모르는 경우가 있거든요.

04
.
물 위로 올라올 때
숨을 멈추면 왜 위험할까?

강이나 호수 속으로 가라앉는 자동차에서 탈출하려면 어떻게 해야 할까요? 〈미스버스터즈〉에서도 이것을 다뤘는데 꽤나 흥미진진한 내용이었다고 말씀드리고 싶네요.

프로그램에서는 애덤을 차에 태워 그 차를 호수에 빠뜨립니다. 당연히 안전을 담당할 잠수부와 함께 물속으로 들어갔고 자동차가 수심 4.5m 넘게 내려가는 것을 막기 위해 줄을 달았지만 그래도 상당히 위험한 실험이었죠. 개인적으로는 물속에 들어가는 상황을 편안하게 받아들이는 쪽이긴 하지만 이때는 불안하게 느껴졌습니다. 위험해 보였거든요.

첫 번째 장면에서 애덤이 차에서 탈출하는 모습이 나왔고 다 괜찮아 보였습니다. 하지만 그 후 애덤이 반칙을 했다는 사실이 밝혀졌죠. 애덤은 잠수부로부터 공기를 빌려 마셨던 것입니다. 이것도 우려가 되는 부분입니다. 스쿠버다이빙을 할 때 반드시 지켜야 할 규정 중에 하나는 올라가는 동안에는 숨을 멈추면 안 된다는 것입니다. 애덤이 숨을 멈췄다는 이야기는 아닙니다. 숨을 멈췄는지의 여부가 명확하게 드러나지 않았죠.

혹시라도 혼동될까봐 이야기하자면 자동차를 운전하다가 호수에 빠지게 되면 숨을 참고 헤엄쳐서 물 위로 올라가세요. 그렇게 하는 것은 괜찮습니다(최소한 제가 이야기한 부분만큼은 말이죠). 스쿠버 탱크로 숨을 쉬고 나서 올라가는 동안 호흡을 멈추는 것이 문제가 됩니다.

스쿠버다이빙에서 호흡 멈추기를 금지하는 규정이 있는 이유가 뭘까요? 압력이란 단위 면적마다 작용하는 힘(힘/면적)이라는 사실을 생각해보세요. 물속으로 깊이 들어갈수록 물의 압력은 증가합니다. 그러면 압력은 왜 증가할까요? 이 질문에 대해 생각하는 방법은 몇 가지가 있습니다.

물 위에 뜨는 것의 관점에서 질문을 생각해보도록 하죠. 물속에 물이 덩어리로 되어 있으면 뜨겠죠? 다음은 물속에서 떠 있는 물을 그려본 것입니다.

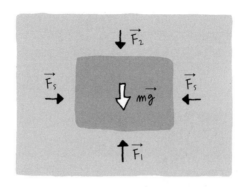

물속으로 깊이 들어갈수록 압력이 증가합니다. 물이 들어 있는 풍선을 물속에 넣고 아래로 민다고 가정해봅시다.

풍선은 물 위에 있을 때와 같아 보일 겁니다. 부피도 같고요. 그 이유는 풍선 안에 물이 들어 있어서 바깥의 물이 세게 압박하지 않기 때문이죠. 하지만 풍선을 공기로 채우면 풍선은 눌려서 찌그러져 보일 것입니다. 그리고 아래로 내려갈수록 압력이 높아져서 풍선의 부피도 작아지죠. 풍선 내부의 공기 부피가 줄어들어서 내부 압력과 외부 압력이 같아집니다.

풍선을 아래로 더 깊이 내릴수록 압력은 증가하고 부피는 감소하죠. 이 풍선을 사람의 폐라고 생각해봅시다. 실제로 풍선과 폐는 상당히 비슷합니다. 물의 표면 위에서 숨을 크게 들이쉬고 수심 5m로 내려간다면 폐의 부피는 감소하죠(폐 안의 공기량이 한정되어 있기 때문입니다). 실제로 그렇게 됩니다.

다음 그림은 물 위에서 숨을 들이쉬고 물속으로 내려간 상황을 그린 것입니다.

이번에는 좀 다르게 해보면 어떨까요? 물속으로 5m를 내려간 다음 스쿠버 탱크에서 호흡하면 어떻게 될까요?

스쿠버 조절기(탱크에 달려 있는 것)가 하는 가장 중요한 역할 중 하나는 사람의 입으로 들어가는 공기의 압력을 조절해주는 것입니다. 조절기는 잠수부들에게 물과 비슷한 압력의 공기를 제공해줍니다. 중요한 일일까요? 네, 중요합니다. 다음에 수영장에 가게 되면 한번 해보세요. 60cm 길이의 파이프(PVC나 그와 비슷한 재질이면 됩니다)를 가져가서 파이프의 한쪽 끝은 입에 넣고, 다른 쪽 끝은 물 밖에 내놓은 상태로 물속에 몸 전체를 다 넣으세요. 그리고 호흡을 해보세요. 쉽게 되지 않습니다. 파이프 구멍을 통해서 호흡하기 어려운 이유가 뭘까요? 다음 페이지의 그림을 보죠.

숨을 들이쉴 때는 폐가 늘어나야 합니다. 그런데 바깥의 압력이 폐 안쪽의 압력보다 높기 때문에 근력을 이용해서 세게 밀어내야 합니다.

폐가 늘어나지 않으면 공기를 폐 안으로 더 들어오게 할 수 없죠. 그것은 마치 다른 사람이 폐를 깔고 앉아 있는 느낌과 같습니다. 스쿠버 조절기를 다시 가져와서 쓰면 수심이 얼마가 되든지 바깥쪽 압력과 폐 안쪽의 압력이 같아져서 숨쉬기가 아주 편안합니다. 그러기에 저는 스쿠버다이빙 초심자들에게 스노클을 통해서 숨 쉬는 것보다 조절기를 통해서 하는 게 훨씬 쉽다고 말해줍니다.

아직도 질문에 대한 답변을 안 했죠? 스쿠버다이빙을 할 때 호흡을 멈추면 안 되는 이유가 뭘까요? 다시 애덤의 사례로 돌아가보죠. 애덤이 수심 5m의 물속에서 뒤집힌 차 안에 있다고 가정합시다. 차 안에 갇혀 있는 상태라서 애덤은 스쿠버 조절기에서 두 번 정도 공기를 들이마셨습니다. 애덤의 폐 안에 있는 공기의 압력은 수심 5m의 물의 압력과 같아지겠죠. 이제 그가 호흡을 멈춘 상태에서 위로 올라가면 어떤 일이 일어날까요? 잠수부가 아래로 내려가는 것과는 반대 방향으로 말이죠. 애덤의 폐는 그렇게 될 수만 있다면 더 커질 것입니다. 하지만 실제로는 커질 수 없습니다. 특히 조절기의 공기를 최대한으로 들이마셨다면요. 이는 폐가 공기에 더 많은 압력을 가해야만 한다는 뜻이지만 그것도 어느 정도까지만 가능합니다.

호흡을 멈춘 채 위로 올라가는 잠수부에게는 해로운 일 두 가지 중 하나가 일어납니다. 첫째는 공기색전증air embolism입니다. 이는 폐에 있는 공기가 혈관으로 밀려들어가는 것입니다. 혈액에 공기방울이 들어 있으면 좋지 않죠. 이 방울들이 여러 가지 피해를 입힐 수 있다는 것만 알아둡시다(참고로 저는 의사가 아닙니다). 두 번째는 폐의 기압장애 pulmonary barotrauma라고 불리는 문제가 있습니다. 이 병에 걸리면 폐가 갈라지거나 찢어집니다. 당연히 좋은 일이라고 할 수 없죠.

그러면 스쿠버 장비들을 사용하는 동안에는 호흡을 멈출 수 있을까요? 그럼요. 호흡을 멈춘 상태에서 위로 올라가지만 않으면 괜찮습니다. 숨을 참고 위로 올라가는 건 대단히 위험해서 잠수부들은 무조건 호흡을 멈추지 말라는 이야기를 매번 듣습니다. 호흡을 멈추고 위로 올라가야 한다면 최소한 숨을 내쉬기라도 해야 합니다. 이렇게 하면 폐 안에서 확장되는 공기가 빠져나갈 수 있습니다. 실제로는 작은 콧노래 소리를 내라고 많이들 이야기합니다. 이렇게 하면 공기가 빠져나갈 수 있거든요. 부자연스러운 행동일 수도 있지만 목숨을 잃는 것보다는 나으니 그렇게 해야 합니다.

애덤의 안전을 담당한 잠수부가 미리 설명을 했겠지만 지금도 그 상황을 생각하면 아찔하네요.

05

사람의 힘으로 헬리콥터를
띄울 수 있을까?

인간의 힘만을 동력으로 해서 하늘에 뜨는 헬리콥터를 만들 수 있을까요? 네, 만들 수 있습니다. 메릴랜드대학교의 가메라2Gamera Ⅱ* 프로젝트가 바로 그것입니다. 여기서 만들어진 헬리콥터는 약 50초 동안 하늘에 떠 있었습니다. 이제 이 일을 해내기가 얼마나 힘드냐는 질문이 나오겠죠.

---

* www.agrc.umd.edu/gamera/gamera2/index.htm

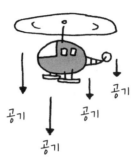

헬리콥터는 절대로 단순한 기계가 아닙니다. 헬리콥터의 조종간을 본 적이 있나요? 말도 안 될 정도로 복잡합니다. 하지만 어떤 사물이 복잡하다고 해서 단순한 모형으로 만들어서는 안 된다는 법도 없죠. 이번 사례에서는 헬리콥터를 띄우는 힘에 대해 알아보고자 합니다.

가장 기본적인 이야기를 하자면 헬리콥터가 하늘에 뜰 수 있는 이유는 공기를 아래로 '던지기' 때문입니다. 로켓이 작동하는 원리와 거의 비슷하지만 헬리콥터는 로켓처럼 공기와 함께 움직이지 않습니다. 사람이 공을 아래로 던지려면 공을 밀어야 합니다. 이는 공도 마찬가지로 사람을 밀어낸다는 의미죠. 사람이 공을 상당한 힘으로 밀어낸다면 공도 사람을 강하게 다시 밀어내서 사람의 발이 지면에서 떨어질 수도 있습니다.

물론 사람이 공을 강하게 밀면 공이 아주 빠르게 사람의 손에서 떨어져 나가는 게 문제가 되기는 합니다. 여러분은 총을 쏘고 나서 반동을 느껴본 적이 있는지 모르겠지만 총이 아주 작은 총알을 빠르게 던질 때 동일한 강도로 반대 방향으로 작용하는 반응이 반동입니다. 헬리콥터는 수많은 '공'을 아래로 던져서 그 반동으로 하늘에 뜨는 것입니다. 다만 이 경우는 공이 아닌 공기죠.

헬리콥터가 공기를 아래로 던지는 현상에 대한 모형을 만들어봅시다. 헬리콥터에 달린 회전 날개가 원기둥 모양의 공기를 최종 속도(v)로 아래로 밀어낸다고 가정할게요. 이 공기 기둥의 길이를 정하기만 하면 밀도(m³당 약 1.2kg)를 기초로 해서 공기의 질량을 결정할 수 있습니다. 이 공기가 움직이지 않는 상태에서 시작한다면 공기를 일정한 속도로 움직이는 데 필요한 힘은 그 속도에 이르기까지의 시간으로 결정됩니다. 즉, 공기 기둥의 길이는 속도와 시간에 의해 결정되므로 밀어내는 속도로만 결정되는, 공기의 힘(F_{air})과 관련된 공식을 도출할 수 있습니다.

$$F_{air} = \frac{\rho A v^2}{2}$$

여기서 ρ는 공기의 밀도를 나타냅니다. A는 회전 날개가 차지하는 면적(아래로 밀려나는 공기의 면적)이고 v는 (공기를 밀어내는 속도라고 했던) 아래로 밀리는 공기의 속도입니다. 그런데 분모에 2가 왜 있을까요? 공기가 움직이지 않는 상태에서 시작해 v라는 속도에 도달한다고 가정했기 때문입니다. 공기 기둥의 평균 속도는 v/2가 되겠죠.

확인 차원에서 이야기하자면 이 공기의 힘과 관련된 모형은 힘을 나타내는 단위(N)를 올바르게 나타내고 있습니다. 그리고 회전 날개의 크기나 공기를 밀어내는 속도를 증가시킨다면 힘은 더 강해질 것입니다. 이는 논리적으로 타당하죠. 속도가 빨라지는데 힘이 약해진다면 말이 안 되겠죠?

이 힘은 헬리콥터의 무게를 지탱할 수 있을 만큼이 되어야 합니다. 그래서 위 공식은 한 가지 중요한 사실을 나타내기도 합니다. 헬리콥터의 질량과 회전 날개의 크기를 안다면 밀어내는 속도를 계산할 수 있다는 것이죠.

여기에 필요한 동력은 어느 정도일까요? 동력은 일을 마치기 위해 소요되는 시간 동안 행해졌던 일의 양입니다. 그 일은 공기 기둥의 운동에너지를 정지 상태에서 밀어내는 속도가 될 때까지 증가시키는 데 작용할 것입니다. 이렇게 하는 데 걸리는 시간 또한 공기의 속도로 결정됩니다. 이것을 모두 합쳐보면 하늘에 뜨기 위해 필요한 동력(P)에 대한 공식은 다음과 같습니다.

$$P = \frac{\rho A v^3}{4}$$

이는 하늘에 뜨기 위해 필요한 동력에 대한 모형에 불과하다는 점을 잊지 마세요. 지면 효과나 전진 운동 등 다양한 영향력들은 고려하지 않았습니다. 그런데 모형이 합리적인지는 어떻게 판단할 수 있을까요? 위의 모형을 실제 헬리콥터에 적용해보면 가능하지 않을까요? 실제 헬리콥터의 질량과 크기 등은 위키피디아에서 유용한 데이터를 많이 찾아볼 수 있습니다. 여러 종류의 헬리콥터 질량, 회전 날개의 크기, 엔진 동력을 찾을 수 있죠.

헬리콥터의 질량과 회전 날개 크기에서 공기를 밀어내는 힘을 계산할 수 있으므로 이것을 이용해 헬리콥터가 뜨는 데 필요한 동력과 관련된 공식을 얻을 수 있습니다. 이때 동력은 헬리콥터의 질량과 회전 날개의 면적으로만 결정됩니다.

하단의 그래프는 위키피디아에 나와 있는 엔진의 동력에 대해 제가 계산한 동력을 그려본 것입니다.

어때요? 직선에 가까워 보이죠? 하늘에 뜨기 위한 동력 모형이 아주 이상하지는 않다는 점을 이 그래프가 보여주고 있습니다.

헬리콥터의 실제 데이터와 관련해 흥미로운 점이 한 가지 더 있습니다. 헬리콥터의 질량을 기준으로 앞서 계산했던, 밀어내는 속도를 그

▶ 헬리콥터가 뜨는 데 필요한 동력 비교

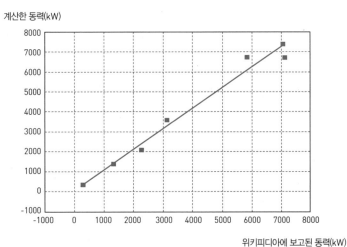

제산한 동력(kW)

위키피디아에 보고된 동력(kW)

래프로 그려보면 거의 관계가 없다는 사실을 알 수 있습니다. 사실은 이 헬리콥터 전부가 밀어내는 속도는 28m/s로 거의 비슷합니다. 공기가 아래로 밀려나는 속도가 대체로 비슷하므로 헬리콥터가 클수록 회전 날개가 더 길어야 한다는 뜻이죠.

이제 인간의 힘으로 작동하는 헬리콥터를 만들려면 이 수치를 어떻게 이용해야 할까요? 우선 가메라2 프로젝트에 사용된 헬리콥터의 실제 데이터를 검토해봅시다. 인간에 의해 작동되는 이 헬리콥터는 질량이 32kg이고 네 개의 회전 날개로 이루어져 있습니다. 회전 날개는 반지름이 각각 6.5m입니다. 조종사의 질량은 60kg으로 예상할 수 있겠죠. 그 헬리콥터의 영상을 찾아 볼 것을 추천합니다만, 일단은 요점만 이야기하겠습니다.

먼저 13m의 회전 날개가 네 개나 있다는 사실은 이 헬리콥터가 엄청난 공간을 차지한다는 이야기죠. 농기구로 만들어진, 연못 쓰레기를 걷어내는 거대한 기계 같아 보입니다. 그런데 동시에 믿을 수 없을 정도로 가벼워야 하기도 합니다. 또한 50초 동안 비행했다는 이야기는 이상적인 조건 하에서 1분도 안 되는 시간 동안 실내에서 바닥 위로 살짝 떴다는 이야기입니다. 적어도 007 시리즈의 제임스 본드나 배트맨이 타고 싶어 할 기계는 아니죠.

여기서 중요한 점은 회전 날개의 면적이 넓다는 것입니다. 면적이 넓으면 밀어내는 속도가 아주 느려도 됩니다. 하늘로 뜨는 데 필요한 동력에는 두 가지가 영향을 미칩니다. 바로 회전 날개의 크기와 밀어내는 속도죠. 동력은 회전 날개의 면적과 정비례하지만 밀어내는 속도의 세제곱에 비례합니다. 밀어내는 속도를 두 배만 늘려도 필요한 동력은 여덟 배나 늘어난다는 뜻이죠. 회전 날개의 면적을 두 배 늘리면 필요한 동력은 두 배만 늘어날 뿐입니다. 따라서 회전 날개를 크게 하고 밀어내는 속도를 작게 하는 것이 합리적이죠.

이 수치들을 이용해서 밀어내는 속도를 계산하면 1.68m/s가 나옵니다. 이 속도를 내기 위해 필요한 동력은 755W로 1마력이 조금 넘죠. 상당히 높은 수치이긴 합니다만 깜짝 놀랄 정도는 아닙니다. 위키피디아에 따르면 실력 있는 사이클 선수들은 짧은 시간 동안 2,000W까지 동력을 만들어낼 수 있다고 합니다.[*] 755W면 힘들기는 하겠지만 가능합니다. 게다가 이 헬리콥터의 조종사는 크랭크를 돌리는 데 발 말고도 팔까지 사용하고 있습니다.

네 개의 큰 회전 날개가 있는 이 헬리콥터가 S.H.I.E.L.D.(마블코믹스에 등장하는 가공의 정보 조직 — 옮긴이) 헬리캐리어helicarrier와도 비슷해 보인다는 사실을 지적하지 않을 수 없네요. 영화 〈어벤져스〉를 보면 헬리캐리어라고 불리는, 하늘을 나는 항공모함이 나옵니다. 네 개의 아주 큰 회전 날개를 이용해서 비행하는 모습을 볼 수 있죠. 하지만 문제는 없을까요? 이 비행기가 하늘에 뜰 수 있을까요? 자, 몇 가지 가정을 한 다음 시작해봅시다.

---

[*] http://en.wikipedia.org/wiki/Human-powered_transport

- 영화 〈어벤져스〉에 나오는 헬리캐리어를 사용한다(만화책에는 변형된 형태들이 다수 등장합니다).
- 헬리캐리어가 하늘로 뜨는 데 도움을 주는 지면 효과 같은 특수한 공기역학 효과들은 고려하지 않는다(지면 가까이에 있는 헬리콥터는 비행하는 데 동력이 그리 많이 필요하지 않습니다. 회전 날개에서 내려오는 공기가 지면에 닿고 나서 다시 헬리콥터에 영향을 미치기 때문인데 이것을 '지면 효과'라 합니다).
- 헬리캐리어의 크기와 질량은 실제 항공모함과 비슷하다.
- 헬리캐리어는 회전 날개의 힘에 의해서만 공중에 떠 있다. 열기구나 비행선 등 공기보다 가벼운 비행기처럼 떠 있지 않다(영화를 보면 헬리캐리어는 일반 항공모함처럼 물 위에 떠 있는 모습도 나오므로 이런 가정은 영화의 내용과 다르지 않습니다).

헬리캐리어의 길이와 질량이 니미츠급 항공모함과 같다면 질량은 10^8kg이고 길이는 333m가 될 것입니다. 이렇다면 회전 날개의 총 면적은 4,000m²가 됩니다.

앞에 나왔던 모형에 이 수치들을 대입하면 밀어내는 속도의 추정치를 얻을 수 있습니다. 계산하면 회전 날개에서 나오는 공기의 속도는 640m/s가 되어야 합니다. 참고로 이 정도면 음속보다 빠릅니다. 우주 왕복선의 고체연료 로켓 부스터Solid Rocket Boosters에서 나오는 기체보다는 느리긴 하지만요. 고체연료 로켓 부스터에서 나오는 기체의 속도는 일반적으로 8,000~1만 6,000km/h입니다. 회전 날개가 너무 작으면 문제가 생긴다는 사실을 알 수 있죠. 날아오르려면 밀어내는 속도가 빨라야 하지만 실제 헬리콥터들의 밀어내는 속도는 30m/s 미만이라는 점을 잊지 마세요.

동력은 어떨까요? 이것도 문제가 됩니다. 밀어내는 속도가 빠르려면 매우 강한 동력이 필요합니다. 이 헬리캐리어가 공중에 뜨기 위해 필요한 동력은 3.17×10^{11}W(4.26×10^8마력)입니다. 마력은 말 그대로 말의 힘이니까 엄청난 수의 말이라 할 수 있죠. 비교하기 위해 니미츠급 항공모함의 추진력을 보면 1.94×10^8W라고 나와 있습니다. 이는 최고 동력으로 추측되며 헬리캐리어를 들어 올리기에는 부족할 것입니다. S.H.I.E.L.D. 헬리캐리어의 동력이 확실히 더 낮다고 할 수 있겠죠. 헬리캐리어가 작동하기 위해서는 동력이 최소 2×10^9W는 되어야 할 것으로 봅니다. 그냥 가만히 있는 일에 최고 동력을 사용하면 안 되겠죠.

S.H.I.E.L.D. 헬리캐리어를 개조하고 싶다면 어떻게 해야 할까요? 회전 날개의 밀어내는 속도가 50m/s(실제 헬리콥터에 비하면 그래도 꽤 높은 수치입니다만)에 불과하다면 어떨까요? 이런 경우라면 회전 날개의 면적은 65만 m²가 되어야 합니다. 회전 날개의 반지름이 (영화에서 나오는) 18m가 아닌 220m를 넘어야 하죠. 그러면 이상해 보이겠죠?

반대로 하면 어떨까요? 회전 날개의 크기가 영화와 같다고 하면 어느 정도의 질량을 들어 올릴 수 있을까요? 같은 공식을 사용해서 무게를 계산해보면 헬리캐리어의 질량은 약 60만 kg입니다. 이 정도면 길이가 30m인 예인선의 질량과 비슷하죠. 헬리캐리어의 크기가 예인선만 하다면 그렇게 멋있지는 않을 것입니다.

결과적으로 인간 동력 헬리콥터를 공중에 띄우는 일은 어려워 보이지만 가능하긴 합니다. 실제로 성공한 사례가 있으니까 가능하다고 말할 수 있죠. 그리고 거대한 물체에 헬리콥터 날개를 붙여서 날게 하고 싶다면 강력한 엔진이나 아주 큰 회전 날개를 다는 편이 좋겠죠.

06

자동차를 움직이려면
비가 얼마나 내려야 할까?

가끔은 예상치 못했던 일들이 발생합니다. 가령 갑자기 큰 홍수라도 겪는다면 정말 큰일이죠. 홍수가 일어나면 급물살에 자동차들이 떠내려가는 모습을 종종 볼 수 있습니다. 그런데 실제로 자동차를 움직이게 하려면 물이 얼마나 있어야 할까요?

우선 자동차는 왜 움직이는지 알아봅시다. 자동차가 정지 상태에 있다면 속도가 0에서 양수로 올라가야 합니다. 이는 0이 아닌 알짜힘이 존재해서 그것이 차를 움직여야 한다는 뜻입니다. 여기서 한 가지 주의할 사항이 있습니다. 알짜힘은 차를 처음에 움직이기 위해 필요할 뿐 운행 중에는 필요가 없습니다. 차가 달리고 있다면 알짜힘은 0이어도 상관이 없다는 이야기죠.

흐르는 물 위에 차가 있다고 가정합시다. 이때 고려해야 할 중요한 힘은 다섯 가지가 있습니다. 첫째, 중력입니다. 기본적으로 중력은 '자동차의 질량×중력장의 크기(9.8N/kg)'입니다. 중력은 아주 단순합니다. 중력을 변화시키는 방법은 지구를 변화시키는 것뿐입니다. 홍수가 난다고 해도 지구는 계속 동일한 상태라고 가정하죠.

둘째, 자동차를 밀어 올리는 힘입니다. 이 힘은 지면에서 수직으로 작용하므로 '수직력'이라고 불립니다. 수직력과 관련해 한 가지 흥미로운 점이 있다면 수직력은 자동차가 땅속으로 내려가는 것을 막기 위해 최대한 강한 힘으로 차를 밀어 올린다는 것입니다. 평평한 길 위에 정지해 있는 일반적인 자동차에 작용하는 수직력은 중력과 동일해서 이때 알짜힘은 0이 됩니다.

물은 어떨까요? 물은 자동차에 힘을 가할까요? 수심이 h인 물이 속도 v로 움직이고 있다고 합시다. 물이 자동차를 미는 방식은 공기가 자동차를 미는 방식과 아주 흡사할 겁니다. 그래서 여기서는 공기저항에 대해 사용했던 모형과 동일한 모형을 사용하겠습니다. 이 모형에 따르면 힘은 다음 조건들에 의해 결정됩니다.

- 물의 밀도(1,000kg/m³로 대체로 일정합니다)

- 물이 밀어내는 표면의 면적(자동차 전체가 물속에 있어야 하는 것은 아닙니다)
- 자동차의 모양
- 이동하는 물 속도의 제곱

따라서 물이 빠르게 움직일수록 차는 강하게 밀리겠죠. 당연한 이야기 같지만 물이 깊은 경우에도 자동차와 부딪치는 물이 더 많아지므로 자동차는 더 많이 밀릴 것입니다.

물론 물이 자동차를 민다고 해서 자동차가 바로 움직이지는 않겠죠. 왜냐고요? 마찰력 때문에 자동차가 미끄러지지 않습니다. 타이어와 도로 사이에는 마찰력이 작용하죠. 마찰력의 가장 기본적인 모형에 따르면 최대 마찰력은 다음 두 가지 요인으로 결정됩니다. 첫 번째 요인은 상호작용하는 재료의 종류로, 이 사례에서는 축축한 고무와 아스팔트 또는 시멘트가 되겠죠. 두 번째 요인은 두 가지 표면을 함께 미는 힘입니다. 이는 지면이 자동차를 밀어 올리는 힘과 같겠죠. 최대 마찰력은 타이어와 도로 간의 접촉 면적과는 상관이 없다는 점에 유의하세요. 타이어가 크다면 차이가 나겠지만 여기에서는 보통 타이어를 기준으로 이야기하겠습니다.

또 하나, 아주 중요한 힘이 있습니다. 바로 부력입니다. 물이 점점 차오르면 자동차를 밀어 올릴 것입니다. 그러면 어떻게 될까요? 대체로 지면이 자동차를 밀어 올리는 힘을 감소시킬 것입니다. 직각력이 작아지면 최대 마찰력 또한 작아지겠죠. 그런데 부력은 어떻게 계산할까요? 가장 단순한 방법은 자동차로 대체된 물의 부피를 알아보는 겁니다. 부력은 이렇게 대체된 물에 작용하는 중력과 동일할 것입니다. 자동차가 물속에 완전히 잠겨야만 차에 부력이 작용하는 건 아니에요. 수영장에 가보면 이런 사실을 깨달을 수 있죠. 수영장에서는 물이 얕아도 사람을 들어 올리기 쉽습니다. 부력 덕분이죠.

이제 수치를 알아볼 차례입니다. 자동차부터 정하죠. 제 차가 토요타 시에나_Toyota Sienna 미니밴이니 그것으로 하겠습니다. 이 차가 평평한 도로에 가만히 있다면 타이어에 작용하는 최대 마찰력은 얼마일까요? 우선 자동차의 질량이 필요합니다. 이 차의 무게는 약 2,000kg입니다. 이제 타이어를 볼까요? 도로가 젖어 있기는 하지만 홍수가 나지는 않았다고 가정하고 마찰계수를 0.4로 하겠습니다. 이는 차에 작용하는 최대 마찰력이 거의 8,000N에 가깝다는 의미입니다. 이 정도의 강도로 차를 밀어야 차가 젖은 도로에서 미끄러질 수 있습니다.

수위가 0.5m에 이른다면 자동차에 작용하는 부력은 상당할 것입니다. 추정해본다면(사실은 꼭 해야 합니다) 바닥에서 약 0.3m 위에 자동차가 떠 있다고 하겠습니다. 깊이가 0.5m인 물에서 자동차는 0.2m, 즉 20cm가 물속에 잠긴다는 말이죠. 물론 자동차에 물이 새지 않는다고 가정합니다만(실제로는 물이 샙니다) 속도가 느리다면 문제되지 않습니다. 자동차의 길이가 5m, 폭이 2m라면 자동차는 2m³의 물을 대체하겠죠. 물의 밀도는 1,000kg/m³이므로 대체된 물의 질량은 2,000kg이 되어 거의 2만 N에 달하는 부력을 만들어냅니다. 이 정도면 차를 물 위에 띄울 수 있고 차는 쉽게 움직일 수 있겠죠.

수위가 더 낮다면 어떻게 될까요? 물의 깊이가 0.4m밖에 안 된다면 어떨까요? 차를 움직이려면 물은 얼마나 빨리 흘러야 할까요? 물의 저항력을 최대 마찰력과 똑같이 정해놓기만 하면 됩니다. 참고로 이 두 가지 다 물의 깊이로 결정됩니다. 아직 정하지 않은 유일한 수치는 마찰계수군요. 1.0으로 정하도록 합시다. 1.0은 공기역학에서 정육면체의 마찰계수와 비슷합니다. 물과 공기의 저항은 엄연히 다르다는 점은 저도 알고 있습니다. 하지만 이 힘의 추정치를 대략이라도 얻기 위해 이 모형을 사용하겠습니다.

이제 모든 수치를 구했습니다. 계산해보면 물의 속도는 6.2m/s가 됩니다. 굉장히 빠르죠. 하지만 수위를 5cm만 증가시키면 어떨까요? 바뀐 수치를 다시 대입해보면 물의 최저 속도는 3.6m/s가 됩니다. 이 정도도 꽤 빠른 속도라서 사람들은 이 속도로 흐르는 물에 서 있을 수도 없습니다.

그런데 정말 물이 이렇게 빠르게 흐를 수 있나요? 물론입니다. 제방이 무너지거나 지면보다 높은 곳에 있는 수영장 물이 터져 나오는 것처럼 극적인 일이 생기면 가능하죠. 뉴스나 유튜브 영상을 통해 이런 상황을 본 적이 있다면 아마 알 거라고 생각합니다.

제4장

우리는
스타워즈 마니아

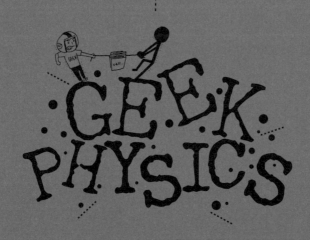

01

배터리로 광선검을
작동시킬 수 있을까?

"광선검을 작동시키려면 전력이 얼마나 필요할까요?"

이 질문은 꽤 오랫동안 제 머릿속을 떠나지 않고 있습니다.

사실 디스커버리 채널의 〈사이파이 사이언스〉Sci Fi Science 프로그램을

보고 이 글에 대해 걱정이 생겼습니다. 그 프로그램에서는 이론물리학

자이자 미래학자인 미치오 카쿠加來道雄가 나와 광선검을 실제로 만드는 방법에 대해서 이야기했죠. 전체적인 내용은 약간 유치하긴 했지만 과학과 관련된 내용은 그리 나쁘지 않았습니다. 마지막에 미치오는 손으로 들 수 있는 플라스마(기체 상태의 물질에 계속 열을 가해 온도를 올려서 만들어진 이온핵과 자유전자로 이루어진 입자들의 집합체—옮긴이) 토치와 비슷한 것을 만들기로 합니다. 그러면서 그는 광선검에 대략 메가와트 정도의 전력이 필요할 것이라고 추측했습니다.

미치오는 제가 연구하려던 것을 보여주진 않았습니다. 저는 영화〈스타워즈 에피소드 1: 보이지 않는 위험〉의 앞부분에 나오는 장면을 염두에 두고 있었죠. 그 장면에서 퀴곤Qui-Gon은 광선검으로 문을 잘라내려고 하는데, 검으로 문에 선을 긋자 금속 문이 정말 녹아버립니다. 저는 이걸 가지고 광선검에는 에너지가 어떤 방식으로 저장되어야 하는지를 추정해보려고 합니다. 광선검이 금속 문을 녹이는 데는 에너지가 얼마나 소모될까요?

먼저 광선검은 현실에 존재하는 물건이 아니라는 점부터 알려드리도록 하죠. 아, 실제로 존재할지도 모르지만 특이한 포스$_{Force}$ 결정체를 이용한답니다. 물론 그렇다고 해서 추정치 계산을 포기할 생각은 없습니다.

계산을 시작하기 전에 배경지식을 살펴보는 것은 어떨까요? 우선 흑체 복사에 대해 이야기해보죠.

흑체란 자체의 온도로 인해 빛을 방출하는 물체입니다. 빛의 반사 현상으로 그렇게 되지는 않죠. 뜨거워지면(그렇지 않을 때도) 흑체는 전자기 방사선을 방출합니다. 이는 밀도가 낮은 기체가 아닌 밀도가 높은 고체에 해당됩니다. 이런 물체가 방출하는 빛은 다양한 색을 나타내며 분포 곡선에서 정점에 있는 파장은 그 물체의 온도와 관련이 있습니다.

물체가 따뜻해지면 두 가지 일이 일어납니다. 첫째, 그 물체가 방출하는 빛이 늘어납니다. 둘째, 강도가 가장 강한 빛의 색은 스펙트럼에서 파란색 쪽에 가깝습니다. 일상에서 접할 수 있는 흑체와 관련된 아주 좋은 사례가 두 가지 있습니다. 태양과 백열전구의 필라멘트죠. 또다른 예는 난로에 있는 열판입니다. 난로의 열판은 열을 내면서 대체로 적외선 구역에 있는 빛을 만들어내죠(따라서 우리는 볼 수 없습니다). 점점 더 뜨거워지면서 이 열판이 만들어내는 빛의 스펙트럼은 짧은 파장 쪽으로 변하면서 빨갛게 보이기 시작합니다(만지지는 마세요!). 더 뜨거워지면 노란 빛으로 보이기 시작하죠.

요점은 흑체가 나타내는 빛의 색을 보고 온도를 판단할 수 있다는 겁니다. 흑체와 관련된 이야기는 여기까지만 하죠(계속하면 훨씬 복잡해질 수도 있습니다). 이제 〈스타워즈 에피소드 1: 보이지 않는 위험〉의 영상에 나오는, 광선검으로 달궈진 문의 색깔을 통해 그 온도를 판단해봅시다.

먼저 열에너지를 살펴볼까요? 어떤 물질의 온도를 증가시키려면 얼마나 많은 에너지가 있어야 할까요? 이것은 온도 변화, 물체의 질량, 그 물질 특유의 열과 관련된 성질에 의해 결정됩니다. 물체의 열에너지 변화량은 그 물체에 들어가는 열기와 같다고 흔히들 이야기하죠(열은 보통 Q로 표시합니다).

열에너지에 대해 설명할 때 저는 오븐 안에 있는 알루미늄 포일 위의 피자 이야기를 합니다. 피자를 오븐에 넣고 온도를 약 180℃까지 올린 다음 뺍니다. 이때 알루미늄 포일을 만져도 될까요? 그렇습니다. 하지만 피자는 만지면 안 되죠. 알루미늄 포일은 아주 가벼워서 열에너지를 많이 흡수해 저장하지 못합니다. 그래서 만져도 손을 다치지 않지만 피자는 그렇지 않죠.

열에너지에서 고려해야 할 게 한 가지 더 있습니다. 고체가 액체로 변하듯이 재료의 상태가 변한다면 어떻게 될까요? 이때 소모하는 에너지도 그 물체의 질량과 재료의 종류에 의해 결정됩니다. 물질을 고체에서 액체로 바꾸는 데 필요한 에너지는 '숨은 융해열×물체의 질량'입니다.

이제 〈스타워즈〉의 한 장면에서 추정치를 구해보죠. 영화의 한 프레임을 보고, 인터넷에 있는 흑체 모의실험장치blackbody simulator*를 이용해 영화에서 본 것과 같은 색으로 맞춰봅니다. 이렇게 하면 문에서 차가운 부분에 있는 금속의 온도는 약 2,700K이고 광선검 바로 가까이에 있는 부분은 5,200K 정도가 될 것 같군요.

질량은 어떨까요? 질량은 조금 어렵네요. 먼저 문 전체가 뜨거워지므로(열전도 현상 때문입니다) 좀 더 뜨거운 부분에서 시작해보겠습니다. 퀴곤은 광선검으로 문에 선을 긋는데 선의 길이는 약 2m이고 폭은 광선검의 폭(약 7cm)과 같습니다. 잘린 부분의 깊이는 얼마나 될까요? 광선검이 문을 뚫고 반대편까지 넘어가는 장면을 통해 잘린 곳의 두께를 약 20cm로 추측하겠습니다. 그러면 전체 부피는 0.028m³가 됩니다. 문의 나머지 부분에 대해서는 더 차가운(열기는 있는) 부분의 질량이 녹은 부분의 두 배라고 하죠.

문이 어떤 재료로 만들어졌는지를 안다면 밀도를 알 수 있고 따라서 질량도 구할 수 있습니다. 그런데 재료가 무엇인지를 알아볼 때 다음과 같이 항의할 사람도 있을 것 같습니다.

"저기요! 그 에너지를 정말 계산하겠다고요? 무역연합The Trade Federation(영화 〈스타워즈〉에서 무역항로를 독점하려는 조직의 이름—옮긴이)이 훔친 투명 알루미늄 자재로 만들어서 그 문은 밀도가 아주 낮거든요!"

---

* http://phet.colorado.edu/en/simulation/blackbody-spectrum

네, 동의합니다. 특이한 자재일 수도 있죠. 하지만 저는 특이한 물질의 열이나 밀도를 추정하는 방법을 잘 모르거든요. 일단 잘 알려진 물질이라고 가정하죠. 금속이면서 5,000K 정도에 녹거나 최소한 2,700K 보다는 높은 온도(문에서 달궈진 부분이 녹는 온도보다 뜨거울 수도 있거든요)에서 녹는 물질은 무엇일까요? 하나의 원소로 만들어졌다면 텅스텐이나 탄소가 가장 잘 들어맞을 것 같군요. 하지만 그 둘일 가능성은 별로 없습니다. 한편 티타늄은 1,930K에서 녹는데 하나의 원소라면 티타늄으로 정하겠습니다. 티타늄이 멋있으니까요. 무역연합에서는 멋진 재료만 사용하거든요.

이 수치들을 다 대입하고 자르는 시간은 약 9초가 걸린다고 가정하면 광선검의 시간당 최소 출력은 2만 8,000W 정도가 됩니다. 2만 8,000kW를 어디서 구할 수 있을까요?

문을 자르기 위해 필요한 전력은 광선검의 에너지원에 대한 정보를 어느 정도 제공해줍니다. 우리가 하려는 일은 광선검 에너지원의 에너지 밀도를 계산하는 것이죠. 그러려면 광선검이 충전 없이 얼마나 오래 작동할 수 있는지를 추측해야 합니다. 어려운 일이죠. 충전하지 않아도 될지 모르지만 그렇게 생각하지는 않으려고요. 충전하지 않아도 된다면 재미가 없겠죠. 사용에 불편을 느끼지 않을 정도가 되려면 광선검은 얼마나 오랫동안 작동해야 할까요? 최소한 두 시간은 연속으로 사용할 수 있어야겠죠. 그 정도면 적당하지 않을까요? 그러면 에너지는 얼마나 될까요? 전력(W)은 에너지(J)를 시간(초)으로 나누면 되므로 계산한 총 에너지는 300만 J이 넘습니다.

이 광선검의 전력원을 추정하기 위해서는 광선검의 크기를 알아야 합니다. 넉넉하게 예상해서 반지름 3cm, 길이 15cm의 원기둥 형태라고 하겠습니다. 이 정도 크기면 충분하겠죠. 이렇게 하면 이 전력원의 에너지 밀도는 m³당 80억 J이 될 것입니다. 비교하고 싶다면 위키피디아에 에너지 밀도표*가 잘 나와 있습니다. 이 표를 보면 광선검의 전력원은 정체를 알 수 없는 '옥타나이트로큐베인 폭약'octanitrocubane explosive과 '베릴륨+산소'라는 것의 중간쯤에 위치합니다. 지구상에 알려진 배터리로 보자면 에너지 밀도가 높은 것은 불소 이온으로 2.8MJ/L입니다.

평범한 AA 배터리를 이용해 광선검을 작동시키고 싶다고요? AA 배터리에 저장된 에너지는 약 3Wh입니다. 2만 8,000W의 광선검을 두 시간 동안 쓰고 싶다면 5만 6,000Wh의 에너지가 필요할 겁니다. 그러면 AA 배터리가 몇 개 있어야 할까요? 1만 8,000개 이상이 있어야 합니다. 광선검을 구입하면 배터리도 같이 주는지 궁금하네요. 아, 그렇죠! 제다이에게는 포스라는 비밀 전력원이 있었네요.

---

* http://en.wikipedia.org/wiki/Energy_density

02

슈퍼스타 디스트로이어의 엔진은 얼마나 클까?

저는 서로 다른 크기의 물체들을 비교해보는 일에 늘 흥미를 느낍니다. 보통은 원하는 척도에 맞게 물체의 크기를 확대하거나 축소하기만 하면 된다고들 생각하죠. 하지만 이렇게 해서는 뭔가 부족하죠. 이제 저만의 우주선으로 이야기를 시작해보겠습니다. 이 우주선은 구 형태로, 뒤에 반동 추진 엔진이 있습니다. 정원은 한 명입니다.

R : 반지름
L : 추진 엔진 지름

이 우주선을 더 크게 만들고 싶다면 어떤 일이 일어날까요? 관련된 내용들을 우선 설명하고 넘어갈게요. 반동 추진 엔진은 어떤 역할을 할까요? 아주 좋은 질문입니다. 실제 우주선에서 반동 추진 엔진은 우주선의 운동량을 바꾸는 일에 사용됩니다. 이 반동 추진 엔진들이 우주선에 힘을 가하면 우주선이 가속한다고 생각해도 좋습니다.

그러면 반동 추진 엔진을 오랜 시간 작동시키면 어떻게 될까요? 우주선이 계속 가속하겠죠. 자, 문제가 보이나요? 공상과학 프로그램에 등장하는 대부분의 우주선은 반동 추진 엔진이 작동하는 상태에서 일정한 속도로 비행합니다. 공기저항과 같은 저항력이 존재하는 상황에서는 그렇겠죠.

제가 하고 싶은 말은 이겁니다. 저는 반동 추진 엔진이 우주선을 가속시킨다고 가정하겠습니다. 이는 영화의 내용과는 일치하지 않을 수도 있어요. 그러면 다른 사항들도 가정해볼까요? 물론 일부 공상과학 마니아들은 아래의 가정에 모두 동의하지 않을지도 모르지만 그렇다고 제 생각을 바꾸지는 않을 겁니다. 그중 몇 가지는 사실과 다를 수도 있어요. 하지만 제 의도를 잘 드러낼 수 있을 만큼은 사실에 가깝습니다.

- 반동 추진 엔진의 힘은 그것의 면적에 비례한다(별의별 다양한 이유를 대면서 사실이 아니라고 할 사람들도 있겠지만 저는 이 가정을 밀고 나가겠습니다).
- 우주선은 크기와 상관없이 그 밀도가 거의 비슷하다(우주선의 벽 두께가 모두 같을 수도 있고, 그것이 사실이라면 큰 우주선은 밀도가 낮겠죠. 하지만 큰 우주선에는 내부에 벽이 더 많기도 하겠죠).
- 작은 우주선이든, 큰 우주선이든 반동 추진 엔진이 있어서 같은 (또는 비슷한) 가속도를 만들어낸다.
- 다음 단어들은 모두 우주선을 의미한다. 스페이스십spaceship, 스타크래프트starcraft, 스페이스크래프트spacecraft(하지만 스타십starship은 아닙니다. 스타십은 〈우리가 이 도시를 세웠어〉We Built This City라는 노래를 부른 밴드를 가리킬 때만 쓸 거예요).

이제 물리학 공부를 좀 해보죠. 반동 추진 엔진의 힘이 우주선에 작용하는 유일한 힘이라면 가속도는 반동 추진 엔진의 힘에 비례한다고 가정합시다. 그리고 가속도는 우주선의 질량에 의해 결정될 겁니다. 같은 힘이 작용한다면 질량이 큰 물체일수록 가속도는 작겠죠. 이것이 뉴턴이 말한 운동의 제2법칙입니다.

제가 머릿속으로 만들어낸, 한 명이 타는 우주선의 반지름은 R이고 원 모양의 반동 추진 엔진은 지름이 L입니다. 추진력이 추진 엔진의 면적과 비례한다면 우주선에 작용하는 힘은 '어떤 상수×L^2'이 되겠죠. 질량은 어떨까요? 이 우주선은 구 모양이므로 질량은 '상수(이 경우 상수는 $\frac{4}{3}\pi) \times R^3$'이 될 것입니다. 가속도는 '힘/질량'이므로 'L^2/R^3'에 비례하겠죠. 따라서 반동 추진 엔진의 지름은 $R^{3/2}$에 비례한다고 할 수 있습니다. 상수들은 그리 중요하지 않습니다.

훨씬 더 큰 우주선을 만들어보도록 하죠. 이 우주선의 반지름은 첫 우주선의 10배라고 합시다. 밀도는 거의 비슷하고 가속하는 능력도 같을 것입니다. 이 반동 추진 엔진은 얼마나 커야 할까요? 다른 변수들이 같다고 하고 R을 10배 증가시키면 반동 추진 엔진의 지름은 31.6배 증가해야 합니다. 참고로 우주선의 길이를 10배 증가시키면 부피는(따라서 질량도) 1,000배 늘어납니다. 추진력도 10배 증가시키려면 반동 추진 엔진도 10배가 넘는 크기로 만들어야 합니다. 추진력은 면적에 비례하기 때문이죠.

결과적으로 더 크게 만든 우주선은 외형이 달라집니다. 다음은 정원이 한 명이었던 첫 우주선과 반지름을 10배로 늘린 우주선을 나란히 배치한 그림입니다.

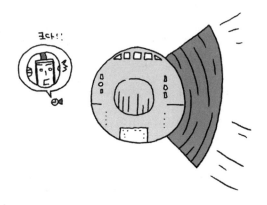

우주선이 커지면 반동 추진 엔진은 훨씬 더 커지죠. 영화 〈스타워즈〉에서 한 가지 사례를 들어볼게요. 반동 추진 엔진의 크기와 관련해 아주 좋은 연구 대상이 될 만한 우주선이 두 대 있습니다. 바로 스타 디스트로이어Star Destroyer와 슈퍼스타 디스트로이어Super Star Destroyer예요.

이 우주선 두 대가 비교하기 좋은 이유는 무엇일까요? 둘은 동일한 은하계에 존재하고 형태도 같습니다. 따라서 밀도도 비슷하다고 가정할 수 있겠죠. 게다가 같은 함대에 편성되어 있으니 가속도도 비슷하다고 할 수 있어요. 제프 러셀의 우주선 사이트에 가보면 이 둘을 나란히 놓고 비교한 내용을 볼 수 있습니다. 물론 슈퍼스타 디스트로이어의 크기에 대해 의견이 엇갈리는 경우가 있기는 합니다.* 저는 제프 러셀의 사이트에 나온 크기를 사용하도록 하겠습니다. 여기서 스타 디스트로이어는 길이가 1.6km이고 슈퍼스타 디스트로이어는 19km입니다.

반동 추진 엔진은 어떨까요? 사이트에 따르면 슈퍼스타 디스트로이어에는 추진 엔진이 13개가 있고 스타 디스트로이어에는 3개가 있습니다. 그림을 자세히 살펴보면 스타 디스트로이어의 지름은 약 0.126km가 된다는 사실을 알 수 있죠. 스타 디스트로이어의 길이와 추진 엔진의 크기를 알고 있으니, 슈퍼스타 디스트로이어가 비슷한 가속도를 내려면 추진 엔진이 얼마나 커야 할지도 알 수 있습니다.

잘 들어보세요. 슈퍼스타 디스트로이어에 반동 추진 엔진이 더 많다

---

* www.theforce.net/swtc/ssd.html

는 사실을 고려해서 계산하면 엔진 각각의 지름이 2.48km이어야 한다는 결과가 나옵니다. 그래서 어떠냐고요? 이는 우주선 곳곳에 분사구 몇 개가 멋있게 부착되어 있는 게 아니라 우주선의 절반 정도가 반동 추진 엔진으로 구성되어야 한다는 뜻입니다. 아마 슈퍼스타 디스트로이어는 눈부신 전투함이 아니라 늪에서 타는 프로펠러선처럼 보이겠죠.

03
·
R2-D2는 정말
날 수 있었을까?

자, 이번에는 퀴즈 하나 낼게요.

Q 영화 〈스타워즈 에피소드 2: 클론의 습격〉에서는 R2-D2가 비행
능력을 보여줍니다. 비행하는 R2-D2, 무엇이 문제일까요?

a) 문제없다. 조지 루카스George Lucas가 스타워즈를 처음 만들 때부터
넣고자 했던 장면이지만 코모도어 64Commodore 64 컴퓨터로는 날아

다니는 R2-D2를 디지털 방식으로 표현할 수 없었다.

b) R2-D2가 날 수 있다면 처음 3부작에서는 왜 날지 않았을까?

c) 날더라도 그런 방식으로 날지 않을 것이다.

d) 안드로이드에게는 비행을 금지해야 한다.

a)는 사실 함정입니다. a)가 문제가 되는 이유는 무엇일까요? 코모도어 64는 1982년에 등장했고 〈스타워즈〉는 1977년에 개봉했죠. 따라서 a)는 정답이 될 수 없습니다. 정답은 c), '날더라도 그런 방식으로 날지 않을 것이다.'입니다.

그런데 R2-D2는 어떤 식으로 날까요? 영화를 자세히 보면 R2(R2-D2의 친한 친구들은 이름을 다 부르지 않고 그냥 R2라고 줄여서 부릅니다)가 나는 도중에 반동 추진 엔진의 일부는 뒤로, 그리고 일부는 아래로 향하고 있는 것을 알 수 있습니다. 아래 그림을 봅시다.

위 그림은 R2가 일정한 속도로 움직이면서 비행하는 방식과 완전히 똑같습니다. 여러분은 이렇게 생각할지 모르죠. '음, 이 그림에 무슨 문

제가 있지?' 그림은 문제없이 완벽해 보입니다. 저는 이게 진짜 문제라고 생각합니다. 사람들이 힘과 운동에 대해 생각하는 방식대로 비행하는 R2의 모습이 보이기 때문에 누구도 이것을 큰 문제라고 받아들이지 않죠.

아, 이제 힘과 운동에 대해 이야기하게 됐네요. 먼저 이 분야의 전문가 두 사람을 소개하면서 시작하겠습니다. 바로 아리스토텔레스와 아이작 뉴턴입니다. 아리스토텔레스는 힘과 운동에 대해 뭐라고 말했을까요? 그에 따르면 일정한 힘은 곧 일정한 운동을 의미합니다.

솔직히 사람들은 대부분 이런 생각이 합당하다고 생각합니다. 아리스토텔레스는 자신의 생각을 그리스어로 말하고 썼는데도 쉽게 동의하죠. 힘에 대한 이런 생각이 늘 잘 맞아떨어지는 것 같으니까요. 예를 들어 책상 위에 있는 책을 밀면 책은 움직입니다. 더 강하게 밀면 더 빨리 움직이죠. 더 이상 밀지 않으면 책은 그냥 멈춥니다. 간단하죠.

아리스토텔레스에 따르면 R2는 당연한 방식으로 비행합니다. R2가 일정한 속도로 날고 싶다면 반동 추진 엔진의 각도를 뒤쪽으로 살짝 꺾을 것입니다. 이런 방식으로 추진력의 일부는 아래를 향하게 해서 R2를 공중에 떠 있게 하고 다른 일부는 뒤를 향하게 해서 R2를 앞으로 나아가게 하죠.

뉴턴은 어떨까요? 사실 힘과 운동에 대한 개념을 더 정확하게 만든 사람은 뉴턴만이 아니었습니다. 다만 사람들이 이런 개념을 뉴턴의 운동법칙이라고 부를 뿐입니다. 뉴턴에 따르면 힘이 물체의 운동을 바꾼다고 합니다. 여기서 '바꾼다'는 단어가 핵심입니다. 물체에 일정한 힘이 가해지면 그것의 움직임은 계속 바뀔 것입니다. 다시 말해 일정한 힘이 가해지면 속도가 계속해서 증가할 수 있다는 뜻이죠.

다음 사례를 생각해보세요. 볼링공이 매끄러운 레인 바닥 위에 있습니다. 살짝 밀면 움직일 것입니다. 한동안 굴러가다가 결국에는 멈추겠죠. 멈추는 이유는 사람들이 자주 잊고 사는, 볼링공에 작용하는 또 하나의 작은 힘이 있기 때문입니다. 바로 마찰력이죠. 그래서 공을 굴린 다음에는 단 한 가지의 힘만이 볼링공에 작용하면서 속도를 떨어뜨립니다. 하지만 사람이 볼링공 뒤를 따라다니면서 계속해서 조금씩 굴린다면 볼링공은 똑같은 속도로 계속 나아가, 마찰력과 균형을 이룰 수 있습니다. 긴 막대기로 계속해서 마찰력보다 큰 힘을 볼링공에 가하면 볼링공은 점점 더 빠르게 나아갈 것입니다.

움직이는 물체에 작용하는 모든 힘을 다 없애버릴 방법이 있다고 가정해봅시다. 그렇게 된다면 물체의 속도는 변하지 않을 것입니다. 하지만 사람들이 현실에서 볼 수 있는 모든 사물에는 마찰력이 작용하기 때문에 이를 상상하기란 쉽지 않을 것입니다.

R2가 날아다니는 방식을 보면 아리스토텔레스와 거의 대부분의 사람들이 그 방식에 이의를 제기하지 않을 것 같군요. 이 비행하는 R2에게 뉴턴이 생각했던 힘과 운동에 대한 개념을 적용할 방법이 있을까요? 다시 말해 어떤 상황이 되어야 이와 같은 비행이 뉴턴의 원리에 부합할까요?

공기저항을 살펴보는 것이 가장 좋습니다. 비행하는 R2에게 그냥 넘

어갈 수 없을 정도의 공기저항이 작용한다고 가정하죠. 이 경우 R2는
수평으로 작용하는 공기저항에 균형을 맞추기 위해 반동 추진 엔진을
뒤쪽으로 꺾어야만 할 것입니다. 실제로 이를 이용하면 R2의 무게가
얼마나 되는지 알아낼 수 있습니다. 즉, 공기저항과 R2의 속도를 알 수
있다면 어느 정도의 추진력으로 R2가 전진하고 있는지를 알아낼 수 있
죠. 그리고 추진력이 어느 정도인지 알면 R2의 무게가 얼마가 되어야
그 추진력으로 R2를 공중에 띄울 수 있는지 알아낼 수 있습니다. R2에
작용하는 힘을 그림으로 그리면 다음과 같습니다.

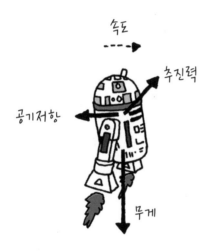

이 공기저항의 강도를 모형으로 만들 수 있다면 추진력을 추정할 수
있고 R2의 무게도 알 수 있겠죠. 우선 몇 가지를 가정해봅시다.

• 중력은 지구와 비슷하다(왜냐고요? 영화에 나오는 사람들을 보면 지구

위에서 돌아다니는 것처럼 보이거든요. 실제로 지구에서 찍었으니까요).

- 대기도 지구와 비슷하다(이건 증명하기 힘드네요. 공기의 밀도가 엄청 나게 높거나 낮은 걸 어떻게 알 수 있을까요? 알 수 없습니다. 방법이 없으 므로 이 행성의 공기는 지구 공기와 밀도가 비슷하다고 가정하겠습니다).
- R2의 비행 속도는 2.3m/s다(짐작으로 정한 수치는 아닙니다. 영상 분 석을 통해 비행하는 R2의 시간에 따른 위치의 그래프를 그릴 수 있습니다. 이 그래프의 기울기가 바로 속도입니다).
- 반동 추진 엔진은 약 43° 뒤로 기울어져 있다(이 수치도 영상을 보고 측정한 것입니다).
- R2의 크기는 임의로 추정한다.

다음 할 일은 공기저항력을 추정하는 것입니다. 이번 사례처럼 속도 가 느린 물체의 공기저항은 속도의 제곱, 물체의 크기와 형태, 공기의 밀도에 비례합니다. 크기와 형태에 관련된 수치들을 추정해 계산해보 면 R2의 질량은 100g 정도가 되어야 합니다. 이렇게 되면 R2의 밀도 는 공기의 밀도와 비슷해집니다. 밀도가 그 정도로 낮다면 R2는 하늘 에 떠다닐 겁니다. 반동 추진 엔진을 아래로 기울일 필요조차 없겠죠.

다 따지고 보니 R2가 그 정도로 가벼울 것 같지는 않네요. 그저 비행 방식이 잘못되었을 뿐이죠.

04

블래스터 광선은
레이저일까?

제가 얼마나 오랫동안 〈스타워즈〉에 나오는 블래스터(영화에 등장하는 총의 이름―옮긴이)를 연구해보려고 했는지 여러분은 상상도 못 할 것입니다. 2012년, 〈스타워즈〉 탄생 35주년이 되어 저는 (사실은 시작조차 하지 않은) 이 연구를 끝내야겠다고 마음먹었습니다. 연구 주제는 다음과 같습니다.

"영화에 나오는 블래스터는 도대체 무엇일까? 거기서 나오는 광선은 얼마나 빠를까? 우주선에 장착된 블래스터에서 나오는 광선과 손에 들고 쏘는 블래스터에서 나오는 광선은 속도가 비슷할까? 사람들이 그 광선을 레이저라고 생각하는 이유는 무엇일까?"

영화 그 어디에서도(심지어 에피소드 1에서조차) 등장인물이 이 총들을 레이저 총이라고 부르는 장면이 없다고 저는 거의 확신합니다. 여기서 이야기할 내용은 전에도 수천 번 넘게 논의된 적이 있긴 하지만, 요점은 두 가지입니다.

첫째, 그 광선이 레이저라면 옆에서는 보이지 않을 겁니다. 빨간색 레이저 포인터 아시죠? 그 빛은 분필 가루 같은 것이 중간에 있지 않으면 거의 보이지 않죠. 하지만 또 어떤 괴짜 분이 나타나 그 빛이 분명히 보인다며(가령 대기가 지구와는 다르다거나 모든 일이 실은 물속에서 벌어지고 있다며) 이유를 아주 잘 설명해줄지도 모르겠네요. 어쨌든 레이저는 옆에서 볼 수 없기 때문에 그런 설명은 무시해도 됩니다.

둘째, 레이저는 광속으로 이동합니다. 하지만 이 블래스터 광선의 속도는 광속보다 훨씬 느려 보인다는 점은 명백합니다. 얼마나 느리냐고요? 지금은 모르겠지만 이제 알아내려고 합니다. 블래스터의 속도를 어떻게 알아낼 수 있을까요? 이 질문에 대한 답이 하나뿐일 것 같지는 않습니다. 블래스터가 발사되는 모습이 나오는 장면을 보면 답을 알 수 있습니다.

자, 그럼 시작해봅시다. 〈스타워즈〉의 첫 장면에서는 레이아 공주가 탄 밀항선이 제국군의 스타 디스트로이어로부터 도망가는 모습이 나옵니다. 물론 두 우주선은 서로 사격을 가하죠.

이 광선의 속도를 어떻게 구할 수 있을까요? 일반적으로 광선이 움직이는 거리와 시간을 알면 거리를 시간으로 나눠 평균 속도를 구할 수 있습니다. 시간은 영상에서 프레임 수를 세면 알아낼 수 있죠. 영화가 DVD에 수록되어 있다면 1초당 30개의 프레임이 나옵니다. 각 프레임의 지속 시간이 0.033초밖에 안 된다는 뜻이죠. 우선 생각해야 할 사항은 작은 우주선의 크기입니다.

〈스타워즈〉의 첫 장면을 분석해 거리를 추정해봅시다. 밀항선은 스타 디스트로이어로부터 얼마나 멀리 떨어져 있을까요? 원근법이 문제가 될까요? 여기서는 대략 추정해보겠습니다. 먼저 우주선의 크기를 보여주는 웹사이트*를 방문하도록 하죠(그렇습니다. 이곳은 제가 이전 책에서 다양한 우주선의 반동 추진 엔진 크기를 알아보려고 이용했던 바로 그 사이트입니다).

이 사이트에 따르면 반란군의 밀항선은 길이가 150m인 것으로 나와 있습니다. 여기서는 원근법과 카메라 각도가 큰 문제가 되므로 두 우주선 사이의 거리는 대략 밀항선 10대의 길이로 정하겠습니다. 미터로 따지면 대략 1,500±500m가 되겠군요. 꽤 멀다고 느낄 수 있지만 추정치일 뿐입니다. 광선이 움직이는 장면의 각 프레임을 보니 0.08초가 걸립니다. 거리 추정치를 대입해 계산하면 블래스터의 광선 속도는 180km/s가 나오네요.

---

* www.merzo.net

우주 이외의 장소를 배경으로 하는 영상들은 어떨까요? 바로 다음 장면에서는 제국군의 스톰트루퍼Stormtrooper들이 밀항선으로 몰려 들어오면서 반란군 앞에서 그들의 위력을 보여줍니다. 이 장면에 대한 분석은 아까와는 조금 다릅니다. 카메라가 어느 정도 멀리 떨어져 있어서 본격적인 영상 분석을 해볼 수 있을 것 같네요. 영상을 분석하려면 영상의 각 프레임별로 물체의 위치를 표시해주는 프로그램*을 사용하는 것이 좋습니다.

일단 척도를 선택하고 나면 프로그램은 특정 물체의 x, y 좌표와 시간 데이터를 알려줍니다. 여기서는 스톰트루퍼의 벨트에서 머리 꼭대기까지 거리를 (스톰트루퍼의 키를 178cm라고 가정하고 똑바로 서 있는 상태에서 측정해) 0.71m라고 가정했습니다. 영상으로부터 위치와 시간 데이터를 얻은 후 계산한 광선의 속도는 15m/s입니다.

어쩌면 여러분은 벌써 문제를 발견했을지도 모르겠네요. 우주에서 발사되는 광선 속도가 손으로 들고 쏠 때의 광선보다 훨씬 빠릅니다. 어쩌면 이건 문제라기보다는 이 광선이 레이저가 아니라는 점을 다시 한번 증명하는 사례라고도 할 수 있겠군요. 레이저는 모두 같은 속도로 움직이거든요.

좋습니다. 방금 검토한 장면은 단 두 가지였습니다. 〈스타워즈〉에서 총을 쏘는 장면은 굉장히 많습니다(《스타워즈 에피소드 4: 새로운 희망》 편

---

* 트래커 비디오 애널리시스Tracker Video Analysis라는 멋진 무료 영상 분석 프로그램을 추천한다.

은 여기까지만 하죠). 다른 장면들에서 더 많은 데이터를 구할 수 있을지 한번 알아봅시다. 다른 데이터를 보여드리기 전에 한 가지 특이한 경우를 알아보죠. 바로 '데스 스타'Death Star(죽음의 별, 영화 〈스타워즈〉에 나오는 공 모양의 거대 전투용 인공위성 — 옮긴이)입니다. 데스 스타에서 발사되는 것들이 블래스터 광선과 같은지는 확실하지 않지만 어쨌든 분석해 봤습니다.

데스 스타의 지름이 160km라면 알데란Alderaan(무장하지 않은 평화로운 행성)을 파괴하는 장면에서 발사되는 광선의 속도를 대략 추측해볼 수 있습니다. 데스 스타에서 발사되는 광선은 두 가지로, 각각 속도가 다릅니다. 우선 데스 스타 위에 있는 엄청난 크기의 원에서 뭔가가 발사되어 나옵니다. 그리고 이것들이 합쳐지면서 하나의 거대한 빛줄기를 이루죠.

간단히 분석해보면 첫 단계에서 빛의 속도는 600km/s이고, 합쳐진 후 빛줄기의 속도는 1,000km/s가 됩니다. 두 가지 수치 모두 데스 스타만 나오는 장면을 보고 계산했습니다. 그런데 이상한 점이 있습니다. 다음 장면에서 그 빛줄기는 알데란을 향해서 이동합니다. 이 빛줄기가 알데란에 도달하는 데 걸리는 시간은 약 0.2초입니다. 빛줄기의 속도가 일정하다면 알데란과 데스 스타 사이의 거리는 196km에 불과합니다. 알데란의 크기는 불확실하지만 국제우주정거장은 지구 표면에서 약 300km 떨어져 있죠. 그렇다면…….

에피소드 4, 5, 6에서 나머지 데이터를 알아봅시다. 에피소드 1, 2,

3은 왜 포함시키지 않았냐고요? 이 에피소드들은 진정한 의미의 〈스타워즈〉 영화가 아니라고 주장하는 사람들이 많습니다. 대체로 자 자 빙크스Jar Jar Binks가 에피소드 1, 2, 3에 등장하기 때문이라고들 하죠. 하지만 또 다른 이유가 있습니다. 이 영화들에는 블래스터를 쏘는 장면이 정말 여러 번에 걸쳐서 나오기 때문입니다. 지금 이 시점에서 제가 일일이 찾아보려니 너무 많습니다.

에피소드 4, 5, 6을 검토해보니 전체 블래스터 사격 장면의 10~15% 정도에서 데이터를 구할 수 있었던 것 같습니다. 이 영화들에는 블래스터 사격을 온전히 볼 수 있는 장면이 없거나 주변에 아무것도 없어서 거리를 알아낼 수 없는 장면들이 많습니다. 발사된 블래스터가 카메라를 향해 다가오거나 카메라에서 멀어져서 원근감을 심각하게 방해하는 장면들도 몇 개 있습니다. 결국 저는 91개의 장면에서 데이터를 구했습니다. 그중 19개가 우주를 배경으로 찍은 장면입니다.

모든 블래스터 광선 속도의 분포를 보여드릴 수 있는 방법은 하나뿐입니다. 막대그래프를 그려볼 텐데 보통의 막대그래프로는 효과가 별로 없을 것입니다. 왜냐고요? 제가 나타내려는 속도는 약 10m/s에서 100만 m/s에 이르거든요. 그래프가 이상해 보이겠죠. 그래서 광선 속도의 자연로그 값에 대한 막대그래프를 그려보려고 합니다. 그런 까닭에 광선 속도는 선형으로 나오지 않습니다.

다음은 지면에서, 우주에서, 데스 스타Death Star에서 발사된 광선의 속도를 구분해서 보여주는 그래프입니다. 그래프에 동그라미로 표시된 부분은 데스 스타에서 얻은 데이터입니다. 수치는 단 두 개에 불과하

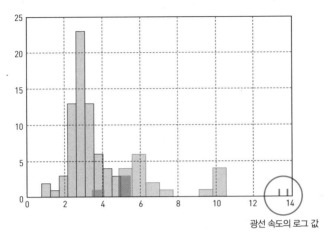

발사 횟수

광선 속도의 로그 값

지만 속도를 보면 다른 것과는 비교가 안 될 정도로 빠르죠. 그리고 우주에서의 광선과 지면에서의 광선 속도가 겹치는 경우가 좀 있습니다. 왜일까요? 지면 광선이 멀리서 촬영된 경우와 우주 광선이 클로즈업으로 촬영된 경우(예를 들어 엑스윙X-wing 전투기에 탑승한 R2 옆으로 광선이 쌩하고 지나가는 장면)가 각각 두 장면씩 있기 때문입니다. 그러나 어쨌든 지면에서의 광선과 우주에서의 광선이 다르다는 점은 확실해 보입니다.

방금 한 가지를 더 알아냈네요. 우주선이 블래스터를 쏠 때 어떤 것에서는 붉은색 광선이, 또 어떤 것에서는 초록색 광선이 나옵니다. 손에 들고 쏘는 블래스터들은 모두 붉은 광선이 나오죠. 왜 초록색 광선은 나오지 않는지 그 이유는 저도 잘 모르겠네요.

속도는 왜 이렇게 큰 차이가 나는 걸까요? 걱정 마세요. 저는 과대망

상중 환자가 아닙니다. 저도 〈스타워즈〉는 그저 영화일 뿐이라는 사실을 알고 있습니다. 한 솔로_{Han Solo}의 블래스터가 실제로는 아무것도 쏠 수 없다는 걸 알고 있습니다. 공포탄이라면 가능할 수도 있겠지만요. 사실 블래스터 광선은 화면 위에 그려진 것입니다. 사람들이 프레임 위에 사물을 그릴 때는 주변 환경과는 상관없이 일관되게 그리는 경향이 있죠. 각 장면의 축척을 올바르게 감안하지 않은 채 분석한다면 모든 블래스터 광선의 각속도가 거의 비슷하다는 점을 알 수 있습니다. 다시 말해 배경과는 별도로 블래스터 광선들은 화면 위에서 같은 속도로 움직이는 것처럼 보인다는 이야기죠.

괜찮습니다. 〈스타워즈〉 제작에 참여한 미술가들도 인간이기에 어쩔 수 없이 실수했다고 하죠. 하지만 수정할 방법은 없을까요? 먼저 지면에서 발사되는 블래스터 광선에 대해 이야기하겠습니다. 이 광선의 평균 속도는 34.9m/s입니다. 투수가 던지는 야구공의 속도와 비슷하죠. 너프 건_{Nerf gun}(발포고무로 된 공을 만드는 회사 너프에서 제작한 장난감 총. 총알의 재질이 발포고무다 — 옮긴이)으로 쏘는 총알의 속도가 약 10m/s라는 점과 비교해보세요. 이는 다음 두 가지를 의미합니다.

- 제다이가 광선검으로 블래스터 광선을 막는 행동은 야구 선수가 야구공을 배트로 치는 것과 거의 비슷하다.
- 놀이터에서 너프 건과 플라스틱 광선검을 갖고 노는 것은 영화와 많이 다르지 않다.

실제로 일반인이 이 블래스터 광선을 피하는 일은 그리 어렵지 않을 겁니다. 특히 광선이 아주 멀리서 발사되었다면 말입니다. 스톰트루퍼들의 사격 실력이 정말 최악으로 보이는 이유가 이 때문인지도 모르죠. 실은 사격 실력이 안 좋아서가 아니라 한 솔로, 츄이Chewie(《스타워즈》의 캐릭터 츄바카Chewbacca의 애칭—옮긴이), 루크Luke가 사격 지점에서 멀리 떨어져 있어서 광선을 쉽게 피할 수 있는 것이죠. 반면에 스톰트루퍼는 잘 못 피합니다. 왜냐고요? 빌어먹을 헬멧이 시야를 가리기 때문이죠. 잘 안 보이는 것을 피할 수는 없는 법이죠(루크는 예외입니다).

우주에서 발사되는 광선과 손으로 들고 쏘는 광선은 어떤 차이가 있나요? 저는 이것이 크게 문제되지 않는다고 생각합니다. 무기 자체가 동일하지 않잖아요. 같은 무기가 아니므로 속도도 같을 필요는 없습니다. 개선할 사항이 하나 있다면 우주에서 발사되는 블래스터 광선의 속도가 일관되어야 한다는 것입니다. 광선이 R2 가까이에서 재빠르게 지나가는 모습이 나오는 장면은 더 이상 없어야 한다는 뜻이죠. 그렇게 하면 광선이 너무 빨리 지나가서 제대로 볼 수 없거든요.

추가로 개선돼야 할 사항은 손으로 들고 쏘는 블래스터 광선의 속도를 증가시키는 것입니다. 총알 속도와 비슷한 500m/s 정도가 되려면 영화에서 무엇이 바뀌어야 할까요? 동일한 광선이 두 개의 프레임에 연속으로 나오지 않는 게 우선입니다. 간단하게 바꿀 수 있는 사항이겠죠. 사격하는 총의 모습을 보여준다면 광선은 보여주지 말아야 합니다. 광선이 쌩하고 지나가는 모습을 보여주고 싶다면 한 번만 보여줘야 하죠. 그래야 저와 같은 블로거가 광선의 속도를 쉽게 판단하지 못하니까요. 문제 하나가 해결됐네요.

한 가지만 더 이야기하죠. 블래스터 광선은 대체 무엇일까요? 확실히 레이저는 아니겠죠? 저는 그 광선이 아주 뜨거운 물질이 아닐까, 계속 생각하고 있었습니다. 어쩌면 기체였다가 아주 뜨거워져서 플라스마가 되어버렸을지도 모르죠. 기체라고 했을 때는 공기저항의 문제가 발생합니다. 광선이 가볍다면 그렇게 멀리까지 이동하지는 못할 것 같습니다(특히 속도가 느린 경우에는 말이죠). 기체가 아주 뜨겁다 보니 그 앞에 있는 공기를 이온화하는 것일 수도 있겠네요. 아니면 크기가 극히 작고 뜨거운 총알의 일종일 수도 있겠고요. 솔직히 말해서 저도 정확히는 모르겠습니다.

〈스타워즈〉에 대해 이야기하면 어떤 일이 발생하는지 아시나요? 괴짜들의 폭발적인 반응이죠. 반응이 나오기 전에 제가 선수를 쳐서 먼저 답하겠습니다. 아래에 나오는, 제가 지어낸 반응들에 기분 나빠하지 마세요. 그냥 웃기려고 하는 소리니까요.

• "장난이시죠? 실제로 존재하지 않은 것을 분석하는 데 이렇게 긴 시간을 낭비하셨다고요!"

이것을 질문이라고 할 수 있을지 모르겠습니다만 맞습니다. 하지만 저도 질문하신 분에게 똑같이 묻고 싶네요. 장난이시죠? 질문하신 분께선 조금 전까지 비디오게임만 여덟 시간 동안 하셨다고요? 게임은 현실이 아니잖아요.

- "인생에 도움이 안 되는 일을 하고 계시군요. 밖에 나가서 뭐라도 해보시지 그러세요?"

  첫 질문과 같은 내용이네요.

- "이런 식으로 시간 낭비하는 일을 해서 정말 돈을 받는다고요?"

  이런 연구를 한다고 돈을 벌 수 있는지는 저도 잘 모르겠네요. 하지만 이 글은 진심으로 가치가 있다고 생각합니다. 뭔가에서(그 뭔가가 명백히 지어낸 것이라 하더라도) 데이터를 구해 분석하는 방법을 알려주거든요.

- "데스 스타는 지름이 160km라고 하셨는데요. 사실 데스 스타를 처음 설계할 때는 지름이 180km이었다가 야빈 4$_{Yavin 4}$(《스타워즈》에 나오는 행성 야빈의 네 번째 위성—옮긴이)에 있는 반란군 기지 파괴 작전에 맞춰 급하게 완성하려다 보니 160km로 계획이 수정되었던 거예요."

  그렇군요.

- "어떻게 하면 우주에서 발사되는 블래스터 광선의 소리를 들을 수 있을까요?"

  포스를 사용하신다면 들을 수 있습니다.

- "블래스터 광선 각각에는 에너지가 얼마나 있나요?"

  정말 좋은 질문입니다. 광선의 부피를 추정하고 광선이 특정한 온도에서는 기체 상태라고 가정할 수 있습니다. 밀도도 추측해야겠지만 이 방법으로 에너지 값을 구할 수는 있겠죠.

• "저는 글 쓰는 분께서 이 광선들의 속도가 일관되지 않는 이유에 대해 좀 더 분석할 것이라고 생각했어요."

저도 그렇게 생각했습니다.

05

진짜 '한 솔로'가
먼저 쐈을까?

'한 솔로가 먼저 쐈다'_{Han Shot First}라는 문구가 새겨진 티셔츠가 제작되었습니다. 괴짜 세계에서는 이것이 꽤 대단한 사건으로 여겨졌죠.

이 말이 나오게 된 배경에 대해 간략하게 설명하겠습니다. 1977년에 조지 루카스는 첫 번째 〈스타워즈〉 영화를 발표했습니다. 이 영화의 한 장면에서, 빚을 진 한 솔로는 현상금을 노리는 그리도_{Greedo}와 대면하게 됩니다. 그리도는 블래스터를 꺼내며 한을 쏘겠다고 협박하죠.

그런데 잠깐만요! 한이 재빨리 탁자 밑에서 자신의 블래스터를 먼저 뽑아 쏩니다. 탕! 그리도가 죽습니다.

대부분의 스타워즈 팬들이 볼 때 이것은 한의 캐릭터를 잘 나타내는 장면이죠. 영화에서 한 솔로는 생존 본능에 충실한 인물입니다. 그는 살아남기 위해 수단과 방법을 가리지 않습니다. 한편으로 그 장면은 한이 경험이 많다는 사실을 보여주기도 합니다. 그는 곧장 행동하지 않으면 상황이 불리해질 것임을 알고 있죠. 따라서 즉각 행동을 취합니다.

그리도와의 총격 장면에서 한을 나쁜 사람이라고만 할 수 있을까요? 아니면 그래도 악당이라고 해야 할까요? 어쨌든 한이 준법정신이 투철한 선량한 인물이 아니라는 점은 확실합니다. 그리도가 불쌍하게 됐죠. 저항할 틈도 없었습니다.

1997년에는 몇 장면이 수정된 〈스타워즈 에피소드 4: 새로운 희망〉이 재개봉되었습니다. 당연히 특수효과가 늘어나기도 했지만 한 솔로와 그리도가 나오는 장면도 바뀌었죠. 새로운 버전에서는 그리도가 한을 쏘지만 빗나가고 맙니다(참고로 둘의 거리는 약 2m밖에 안 됩니다). 그러니 한 솔로도 당연히 총을 쏠 수밖에 없죠. 정당방위 차원에서 말이에요. 1997년 버전에서 사건이 일어나는 과정을 자세히 살펴보도록 하죠. 영상 분석 프로그램을 이용하면 한의 움직임과 그리도의 블래스터 총격을 다음과 같은 그래프로 나타낼 수 있습니다.

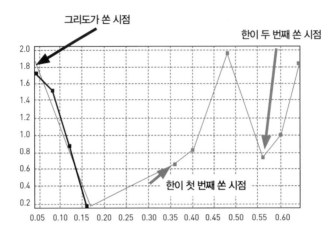

▶ 한과 그리도의 총격 시점

첫 번째로 주목할 만한 것은 한이 두 번 쐈다는 점입니다. 한은 단한 방으로 만족하지 못했습니다. 그리도를 확실하게 보내버리고 싶었던 거죠. 위 비디오 분석을 이용해 사건을 시간 순서대로 정리해보면다음과 같습니다.

- t=0.04초에 그리도가 총을 쏜다.
- t=0.36초에 한이 첫 번째 사격을 한다.
- t=0.567초에 한이 두 번째 사격을 한다.
- 그리도가 산산조각 난다.
- 한은 그리도와의 총격으로 지저분해진 주변을 보고는 팁을 두둑하게 놓고 간다.

진짜 궁금한 점은 다음과 같습니다. 한에게는 그리도의 총격에 반응할 시간이 충분히 있었을까요? 아니면 그리도가 무엇을 하든지 상관없이 어차피 쏠 생각이었을까요? 한이 그리도의 빗나간 총격에 반응했을 뿐이라면 단 0.32초 만에 마음의 결정을 내린 후 블래스터를 쐈어야 합니다.

물론 이것은 한이 전부터 그리도를 겨냥하고 있었다는 가정 하에서입니다. 어쩌면 한은 그리도의 총격에 반응했던 게 아닐지도 모릅니다. 그리도가 총을 쏘기 직전에 보여준 어떤 움직임에 반응했을지도 모르죠. 어쨌든 이 모든 일이 블래스터를 쏜 직후 0.32초 만에 벌어졌어야 합니다. 손가락이 움직이고 총을 쏘는 데 걸리는 시간이 0.2초라고 합시다. 그러면 실제 반응 시간은 0.12초만 남습니다.

합리적이라고 할 만한 반응 시간은 얼마나 될까요? 패스트 드로Fast Draw(총을 빨리 뽑는 행동 ─ 옮긴이)와 관련된 위키피디아의 내용에 따르면 가장 빨리 총을 뽑는 사람들은 총을 뽑아서 쏘는 데까지 0.145초가 걸린다고 합니다.* 한은 이미 총을 꺼내놓아서 뽑을 필요가 없었으니 반응 시간이 0.14초라고만 해도 가능할 것 같네요.

사실 저는 한이 제다이가 아닌 한 절대로 그리도에게 보복 사격을 가할 수는 없었을 것이라고 생각했답니다. 그런데 어쩌면 한은 제다이일 수도 있습니다. 그는 알려지지 않은 신비로운 제다이의 능력을 이용해 그리도의 총격을 비껴갔을 수도 있죠. 한은 자신에게 그런 능력

---

* http://en.wikipedia.org/wiki/Fast_Draw

이 있다는 것조차 모를 수도 있습니다. 아니면 그의 성격 자체가 그럴지도 모르죠. 그는 이렇게 생각했을지도 모릅니다.

'그리도 저 녀석, 또 왔네. 녀석도 힘들겠지. 자바 더 헛^{Jabba the Hutt}(《스타워즈》에 나오는 폭력배 캐릭터—옮긴이)이 빨리 사람을 데려오라고 압박하고 있을 거야. 알고 보면 착한 녀석이겠지. 날 쏘지는 않을 거야. 쏘지 않을 거라고 믿어. 그래도 혹시 모르니 총을 꺼내놓아야지. 뭐야? 방금 날 죽이려고 했어? 그런데 빗나간 거야? 더는 안 되겠군. 그리도, 널 쏘겠어. 너 같은 쓰레기에게는 한 방으로는 부족하니까 한 번 더 쏴야지. 이런, 터져버렸군.'

실제로 어떤 일이 일어났는지는 아무도 모릅니다. 물론 츄바카만 빼고 말이죠. 츄바카는 다 알고 있거든요.

제5장

스마트폰 세대도
모르는 것

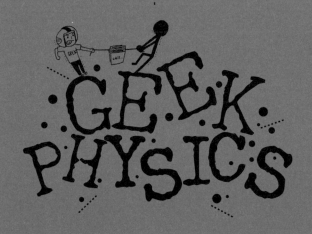

01

자판을 두드려 휴대폰을
충전할 수 있을까?

여러분은 팟캐스트를 즐겨 듣나요? 저는 〈버즈 아웃 라우드〉Buzz Out Loud(테크놀로지와 전자제품 관련 미디어 웹사이트 CNET에서 제작한 팟캐스트 프로그램―옮긴이)라는 팟캐스트를 아주 좋아합니다.

한번은 이 팟캐스트에서 휴대폰에 글자를 입력하기만 해도 휴대폰을 충전할 수 있는지를 두고 설전이 벌어진 적이 있습니다. 손가락으로 휴대폰 화면을 두드리는 에너지를 이용해서 일종의 압전기를 통해 배터리에 에너지를 줄 수 있다는 아이디어죠. 이게 현실에서 가능한 일인지 알아볼 수 있는 방법이 있을까요? 네, 있습니다.

그나저나 압전기라는 건 무엇일까요? 이것은 실제 존재하는 기기로 사람들이 평소에도 접할 수 있지만 인식하지 못할 뿐이죠. 기본적으로 압전 물질을 눌렀을 때는 그것의 전위(단위 전하에 대한 전기적 위치에너지—옮긴이)에 변화가 일어납니다. 왜 그럴까요? 압전기에 압력이 가해졌을 때 극성이 생기기 때문이라고 할 수 있습니다. 그럼으로써 내부에 전기장이 만들어지고 양쪽에 걸쳐 전위가 변하는 것이죠. 쉽게 말해 압력을 가하면 전력이 생긴다는 이야기입니다.

압전기는 가스 열판이나 음악이 자동으로 연주되는 생일축하 카드(이것은 잠시 후에 설명하겠습니다)에서 흔히 볼 수 있습니다. 가스 열판에 있는 빨간 버튼을 누르면 그 안에 작은 배터리조차 없는데 불꽃이 일어나면서 점화되는 현상에 대해 궁금했던 적이 있나요? 없다고요? 그런 적이 있든 없든 버튼을 누르면 손가락이 가하는 압력이 그 안의 물질을 변형시키면서 불꽃이 일어나 가스에 불을 붙입니다. 압전 물질을 통기타 위에 놓고 마이크 용도로도 쓸 수 있죠. 기타의 진동이 전기 신호를 만들어낼 수 있으니까요.

음악이 나오는 생일축하 카드는 어떤가요? 압전 물질은 거꾸로도 작동될 수 있습니다. 전기를 통하게 하면 압력이 생긴다는 이야기죠. 전체에 전위차(전기장 안 두 점 사이의 전위차로 전압이라고도 한다—옮긴이)를 발생시켜 압전 물질을 약간 늘어나게 할 수 있습니다. 전기장의 힘을 가하면 압전 물질의 극성이 바뀌고 그에 따라 압전기의 크기가 (조금만) 변합니다. 실제로는 이보다 훨씬 복잡하겠지만 가급적 간단하게 설명했습니다.

생일축하 카드에는 아주 작은 스피커가 필요합니다. 전선과 자석을 사용하는 일반적인 스피커 대신 이 카드에는 압전 스피커가 있습니다. 음악의 선율에 맞춰 변동하는 전압을 압전 물질에 가하면 스피커는 늘어나거나 줄어듭니다. 최고급 스피커는 아니지만 작동하는 데는 문제가 없습니다. 얇은 편이기도 해서 카드에서 꺼내 이웃 사무실에 숨겨놓을 수도 있습니다. 저라면 절대 그렇게 하지는 않겠지만요.

그러면 휴대폰에 글자를 입력했을 때 에너지는 얼마나 발생할까요? 먼저 두드리는 손가락에 에너지가 얼마나 있는지 알아봅시다. 이 시점에서는 압전기가 손가락으로 누르는 에너지를 전기에너지로 전환할 때 효율이 얼마나 되는지는 중요하지 않습니다. 예전에 어떤 전문가가 100%에 가까운 효율을 나타내는 놀랄 만한 충전기기를 발명한 적이 있었는지, 또는 앞으로 발명할 것인지는 잘 모르겠습니다. 지금으로서는 누군가 그런 기기를 발명할 것이라고 가정하고 그것으로 휴대폰 충전이 어느 정도 가능할지를 알아보는 편이 낫겠죠. 일단은 두드리는 손가락을 살펴봄으로써 충전기기로부터 얻을 수 있는 에너지의 상한치를 구해보도록 합시다.

이것이 어떻게 작동할 것인지 생각해보죠. 손가락이 화면을 누르고 있다고 상상해보세요. 화면은 어느 정도, 아주 조금일지라도 눌러져야 합니다. 손가락이 움직이는 거리와 가하는 힘이 어느 정도인지 안다면 손가락이 두드리면서 한 일을 계산할 수 있습니다. 지금은 손가락이 하는 일을 계산하고 있다는 사실을 잊지 마세요. 실제로 구하고자 하는 것은 압전기가 하는 일입니다. 이 두 가지가 같을까요? 아닙니다. 손가락은 압전기가 눌리는 거리보다는 더 움직일 것입니다. 손가락은 휴대폰을 누르는 일 말고 다른 일도 해야 하죠. 그래도 어쨌든 충전이 가장 잘될 경우를 생각하도록 하죠.

이 힘과 위치 변화는 무엇과 비슷할까요? 실험을 통해 이를 추정하고자 저는 '역각 센서'를 사용했습니다. 역각 센서는 간단히 말하면 작고 검은 상자로, 상자 밖으로 봉이 하나 나와 있습니다. 이것을 이용해 소량의 미는 힘이나 당기는 힘을 측정할 수 있죠. 손가락을 대신할 것을 만들기 위해 봉 끝에 고무마개를 끼우고 휴대폰에 글자를 입력할 때 필요한 힘과 대략 비슷한 정도로 탁자를 두드려봤습니다.

그 결과 누르는 힘은 3N 정도였고 눌리는 깊이는 0.15cm 정도였습니다. 다음으로 넘어가기 전에 힘은 어떻게 측정하는지, 그리고 N(뉴턴)은 무엇인지 떠올리기 위해 교과서에 나왔던 물리 실험을 생각해보죠. 힘을 측정하는 가장 단순한 방법은 용수철저울을 이용하는 겁니다. 용수철저울은 눈금이 새겨진 기둥 속에 용수철이 들어 있는 저울입니다. 이 용수철은 세게 당길수록 많이 늘어난다는 특징이 있죠. 힘과 눌리는 깊이는 비례하므로 용수철이 얼마나 늘어나는지를 살펴봄으로써 힘을 구할 수 있습니다.

뉴턴이라는 단위가 낯설다면 이렇게 생각해봅시다. 1N은 약 0.1kg 또는 하드커버 책의 무게와 비슷합니다. 왜 뉴턴이라는 용어를 사용할까요? 힘의 단위는 아이작 뉴턴의 이름에서 따온 것입니다. 뉴턴은 힘과 그것이 운동에 어떤 영향을 미치는지 연구했습니다. 다른 사람들도 연구를 하긴 했지만 뉴턴이 제비뽑기에 이겨서 힘의 단위를 그의 이름에서 따왔죠(그래요, 제비뽑기는 제가 지어낸 이야기입니다).

앞서 알아낸 두 가지 값을 가지고 계산하면 손가락으로 한 번 두드릴 때 한 일은 약 0.0045J이라는 결과가 나옵니다. J(줄)은 과학자들이 일반적으로 사용하는 에너지 단위입니다. 줄이라는 단위가 감이 안 잡힌다면 바닥에서 책을 들어 올려서 책상 위에 올려보세요. 방금 그 일에 소모된 에너지는 10J이었습니다. 그렇다면 0.0045J은 매우 작은 것 같은데 현실에서는 그보다 더 작다는 점을 잊지 마세요. 더 작은 이유는 무엇일까요? 몇 가지만 언급하겠습니다.

- 손가락이 누른 거리 전체에 최대치의 힘이 작용했다(제가 가정한 것으로 실제로는 이렇지 않겠죠).
- 여기서 사용된 값은 손가락이 한 일이다(기계에 한 일은 기계가 실제로 눌린 거리가 적용될 겁니다. 이 거리는 훨씬 짧을 가능성이 높습니다. 생각해보면 화면 두께가 1mm도 되지 않으니 많이 눌릴 수가 없겠죠).
- 기기의 효율이 100%를 훨씬 밑돌 가능성이 높다.

이제 휴대폰 배터리를 충전하기 위해 얼마나 오랫동안 손가락으로 두드려야 하는지를 알아봐야 합니다. 첫 번째 질문은 다음과 같습니다. 휴대폰 배터리에는 얼마나 많은 에너지가 저장되어 있을까요? 인터넷에 들어가서 아이폰 교체용 배터리를 찾아보는 것이 방법이 될 수 있겠네요. 제가 찾은 첫 번째 배터리는 용량이 1,420mAh에 전압은 3.7V였습니다. 이 수치들은 배터리가 한 시간 동안 3.7V의 전압으로 1,420mAh만큼의 전류를 만들어낼 수 있다는 사실을 나타냅니다.

여기서 알아둬야 할 사항이 두 가지 있습니다. 첫째, 회로에서 전력은 전류와 전압을 곱한 값입니다. 둘째, 전력은 에너지의 변화량을 나타냅니다. 이를 이용해 에너지 단위로 변환하면 1,890J이 됩니다. 매번 누를 때의 에너지가 0.0045J이므로 휴대폰을 100% 충전시키려면 몇 번을 눌러야 하는지를 계산할 수 있습니다. 결과는 420만 번이 됩니다.

자판을 400만 번 넘게 두드려야 한다는 의미죠. 그만큼 두드리는 데는 얼마나 오래 걸릴까요? 여러분은 휴대폰을 얼마나 빨리 두드리나요? 제 경험으로는 1초에 두 번 두드리는 것도 꽤 빠른 것 같습니다. 이 속도로 400만 번을 두드리려면 200만 초가 걸립니다. 먹고 자고 해야 할 일들을 처리하는 시간을 빼고 하루 12시간씩 쉬지 않고 휴대폰 자판을 두드려도 배터리를 충전하려면 1개월하고도 15일이 걸린다는

의미입니다. 그것도 최대한 잘될 경우의 이야기입니다. 참고로 제가 가정했던 수치들 중에 몇 개가 좀 틀렸다고 해도 여전히 수십 주에 걸쳐서 글자를 입력해야 한다는 결과가 나옵니다. 충전을 다 하기도 전에 배터리가 닳을 테니 아무 의미가 없죠.

그렇다면 압전기를 사용하지 말아야 할까요? 화면에 글자를 입력해서 충전하는 경우에만 쓰지 말아야죠. 실행해볼 만한 일이 하나 더 있습니다. 바로 신발 안에 있는 압전기로 충전하는 겁니다. 이렇게 하면 달라지는 이유가 뭘까요? 신발에 작용하는 힘이 손가락으로 화면에 가하는 힘보다 훨씬 강하기 때문이죠. 그리고 신발의 경우 적어도 1cm는 쉽게 눌릴 수 있습니다. 처음에 힘의 크기를 대략 500N, 효율을 25%라고 추정하면 한 발자국마다 12.5J이 만들어질 것입니다. 휴대폰을 충전하고 싶으면 약 150발자국을 걸어야 한다는 뜻인데, 이 정도면 그리 길지도 않죠. 물론 이 경우에는 기기의 효율성이 꽤 높다고 가정합니다. 실제로는 훨씬 낮겠죠.

태양열 충전은 어떨까요? 배터리 충전에 대한 좋은 대안은 태양전지판인 것 같습니다. 아이폰 6는 가로세로의 길이가 138.1mm × 67mm입니다. 이 아이폰 뒷면의 상당 부분이, 즉 80%가 태양전지판으로 되어 있다면 어떨까요? 태양전지판은 햇빛과 완벽하게 직각으로 놓여 있을 때가 가장 좋습니다. 그리고 태양전지판의 크기만 아는 것으로는 부족합니다. 휴대폰은 태양과 완벽하게 직각으로 놓여 있지 않고 기울어져 있기 때문에 태양에너지를 그만큼 많이 받지 못합니다. 평균적으로 직각에서 30°만큼 기울어져 있다고 가정하죠.

태양전지판에서 얻을 수 있는 전력을 계산하려면 두 가지를 가정해야 합니다. 첫째, 태양광의 전력은 m^2당 1,000W라고 가정하겠습니다. 둘째, 태양전지판이 태양에너지를 전기에너지로 전환할 때의 효율을 약 25%라고 가정하겠습니다. 이 수치들을 대입해보면 아이폰의 뒷면을 충전에 사용했을 때 약 1W의 태양에너지를 얻게 됩니다. 휴대폰을 두드리는 것보다는 훨씬 좋은 방법이죠. 앞서 살펴본 것처럼 1초에 두 번을 두드렸을 때 전력이 0.009W이므로 태양에너지와는 차이가 크죠. 휴대폰이 햇빛을 직접 받는 시간이 단 네 시간이면 충전이 끝납니다. 이 방법이 합리적이죠.

손가락으로 두드려서 휴대폰을 충전하는 것은 효과가 없습니다. 걸어서 휴대폰을 충전하거나 태양열 충전이 적절합니다. 물론 그러려면 휴대폰 배터리가 더 좋아져야겠죠.

02

지진이 빠를까?
트윗이 빠를까?

과학과 유머, 둘 다 좋아하신다면 xkcd코믹스[*]를 한번 보세요. 제가 보장하건대 정말 재미있습니다. xkcd는 그저 재미만 있는 것이 아니라 상당한 지식수준을 자랑하기도 합니다.

예전에 나왔던 xkcd 만화 중 어떤 사람들은 지진이 일어났다는 사실을 몸으로 느끼기도 전에 진원지에서 가까이에 있는 사람들이 그 지

[*] http://xkcd.com

진에 대해 트위터에 남긴 내용을 읽게 되는 경우가 있다는 내용의 만화가 있었습니다.[*] 최근에 많은 사람들이 글을 게시할 때 트위터를 사용하곤 합니다. 점심에 어떤 샌드위치를 먹고 있다든지, '방금 지진이 일어났어.'와 같은 글을 말이죠. 물론 트위터에 올린 글이 지진으로 인한 파동보다 빨리 확산되겠지만 출발은 지진이 먼저 합니다(사람들이 트위터에 글을 즉각 올리지 않기도 하지만 최소한 '지진'이라는 글자를 입력해야 하기도 하죠). 그렇지만 시간이 지나 어느 시점이 되면 트윗의 파동이 지진의 파동을 앞서나갑니다.

지진을 느끼기 전에 지진과 관련된 누군가의 트윗을 먼저 받으려면 진원지에서 얼마나 멀리 떨어져 있으면 될까요? 저는 이것을 서로 다른 속도로 이동하는 두 개의 물체와 관련된 속도의 문제처럼 보려고 합니다. '기차 한 대가 시카고에서 출발하고······.'와 같은 문제가 되겠지만 그래도 그보다는 이 문제가 더 재미있겠죠.

이 문제를 풀려면 추정치가 몇 가지 필요합니다. xkcd에서 제시한 값들은 다음과 같습니다(이 정도인데 xkcd를 단순히 만화라고만 볼 수 있을까요?).

- 지진파의 속도는 약 3~5km/s다(이것을 v_s라고 하겠습니다).
- 지진이 일어나고 첫 번째 트윗이 올라오기까지는 시간의 지연이 있다. 이것을 t_t라 하고 20~30초 정도라고 추정한다.

---

[*] http://xkcd.com/723

- 트윗은 얼마나 빨리 이동할까? 트윗의 이동 속도는 v_t라고 하고 20만 km/s를 초기 값으로 설정한다.

이제 수학으로 넘어갈 차례네요. 가장 앞서나가는 지진파 가장자리의 위치를 알고 싶다면 그 위치는 '지진파의 속도×시간'이라고 할 수 있습니다(거리는 '속도×시간'입니다. 기본 지식이죠). 트윗 파동의 위치를 나타내는 함수도 비슷해 보이긴 하겠지만 속도가 다르고 출발 시간도 늦을 것입니다. 두 개의 파동이 동일한 위치에 있게 되는 시간을 계산하면 지진을 감지하기 전에 트윗을 읽을 수 있는 지점을 알아낼 수 있습니다. 이 문제를 푸는 한 가지 방법은 이 함수들을 그래프로 그려 두 파동이 교차하는 지점을 알아보는 것입니다.

▶ 시간에 따른 지진과 트윗 파동의 속도 1

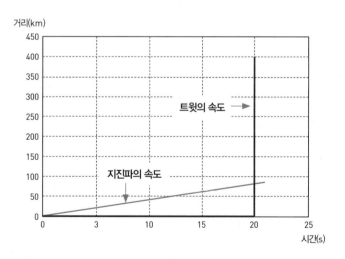

여기서 문제점을 알 수 있습니다. 트윗의 속도가 지진보다 엄청나게 빨라서 첫 트윗이 올라올 때까지 시간이 지연되는 동안 오직 지진파가 얼마나 이동했는지가 중요해집니다. 어쨌거나 이 모형을 보면 시간이 지연되는 동안 지진파는 80km를 이동합니다.

지진파의 속도를 단순하게 추측하지 않고(또는 검색해보지 않고) 측정할 수 있는 방법은 없을까요? 방법이 있을 것 같기도 합니다. 2011년에 버지니아 주에서 일어났던 지진이 미국 전역에 설치된 지진감지기에 측정되는 걸 보여주는 영상이 있습니다.[*] 이 영상을 가지고 영상분석기에 있는 기본적인 기능들을 이용해서 지진파의 속도를 약 7km/s로 하는 시간에 대한 함수로 계산하면 앞서나가는 지진파 가장자리의 위치를 구할 수 있습니다.

트윗 파동의 속도는 어떨까요? 간단한 실험을 통해 속도를 추정해보죠. 제가 트위터에 글을 올리면 이 글에 대해 사람들이 얼마나 빨리 반응하는지를 보겠습니다.

실험을 하나 할게요. 이 트윗에 다음 내용으로 댓글을 써주세요.
a) 컴퓨터가 트윗을 수신한 시간
b) 당신이 트윗을 읽은 시간
c) 당신이 살고 있는 도시/주/국가

---

[*] http://youtu.be/IKE7MLNdtcg

처음 제가 트윗을 올린 시간과 사람들이 트윗을 받은 시간의 차이를 살펴보면 속도를 알아낼 수 있습니다(사람들의 위치를 알고 있으니까요). 간단한 실험인 것 같죠? 그런데 작은 문제가 발생했습니다. 미국 중부 시간으로 오후 1시 48분에 트윗을 올렸습니다. 친절하게도 댓글을 올린 사람들 대부분은 제 글을 오후 1시 48분에 수신했다고 썼습니다. 그런데 어떤 사람들은 오후 1시 47분이라고 하더군요. 시계라고 해서 모두 같은 시간을 나타내지는 않는 것 같군요. 게다가 파동의 이동 속도가 1분을 넘지 않기도 하고요.

하지만 댓글을 단 사람들 중에 아주 멀리 있는 이들도 있었습니다. 독일(제가 있는 곳에서부터 약 8,200km 떨어진)과 남아프리카(1만 3,000km 떨어진)에서 각각 한 사람씩 댓글을 올렸습니다. 이를 이용하면 트윗 속도의 하한치는 217km/s라고 할 수 있습니다. 제가 처음에 설정했던 20만 km/s에 한참 못 미치는 수치죠.

실험 하나를 더 하겠습니다. 동생에게 도움을 청해서 제가 글을 올린 시간과 동생이 그것을 읽은 시간을 측정했습니다. 이번에는 트윗 속도가 35km/s로 나왔습니다. 그렇다면 아무래도 100km/s가 적당할 것 같군요. 이제 트윗 파동과 지진 파동 두 가지에 대한 새로운 데이터가 나왔으니 그래프를 다시 그려볼 수 있겠죠. 지진이 일어난 후 트윗이 올라오기까지의 시간을 1분이라고 가정하죠.

다음 페이지의 그래프에서 경사가 심한 직선은 앞서나가는 트윗 파동의 가장자리를 나타냅니다. 이렇게 되면 지진을 둘러싼 원의 반지름은 180km 정도가 되겠죠.

▶ 시간에 따른 지진과 트윗 파동의 속도 2

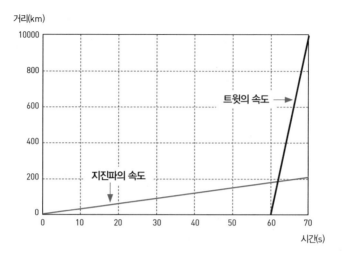

하지만 이 원의 바깥쪽에 있는 사람들은 지진의 중심에서 꽤 멀리 떨어져 있어서 굳이 지진 예고를 받을 필요가 없을 것 같네요. 따라서 다가오는 지진파에 대한 경고를 받기에 트위터는 효과가 별로 없습니다.

03

앵그리버드는 왜
늘 똑같이 날아갈까?

힘은 물체에 어떤 일을 할까요? 기왕 말이 나왔으니 알아보죠. 힘은 무엇일까요? 힘은 두 물체 사이의 상호작용입니다. 가장 기본적인 힘의 종류는 네 가지입니다. 우선 중력이 있습니다. 질량이 있는 물체들 사이에서 일어나는 상호작용을 뜻하죠. 다음은 전자기력이 있습니다. 전하가 있는 물체들 사이의 상호작용을 뜻합니다. 마지막 두 가지는 강한 원자력과 약한 원자력입니다. 강한 원자력이란 양성자나 중성자 같은 입자들끼리 단거리에서 일어나는 상호작용입니다. 약한 원자력은 원자보다 작은 입자들 사이에서 나타나는 힘이죠. 우리가 앞으로 이야기할 앵그리버드는 원자력과는 상관이 없으므로 더 자세히 설명하지는 않겠습니다.

누군가 공을 던졌을 때 그 공이 상대편의 머리에 부딪쳐서 미는 힘 같은 것은 어떨까요? 그건 어떤 종류의 힘일까요? 엄밀히 말해서 그 것은 전자기력입니다. 공에 있는 원자와 상대방의 머리에 있는 원자에 는 둘 다 전자와 양성자가 있죠. 그 둘이 가까워지면 전하가 있는 입자 들 사이에서 전자기적인 상호작용이 일어납니다. 상대방 입장에서는 그냥 공에 맞은 것 같은 느낌이죠. 하지만 정말 공에 맞았던 것일까요? 원자의 수준에서 '접촉'을 정의 내리는 일은 어렵습니다. 그냥 공에 있 는 원자와 상대방의 머리에 있는 원자 사이에 상호작용이 있었다고 하 기로 하죠.

자꾸 이야기가 딴 데로 새네요. 중력은 어떨까요? 질량이 있는 물체 라면 어떤 것이든 질량이 있는 다른 물체와 상호작용할 것입니다. 하 지만 이때 작용하는 힘은 아주 약하죠. 일반적으로 두 물체 중 하나의 질량이 대단히 크지 않다면 사람들은 이런 중력의 상호작용을 인식하 지 못합니다.

예를 한 가지 들어보죠. 제가 연필을 잡고 있다가 놓는다고 가정합 시다. 연필에는 질량이 있고 지구도 마찬가지입니다. 저도 질량이 있 죠. 연필의 질량과 저의 질량은 그리 크지 않습니다. 이는 저와 연필 사 이에 중력이 작용하지만 그 힘은 지극히 작다는 뜻입니다. 힘이 많이 부족하기에 이와 같은 작용에서 비롯되는 움직임을 측정하거나 인식하는 일은 불가능합니다. 그러나 지구의 질량은 엄청나죠. 이는 지구에 의한 중력이 커서 연필의 움직임에 영향을 미칠 수 있다는 의미입니다. 따라서 연필은 바닥으로 떨어지죠.

그런데 힘은 물체에 어떤 일을 할까요? 힘은 물체의 움직임을 바꿉니다. 여기서 '바꾼다'는 말이 중요하다는 사실을 기억하세요. 많은 사람들이 빠지는 함정에 덩달아 빠지지 마세요. 보통은 힘이 움직임을 만들어낸다고들 합니다. 어떤 면에서는 그 말이 맞을 수도 있지만 사람들은 대체로 오해하고 있습니다. 여러분의 가족이나 친구들에게도 물어보세요. "어떤 물체에 단 한 가지의 일정한 힘이 작용한다면 무슨일이 일어날까?" 아마도 96.7%가 "일정한 힘이 물체에 작용하면 물체도 일정한 속도로 움직입니다."라고 말할 겁니다.

안타깝게도 물체에 일정한 힘을 가하면 일정하게 움직인다는 생각은 완전히 잘못되었습니다. 이렇게 된 데는 아리스토텔레스의 탓이 크다고 봅니다. 모두가 이걸 사실이라고 생각하는 이유는 대체로 그렇게 보이기 때문입니다. 실제 현실에서는 물체에 단 한 가지의 힘만이 작용하기는 정말 어렵습니다. 설령 단 한 가지의 힘만 작용한다 해도 물체에 일정한 힘을 가하면 물체의 움직임도 끊임없이 변한다는 사실을 알게 될 것입니다. 이런 힘이 처음에 정지 상태에 있던 물체에 한 방향으로만 작용한다면 물체의 속도는 계속해서 증가합니다.

그러면 이 움직임은 얼마나 변할까요? 움직임의 변화를 '가속도'라 부르도록 하죠. 물체의 가속도는 두 가지로 결정됩니다. 바로 힘의 강도와 물체의 질량이죠. 힘이 강할수록 가속도는 빨라집니다. 물체의 질량이 클수록 가속도는 느려지고요. 아마도 여러분들은 이것을 '알짜 힘=질량×가속도'라고 나와 있는 뉴턴의 제2법칙으로 알고 있을 것입니다.

힘과 관련해 한 가지 더 이야기하죠. 좀 전에 낙하하는 연필 이야기를 했는데, 연필이 질량이 있고 지구도 질량이 있다면 연필도 지구에 힘을 가하지 않을까요? 맞습니다. 연필도 지구에 힘을 가합니다. 이 힘은 지구가 연필에 가하는 힘과 강도가 같습니다. 하지만 한 가지 큰 차이가 있죠. 바로 질량입니다. 앞에서도 이야기했듯이 지구의 질량은 엄청나게 큽니다. 이는 가속도가 빨라지려면 힘도 굉장히 클 필요가 있다는 뜻이죠. 따라서 연필에 작용하는 힘과 지구에 작용하는 힘의 강도가 동일할지라도 한쪽은 상당한 영향력이 있는 반면 다른 쪽은 그렇지 않다는 것입니다.

자, 물리학 원리는 이런 식으로 현실에 적용됩니다. 이제 앵그리버드Angry Birds 게임을 살펴볼 건데요. 이 게임의 원리도 우리의 현실에서와 비슷하게 적용되는지 알아볼 겁니다. 잠깐만요, 앵그리버드 게임이 무엇인지 모른다고요? 제발 농담이었으면 좋겠네요. 아아, 농담이 아니군요. 그러면 인기 많은 이 게임에 대해 간략하게 설명할게요.

이 게임의 목표는 새총으로 새를 발사시켜 돼지들이 살고 있는 건물로 날려 보내는 것입니다. 유리나 나무, 돌로 만든 건물들은 돼지를 보호해줍니다.

왜 돼지를 향해 새를 쏠까요? 새들은 왜 화가 나 있을까요? 새들은 그냥 날면 안 될까요? 안타깝게도 이런 질문들에 어떻게 대답해야 할지는 잘 모르겠네요. 게임이 이상할 정도로 중독성이 있다는 사실만큼은 확실합니다. (구글 크롬과 같은 웹브라우저를 포함한) 컴퓨터와 거의 전 기종의 스마트폰에서 앵그리버드 게임을 할 수 있습니다.

두 가지를 더 이야기해야 할 것 같습니다. 앵그리버드 게임에서 쏠 수 있는 새의 종류는 붉은 새, 파란 새, 노란 새 등 다양합니다. 어떤 새를 이용할 것인지는 게임을 하는 사람이 고를 수 없고 게임에서 정해진 대로 해야 합니다. 하지만 새의 종류에 따라 하는 행동이 다릅니다. 게임을 시작하면 첫 단계에서는 붉은 새가 나옵니다. 붉은 새를 쏘면 새는 포물선을 그리며 하늘을 납니다. 이는 물리학에서 '포물체 운동'이라고 부르는 바로 그 움직임과 정확히 일치합니다. 그러면 왜 이렇게 움직이는 걸까요?

붉은 새가 새총을 떠난 후 여기에 작용하는 의미 있는 힘은 단 한 가지입니다. 이번에는 제 이야기를 믿어보세요. 이제 붉은 새를 앞으로 움직이는 새총의 힘은 존재하지 않습니다. 그 힘을 더하고 싶겠지만 하지 마세요. 그렇게 하면 아리스토텔레스의 함정에 빠지는 겁니다. 그의 이야기를 듣지 마세요.

왜 여기서는 힘이 한 가지밖에 없을까요? 모든 힘은 두 개의 범주로 분리할 수 있다고 생각해보죠. 물체에 접촉함으로써 발생하는 힘과 접촉하지 않아도 발생하는 힘(장거리 힘)으로요. 붉은 새가 새총을 떠난 후에는 무엇이 붉은 새와 접촉하고 있을까요? '대기'라고 답하면 틀리지는 않지만 이번 경우에 대기의 힘은 무시할 수 있을 정도로 작다고 생각합시다. 또 다른 것은요? 그 외에 붉은 새와 접촉하는 것은 없나요? 네, 좋습니다. 그렇다면 물체에 접촉하지 않아도 발생하는 장거리 힘은 어떤가요? 중력 하나만 있죠.

새총에 의해 힘을 받은 후 붉은 새는 하늘을 날게 되는데요. 붉은 새에 중력만 작용하고 있다면 중력에 대해 설명을 해야겠죠. 지구 표면에서는 힘의 강도가 일정하고 그 방향은 똑바로 아래를 향하고 있는 중력을 모형으로 만들 수 있습니다. 이 힘의 강도는 물체의 질량과 중력장의 크기를 곱한 것으로 그 값은 1kg당 9.8N이 됩니다. 이 힘은 수직 방향으로 작용하기 때문에 새의 움직임 또한 수직 방향으로만 바뀔 수 있습니다. 수평 방향에 대해서는 어떻게 생각해야 할까요? 힘이 수평 방향으로의 움직임을 변화시키지 않는다면 수평 방향으로는 일정한 속도로 움직일 것입니다. 이는 물리학 책에 나오는 포물체 운동에 해당되는 이야기입니다만 앵그리버드 게임에서는 어떨까요?

붉은 새의 수평 운동은 어떻게 측정할 수 있을까요? 방법은 여러 가지가 있습니다. 붉은 새가 움직일 때 화면을 저장하거나 비디오카메라로 게임을 촬영해서 영상을 만들 수 있죠. 그렇게 하면 프레임을 하나씩 보면서 붉은 새가 얼마나 움직였는지를 알 수 있습니다.

방법이 하나 더 있죠. 영상 분석 소프트웨어를 사용하면 됩니다. 앞 장에서 이야기했듯이 이 소프트웨어의 기본 개념은 물체가 움직이는 영상의 각 프레임별로 물체의 위치를 표시해 x, y 좌표와 시간 데이터를 구하는 것입니다. 이와 비슷한 소프트웨어 패키지에는 몇 가지가 있습니다. 많은 학교에서 버니어_{Vernier}에서 만든 로거 프로_{Logger Pro} 소프트웨어를 사용하곤 합니다. 개인적으로는 더그 브라운_{Doug Brown}이 만든 트래커 비디오_{Tracker Video}를 선호합니다. 무료 소프트웨어에 성능도 뛰어나지요.

새총에서 발사된 후 붉은 새의 수평 위치를 그래프로 그려보면 붉은 새는 각각의 시간 단위(프레임) 동안에 수평으로 동일한 거리를 움직였습니다. 수평 속도가 일정하다고 말할 수도 있겠죠. 이 경우에는 1초당 2.46의 거리 단위를 움직였습니다. 그런데 여기서 거리 단위는 무엇일까요? 미터 단위는 아닙니다. '앵그리버드 단위'(m이 아닌 AB로 쓰겠습니다)죠.

영상 분석을 설정할 때는 프로그램에 사물들의 크기를 입력해야 합니다. 다시 말해 화면에 있는 각각의 픽셀이 실제 거리에 상응한다는 것이죠. 불행하게도 그 실제 거리가 어느 정도인지는 저도 모릅니다. 그래서 새총으로 쏜 거리를 AB로 정의했습니다.

앵그리버드 게임의 거리를 현실에서의 거리와 연관 지을 수 있는 방법이 있을까요? 좀 더 생각해보면 방법이 있을지도 모릅니다. 먼저 붉은 새의 수직 운동을 살펴보죠. 새에 작용하는 유일한 힘은 중력이고 중력은 일정합니다. 이는 새의 수직 가속도도 일정하다는 뜻입니다. 수직 가속도가 일정하다는 말은 수직 속도가 일정한 비율로 변한다는 이야기죠. 기울기가 일정하게 변하는 그래프는 무엇처럼 보일까요? 포물선입니다. 다음은 시간에 따른 붉은 새의 수직 위치를 나타낸 것입니다.

이 그래프가 어떻게 그려졌는지에 대한 자세한 내용은 생략하겠습니다. 아무튼 가속도가 일정한 물체가 있다면 그 위치(y)는 다음과 같은 함수로 나타낼 수 있습니다.

▶ 시간에 따른 붉은 새의 수직 위치

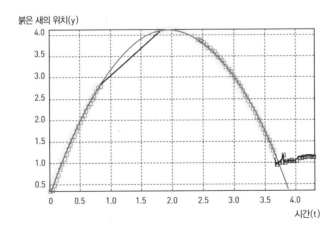

$$y = y_0 + v_{y0}t + \frac{1}{2}at^2$$

y_0 : 초기 위치
v_{y0} : 초기 속도
t : 시간
a : 가속도

트래커 비디오가 참 친절하게도 위의 데이터에 맞는 포물선 함수를 구해줘서 t^2 앞에 있어야 할 수치는 $-1.0AB/s^2$(AB는 앵그리버드 게임의 거리 단위란 점을 잊지 마세요)임을 알게 됐습니다. 이에 따라 붉은 새의 수직 가속도는 $-2AB/s^2$가 됩니다.

이제 흥미로운 계산을 하나 보여드리죠. 앵그리버드 게임을 실제로 해본다고 가정하면 어떨까요? 이런 경우 중력만 작용하는 물체의 수직 가속도는 $-9.8m/s^2$가 되어야 합니다. 위의 두 가지 값이 같다고 하면 AB 단위와 미터 사이의 관계를 구할 수 있습니다. 간단한 계산으로 AB는 4.9m임을 알 수 있습니다. 새총의 높이는 거의 5m에 달합니다. 붉은 새는 어떨까요? 동일한 척도를 사용하면 붉은 새의 키는 약 70cm나 됩니다. 큰 새 한 마리죠. 크고 화가 난 새입니다.

이제 파란 새를 살펴보죠. 파란 새를 잘 모르는 사람들을 위해 설명하자면 이 녀석들에게는 특이한 능력이 있습니다. 공중에 있을 때 파란 새는 세 마리로 분리됩니다. 꽤 쓸 만하죠? 또한 파란 새들은 다른 새들에 비해 유리로 된 건물을 부수는 능력이 뛰어난 것 같습니다.

이제 질문은 다음과 같습니다.

"파란 새가 세 마리로 분리되는 과정에서 그 질량은 어떻게 될까요? 분리된 세 마리의 질량은 처음 파란 새 질량의 3분의 1일까요?"

어쩌면 처음의 파란 새와 질량이 같을 수도 있습니다(이는 앵그리버드 게임에서 질량이 보존되지 않는다는 뜻이죠). 앵그리버드는 질량을 어떻게 측정할까요? 특수한 저울이라도 있을까요? 없습니다. 그래도 괜찮습니다. 이는 앵그리버드 같은 게임을 연구할 때 여러 장점 중 하나죠. 질문에 대해 최선을 다해서 답을 구하려고 하지만 필요한 정보들이 없는 상황이라는 이야기입니다. 대안이 될 만한 실험 근거를 만들어내야 한다는 뜻이죠. 현실에서는 바로 이런 방식으로 과학이 적용됩니다.

실제 사례를 하나 들어보기로 하죠. 전자와 같은 물질의 질량을 알아내고 싶다고 가정해봅시다. 천칭이나 저울로 측정하고 넘어가도 될까요? 물론 안 되죠. 질량을 판단하기 위해서는 다른 방법을 찾아야만 합니다. 사실 이 경우에는 전자에 대한 질량 대 전하의 비율을 먼저 알아내고 실험을 해서 전하량을 알아낼 수 있습니다. 복잡하죠. 복잡하긴 합니다만 과학은 그런 방식으로 실제 현실에 적용됩니다. 또 그렇기 때문에 아주 재미있기도 하죠. 에베레스트 산을 오르기 쉽다면 재미가 있을까요? 만에 하나 쉬웠다면 그토록 많은 사람들이 오르려고 시도하지 않았겠죠.

앵그리버드 이야기로 돌아옵시다. 질량은 어떤 관점에서 볼 수 있을까요? 질량에 의해 결정되는 운동은 무엇이 있을까요? 충돌을 한번 살펴봅시다. 우선 간단히 설명하죠. 두 개의 물체 A와 B가 상호작용을 한다고 가정하겠습니다. 상호작용이 일어나는 과정에서 A가 B를 밀면 B도 A를 밀어냅니다. 이 두 가지 힘은 강도가 같습니다. 이때 물체의 질량은 중요하지 않습니다. 따라서 힘은 동일합니다(힘의 강도가 그렇다는 것이죠).

그런데 힘이 하는 일이 무엇이었나요? 힘은 운동량을 바꿉니다. 운동량과 관련해서는 반드시 염두에 두어야 할 두 가지 사항이 있습니다(운동량 하나만 갖고도 한 학기 동안 강의할 수 있지만 말이죠). 운동량은 물체의 질량과 속도를 곱한 값입니다. 운동량은 벡터이기도 합니다(방향이 중요하다는 뜻이죠).

충돌하는 동안 두 물체는 같은 시간 동안 같은 힘이 작용합니다. 이는 두 물체가 운동량의 변화에서도 (방향은 반대지만) 동일하다는 뜻이죠. 변화라는 말을 잊지 마세요. 중요하니까요. 요점은 물체의 속도 변화를 알아낼 수 있다면 운동량이 보존된다는 가정 아래 그 물체의 질량을 추론할 수 있다는 점입니다.

이제 앵그리버드 게임으로 실험을 해보죠. 파란 새를 쏴서 맞힐 만한 과녁이 있는 레벨을 찾기만 하면 됩니다. 자세히 보면 짧은 선반 위에 돌이 놓여 있는 레벨을 찾을 수 있습니다. 앵그리버드 게임의 3-3 레벨을 보세요. 여기에 나오는 돌은 티볼tee-ball(어린이들을 위한 야구로 타자가 받침대 위에 놓인 공을 쳐서 경기한다—옮긴이)에서 받침대 위에 놓인 야구공과 비슷해 보입니다. 이 돌을 향해 파란 새를 쏜 다음 영상 분석을 이용해 새와 돌의 충돌 후 속도를 측정해볼 수 있습니다.

충돌 후 물체들의 속도를 측정하면 질량의 비율을 구할 수 있습니다(운동량이 보존된다는 가정 하에서요). 붉은 새부터 해보죠. 충돌 전과 후의 속도를 어떻게 구할 수 있는지 한 가지 예를 통해 보여드리겠습니다.

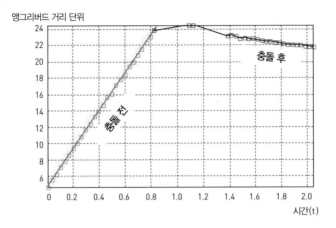

▶ 시간에 따른 붉은 새의 수직 위치

앵그리버드 거리 단위

충돌 전

충돌 후

시간(t)

이 그래프는 수평 방향의 속도만 나타낸 것입니다. 발생하는 충돌(적어도 상호작용하는 힘)의 방향은 x축 방향이므로 수직(y축 방향) 운동은 신경 쓸 필요가 없습니다. 중력으로 인해 운동량이 수직으로는 보존되지 않기 때문에 이는 바람직하죠.

충돌 전과 후의 붉은 새가 갖는 속도를 알아낸 후, 같은 방법을 사용해서 충돌 후 돌의 속도를 알아낼 수 있습니다. 운동량이 보존된다면 붉은 새의 질량은 돌의 질량의 0.31배가 됩니다. 그렇습니다. 수식과 관련된 자세한 내용은 대부분 생략했습니다. 저를 용서해주시리라 믿습니다.

앵그리버드 게임에서 붉은 새를 질량의 표준 단위로 삼아야 할지도 모르겠네요. 그렇게 하면 붉은 새의 질량은 1mr(이때 mr은 앵그리버드의 질량 단위입니다)이 되고 돌은 3.1mr이 될 것입니다. 여기서 더 나아갈

수가 없네요. 새의 질량을 현실에서의 질량과 연관 지을 만한 어떤 것도 게임 안에는 없거든요.

파란 새는 어떨까요? 여기서 해야 할 일은 두 가지입니다. 첫째, 파란 새를 세 마리로 분리시키지 않고 앞서 언급한 돌에 쏘는 것입니다. 그다음에는 세 마리로 분리시켜 세 마리 중 한 마리를 돌에 충돌시킵니다. 먼저 분리되지 않은 파란 새 한 마리를 돌을 향해 쏜 결과, 그 질량이 붉은 새 질량의 0.019배(0.019mr)에 불과하다는 사실을 알아냈습니다. 정말 자그마한 아기 새죠. 붉은 새의 질량은 파란 새의 53배에 달합니다.

이제 파란 새를 셋으로 나눠 하나를 돌에 부딪치게 해서 질량을 구할 수 있습니다. 이렇게 해서 구한 질량은 0.29mr입니다. 이상하죠? 좀 이상한 것 같군요. 분리되어 생겨난 파란 새의 질량이 처음 파란 새의 질량보다 15배나 더 큽니다. 새로 생겨난 파란 새 세 마리의 질량을 다 합치면 분리되기 전 파란 새 질량의 45배가 됩니다. 솔직히 좀 놀랍습니다. 분리된 세 마리의 새 각각의 질량이 처음 새의 질량과 같을 것이라고 예상했거든요. 모를 일이네요.

그렇다면 질량이 보존되지 않는 이런 현상을 어떻게 설명할 수 있을까요? 현실이 아닌 비디오게임이긴 하지만 그래도 어쨌든 최대한 앞뒤가 맞도록 이야기해보죠.

첫째, 앵그리버드 게임에서는 운동량이 보존되지 않으며 굳이 보존될 필요도 없습니다. 게임이니까 우리가 살고 있는 세상의 법칙을 똑같이 따를 필요가 없죠.

둘째, 화면을 누르는 순간 여러분은 다른 차원으로 들어가는 문을 여는 것입니다. 즉, 처음 파란 새가 다른 차원의 세계로 넘어가게 되면서 그 새가 있던 자리를 세 마리의 새가 대신한다는 말이죠. 이 새들은 처음의 새와 겉으로는 비슷한 것 같지만 사실은 다릅니다. 티타늄 같은 재료로 만들어졌는지도 몰라요. 이게 무슨 뜻일까요? 화면을 눌러서 나온 파란 새 세 마리를 사용하면 횡재할 수 있다는 뜻이죠. 파란 새를 처음 상태로 놔두는 것은 바보 같은 짓이에요. 그러니 화면을 누르세요!

이제 노란 새의 원리를 알아보기 전에, 잠시 쉬면서 하이쿠(5·7·5의 3구 17자로 된 일본의 전통 단시 ─ 옮긴이)를 하나 읽어보죠.

> 태양과 하늘. 멈춰 있다.
> 초록 돼지들은 기뻐서 키득키득 웃는다.
> 위에서 나무를 박살낸다.

하이쿠의 적절한 형식에 대해서는 논란이 많습니다. 하지만 앵그리버드 게임에서 노란 새가 어떤 일을 하는지에 대한 논란은 없죠. 첫째, 노란 새는 다른 새들에 비해 나무를 박살내는 능력이 뛰어납니다. 둘째, 노란 새가 움직일 때 화면을 누르면 어떤 일이 발생합니다. 대체 무슨 일이 일어날까요?

수년 전, 앵그리버드 게임을 처음 하기 시작했을 때였습니다. 화면을 누른 다음 노란 새가 일정한 속도로 움직인다는 느낌을 받았죠. 그러던 어느 날 실수로 노란 새를 엄청 높이 쏘았습니다. 그랬더니 새가 계속 올라가지 않고 포물체 운동을 하는 것처럼 보였습니다. 제 생각이 틀렸었나 봅니다. 자, 그러면 이제 무엇을 해야 할까요? 일단 데이터를 모아야겠죠.

노란 새를 누르기 직전에 새는 어느 정도의 속도로 이동합니다. 누른 후에는 확실히 속도가 달라지죠. 새가 날아가는 방향으로 일정한 누르기–가속 효과가 있는지도 모르겠네요. 노란 새에 대한 비디오 분석을 해보면 누르는 동안(그리고 누른 후) 실제로 어떤 일이 일어나는지 더 잘 이해할 수 있습니다.

수평과 수직 속도를 둘 다 그래프로 그려보면 노란 새의 속도가 누른 다음에 증가한다는 사실을 알 수 있습니다. 또한 누르기 직전과 직후에 수평 가속도는 0입니다(누르는 짧은 순간에만 가속합니다). 수직 운동의 경우 누르지 않는 동안 가속도는 일반적인 포물체 운동과 마찬가지로 일정합니다.

노란 새를 누르는 순간 어떤 일이 일어나는지는 확실하지가 않습니다. 노란 새를 몇 번에 걸쳐 쏜 결과를 살펴보면 한 가지는 확실한 것 같습니다. 화면을 눌렀을 때 노란 새에게 나타나는 일종의 효과는 지속 시간이 0.067초입니다. 이 짧은 시간 동안 총 가속도는 수평 속도와 수직 속도의 변화에 따라 결정되죠.

노란 새를 상당히 여러 번 쏴보면 쏠 때마다 가속도가 다른 것을 느낄 수 있습니다. 누르는 순간에 노란 새가 가속하는 정도는 누른 후 새의 속도가 약 30m/s로 올라갈 때까지 필요한 만큼 거의 매번 바뀌는 것으로 보입니다.

여기서 제가 '거의'라고 말한 것에 주목하세요. 방금 제가 이야기했던 방식이 게임을 할 때마다 항상 적용되지는 않습니다. 왜 그런지 알 수 없지만 화면을 누른 후에 노란 새가 굉장히 특이하게 움직이는 경우가 가끔 있습니다. 예를 들어 이미 아래로 움직이는 와중에 있는 노란 새를 누르는 경우에는 보통 때 노란 새를 쏜 경우와는 수직 가속도가 다릅니다.

다음 그래프는 새를 눌렀을 때 새가 움직이는 각도에 따른, 누른 후의 수직 가속도입니다.

▶ 새가 움직이는 각도에 따른 수직 가속도

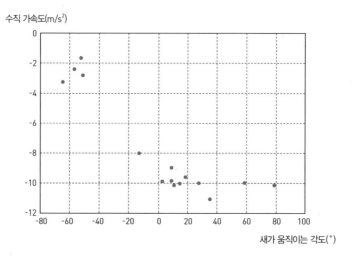

보세요. 이 새들의 가속도는 예상대로 대부분 $-9.8m/s^2$ 정도입니다. 하지만 새가 수평 위치에서 50~60도 아래로 움직이고 있다면 수직 가속도는 $-3m/s^2$ 정도에 불과합니다. 이상하죠. 게임 개발자들은 노란 새가 내려가는 각도가 너무 크면 지나치게 빨리 떨어질 것이라고 생각한 것 같습니다. 게임을 제작하는 사람들이 만든 게임의 법칙이니 따질 수만은 없겠죠.

지금까지 앵그리버드 게임에 적용되는 원리를 알아내는 방법을 살펴봤습니다. 과학적 원리를 찾아가다 보면 답이 명확한 경우도 있지만 이렇게 의문만 더 늘어나는 경우도 가끔 있습니다.

04

비행기에서 땅콩 한 봉지를 빼면 얼마나 절약될까?

최근 뉴스에 기내에서 아이패드를 사용하는 항공사에 대한 이야기가 나왔습니다. 간략하게 이야기하면 아메리칸항공American Airlines이 두꺼운 기내 규정집을 아이패드로 대체하는 것을 미국 연방항공청FAA으로부터 승인받았다고 합니다. 일반적으로 기내 규정집은 해당 항공기에 대한 정보가 빠짐없이 수록된 책으로 그 무게는 16kg 정도입니다. 아메리칸항공은 종이 책으로 된 규정집을 아이패드로 교체해 연간 120만 달러를 절약할 수 있을 것이라고 주장합니다.

그런데 잠깐 생각해보죠. 비행기는 어떻게 날아갈까요? 사실 이 질문에 대해서는 논란이 많습니다. 미리 경고합니다. 비행에 대해 최대한 간단하게 설명할 겁니다. 지나치게 간단해서 어쩌면 여러분이 화를 낼지도 모르겠네요.

비행기 날개가 공기를 통과해서 움직이고 있다고 상상해보세요. 공기를 연속성이 있는 물질로 생각하지 말고 작은 공 여러 개로 이루어져 있다고 생각해보죠. 날개는 어떻게 볼까요? 날개는 기울어진 판자라고 합시다. 날개는 아주 조금이라도 위로 기울어져 있어야 합니다. 이 판자는 공기의 아주 작은 공들을 뚫고 가면서 충돌합니다.

공 여러 개 중 하나가 날개와 충돌하면 공의 운동량은 변합니다. 운동량이 변하려면 알짜힘이 있어야 하고 이 공의 운동량을 변화시키는 알짜힘은 날개에서 비롯되죠. 그리고 힘이란 물체들 사이의 상호작용이므로 공기도 날개에 같은 강도로 힘을 가해야 합니다. 수많은 공(공기)들이 날개와 충돌한 결과 양력(비행 중에 아래에서 위로 작용하는 힘 — 옮긴이)과 마찰력이 생깁니다.

물론 한 가지 힘이 더 있어야 하죠. 비행기를 일정한 속도로 날게 하고 싶다면 마찰력을 상쇄할 추진력이 필요합니다. 그런데 비행기의 무게는 어떻게 될까요? 무게가 증가하면 양력을 증가시켜야만 합니다. 어떻게 증가시킬까요? 두 가지 방법이 있습니다. 먼저 비행기를 더 빨리 움직이는 겁니다. 이렇게 하면 비행기는 공(공기)과 더 많이 충돌하고 공의 운동량도 더 크게 변합니다. 이를 통해 양력도 커지죠. 다른 방법은 날개의 각도를 바꾸는 것입니다. 날개가 수직 방향으로 더 많이 기울어져 있다면 공(공기)은 아래로 더 많이 튕겨져 나가고 결과적으로 위로 들어 올리는 힘은 커지겠죠. 물론 이렇게 하면 마찰도 더 심해질 것입니다. 어쨌든 양력이 증가하면 마찰력도 증가하죠. 어쩔 수 없는 결과입니다.

그러면 베르누이의 원리(유체의 속도와 압력, 높이의 관계를 나타낸 법칙으로 스위스의 이론물리학자 다니엘 베르누이Daniel Bernoulli가 발표했다―옮긴이)는요? 네, 맞습니다. 저는 압력과 양력의 관계나 그와 비슷한 이야기는 하나도 안 했어요. 공기를 입자로 간주하면 압력과 베르누이의 원리를 다룰 필요가 없거든요. 공기를 연속적인 유체로 간주한다면 사용해야 겠죠. 그렇다고 공(공기) 충돌 모형이 완벽하다는 이야기는 아닙니다. 다만 비행기의 질량이 증가하면 마찰력도 커지고, 따라서 연료가 더 많이 필요해지는 과정을 보여주는 데는 도움이 되죠.

연료를 살펴보기 전에 우선 돈이 얼마나 절약되는지 살펴볼까요? 아메리칸항공은 약 16kg이 나가는 기내 규정집을 아이패드로 대체하면 매년 120만 달러를 절약할 수 있다고 주장합니다. 몇 권의 규정집이 대체될 것인지 확실하지는 않지만 여분이 있어야 할 테니 두 개 이상의 아이패드로 대체된다고 예상해보죠. 아이패드 하나의 무게가 약 680g이라면 순수하게 절약되는 무게는 14.5kg 정도가 될 것입니다. 이를 통해 줄어드는 질량 1kg당 연간 8만 2,000달러를 절약할 수 있다는 계산이 나옵니다. 이처럼 1kg당 연간 절약되는 액수를 이용해 다른 질량의 감소도 살펴볼 수 있습니다. 비행기 전체 질량과 비교했을 때 질량의 변화가 아주 작다면 최소한 근사치는 구할 수 있다는 점에서 아주 허황된 것은 아닙니다.

그러면 땅콩 한 봉지는 어떨까요? 아메리칸항공의 비행기가 (지금은 승객들에게 주지 않는) 땅콩 한 봉지만 빼고 비행한다고 가정해봅시다. 연간 연료는 얼마나 절약될까요? 우선 땅콩 한 봉지의 질량을 알아야 합니다. 정확한 질량을 검색하는 대신 대략 25g이라고 정합시다. 그 정도면 비슷할 것 같군요. 아메리칸항공 비행기가 화물을 25g만큼 줄인다면 연간 2,069달러를 절약할 것입니다.

한 번의 비행에 땅콩 한 봉지만 빼도 연간 2,000달러를 아낄 수 있다는 말이죠. 땅콩을 아예 다 빼버리면 어떨까요? 간단한 추측을 해야겠네요. 비행할 때마다 항공기에 땅콩을 몇 봉지나 실을까요? 평균치를 알고 싶기에 알아내기가 쉽지 않습니다. 비행기당 좌석은 평균 300석이고 땅콩은 400봉지가 있다고 하면 어떨까요? 제가 보기에 그 정도면 괜찮겠는데요. 이렇게 되면 연간 절약되는 비용이 약 80만 달러나 됩니다! 종이로 만든 기내 규정집을 대체해 절약할 수 있는 금액에 가깝습니다. 항공사는 땅콩을 구입하지 않아도 되니 추가로 비용 절약까지 할 수 있겠네요.

수하물은 어떨까요? 대부분의 항공사와 마찬가지로 아메리칸항공도 승객이 수하물을 맡길 때 요금을 부과합니다. 아메리칸항공의 규정에 따르면 23kg의 수하물까지는 기본요금만 받습니다.* 그렇다면 항

---

* www.aa.com/i18n/travelInformation/baggage/baggageAllowance.jsp

공사가 승객에게 부과하는 요금과 추가되는 수하물을 받기 위해 필요한 연료비를 비교해보면 어떻게 될까요? 이번에는 좀 더 어렵겠네요. 물론 그렇다고 제가 포기할 사람은 아니죠. 아메리칸항공에서 제시하는 요금은 다음과 같습니다.

- 국내선: 첫 번째 수하물은 25달러
- 국내선: 두 번째 수하물은 35달러
- 국내선: 세 개 이상은 각각 150달러(이건 좀 너무한 것 같군요)
- 미국을 출발해 유럽을 통과해서 가면 두 번째 수하물이 60달러(유럽을 빙 둘러서 간다면 얼마가 될까요?)

여기까지만 하겠습니다. 첫 번째 수하물에 25달러의 요금을 부과하는 것은 모든 항로에 해당되는 것 같습니다(홈페이지를 보면 국내선과 목적지가 북중미 대륙인 항로에만 해당되고, 나머지 경우에 첫 번째 수하물은 무료라고 나와 있다—옮긴이). 자, 이제 몇 가지 수치를 추정해야 합니다. 비행기당 수하물의 평균 개수는 얼마나 될까요? 수하물의 평균 질량은요? 수치들의 범위를 알려드리죠.

수하물의 평균 무게를 9~14kg로 하면 어떨까요? 저는 단지 추측만 하고 있다는 점을 잊지 마세요. 비행기당 수하물의 평균 개수는 얼마일까요? 비행기당 300석을 그대로 적용한다면 전체 승객의 절반이 안 되는 수가 수하물을 맡길 것 같군요. 수하물은 120~180개로 추정하겠습니다. 그리고 이것들은 첫 번째 수하물입니다.

이제 첫 번째 수하물의 질량을 계산하면 1,080~2,520kg이 됩니다. 이를 통해 연료비도 추정할 수 있습니다. 앞에서 추정한 수치들을 이용해서 계산하면 항공사가 부담해야 할 연료비는 약 8,900만~2억 800만 달러입니다.

그렇다면 25달러라는 요금은 과한 걸까요? 이는 대답하기 쉽지 않습니다. 앞서 나온 계산은 연간 평균만을 알아볼 뿐이지 수하물 한 개에 들어가는 비용을 알아보지는 않거든요. 그러려면 1년 동안 수하물 요금을 내는 사람들이 얼마나 많은지를 알아야 합니다. 아메리칸항공의 정보 웹페이지에 따르면 하루를 기준으로 평균 승객은 27만 5,000명이고 비행 횟수는 평균 3,400회이며 수하물은 30만 개가 넘는다고 합니다.[*]

이 수치를 이용하면 한 번 비행할 때 승객의 수는 평균 80명에 불과하다는 계산이 나옵니다. 제가 추측했던 수치가 잘못되었던 것 같군요. 하지만 저 숫자를 보면 승객 한 명당 수하물은 평균 1.09개가 될 것입니다. 비행기당 승객을 80명으로 하고 승객당 수하물을 2분의 1개로 잡으면 수하물로 인한 연료비는 3,000만~4,600만 달러로 바뀔 것입니다.

그렇다면 수하물 요금으로 항공사는 돈을 얼마나 벌까요? 전체 승객의 반만 25달러를 지불한다고 가정합시다. 이 경우 아메리칸항공은

* www.aa.com/i18n/amrcorp/corporateInformation/facts/amr.jsp

12억 5,000만 달러를 벌어들일 것입니다. 제가 예상했던 연료비에 비해 꽤 많은 액수죠. 이 요금은 기내 휴대용 가방을 포함한 모든 가방을 운반하는 데 들어가는 비용에 대한 것일 수도 있습니다. 매년 1억 명의 승객들이 평균 30kg이 나가는 짐을 가져온다고 해보죠. 이 짐들에 대한 연간 연료비는 1억 9,800만 달러가 될 것입니다. 수하물 요금 25달러로 벌어들이는 돈에 비하면 여전히 아주 작은 편입니다.

수하물 요금이 공정하다고 느껴지려면 어느 정도여야 할까요? 먼저 이 요금이 어디에 쓰이는지를 결정해야 합니다. 항공사에서는 수하물과 관련해 지출하는 비용이 많습니다. 수하물을 처리하는 인력, 기내에서 차지하는 공간 등 그 외에도 생각할 게 많죠. 앞에서 추정치로 언급했던 수하물에 대한 비용인 연간 4,600만 달러로 되돌아갑시다. 한번 비행할 때 수하물을 맡기는 승객의 비율을 50%로 계속 밀고 나가면 연간 5,000만 명이 되겠죠. 이렇게 되면 계산이 아주 쉬워지네요. 수화물 하나당 1달러죠. 아, 2달러로 하죠. 짐 하나 맡기는 데 2달러면 나쁘지 않겠네요.

한 가지 중요한 사항이 있습니다. 수하물에 들어가는 비용에 대한 계산은 맞지 않을지도 모릅니다. 14.5kg의 질량 차에 대한 연료비 변화와 2,000kg의 질량 차에 대한 변화에 동일한 1차 함수가 적용된다고 가정하는 것은 좀 지나치다고 할 수 있죠. 연료-질량 함수가 처음부터 끝까지 일직선이 될 가능성은 낮긴 하지만 그래도 추정치가 크게 빗나가지 않기는 합니다. 그저 추정치에 불과하기는 해도 개인적으로는 수하물 하나에 2달러가 합리적이라고 생각합니다.

연료 절약 이야기로 되돌아가죠. 아메리칸항공에서 기내 규정집을 가벼운 아이패드로 대신해 연간 120만 달러를 절약할 수 있다면 비행 도중에 무게를 줄일 만한 방법이 더 없을까요? 아이디어가 하나 있습니다. 승객 전원이 탑승 전에 몸 안에 있는 여분의 액체를 줄인다면 어떨까요? 정확하게 말해서 소변을 본다는 이야기입니다.

비행기당 80명의 승객이 탑승하고 그들이 비행기에 탑승하기 전 화장실에 들른다고 가정해보죠. 이렇게 하면 질량은 어느 정도 줄어들까요? 평균적으로 한 명에게서 빠져나오는 액체량을 300ml라고 추측하겠습니다. 물론 1리터를 다 채울 수 있는 사람들도 있겠지만 무대공포증 같은 게 있어 비행 중에는 소변을 보지 못하는 승객들도 있을 수 있습니다. 하한치가 될 수도 있겠지만 300ml면 타당한 추정치인 것 같습니다. 오줌의 밀도가 물과 비슷할 것이라는 생각도 그럴듯하고요(실험을 통해 확인한 적은 없습니다).

오줌의 밀도를 $1,000kg/m^3$라고 하면 오줌의 평균 질량은 0.3kg이 됩니다. 비행기의 승객이 80명이면 모두 24kg의 질량이 절약됩니다. 아이패드를 통해 절약한 금액의 모형을 그대로 사용하면 연간 연료비 절약은 198만 달러에 이릅니다! 승객들이 탑승 전에 화장실에 가면 비행 도중 화장실에 가지 않아도 되는 편의까지 더해지겠죠. 이치에도 맞고 돈도 절약하는 방법입니다. 이런 건 법으로 만들어야 할 것 같네요.

제6장

스포츠, 인간, 로봇

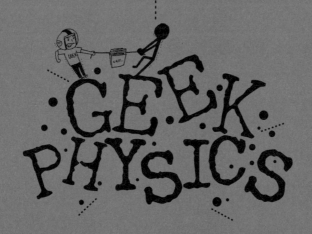

01

다이빙 선수들은
어떻게 공중에서 회전할까?

수많은 스포츠 종목들이 그렇지만 그중에서도 다이빙은 한 장면 한 장면이 감탄을 자아냅니다. 도약과 회전, 물속으로 들어가는 마지막 자세까지 인간의 신체로 만들어낼 수 있는 또 다른 예술이란 생각이 들죠.

자, 그럼 다이빙 선수들이 수면에서 10m 높이에 있는 플랫폼에서 뛰어내리는 장면을 좀 더 살펴볼까요? 다이빙 종목에서 심사위원들이 매기는 점수는 다이빙의 높이와 난이도를 포함하는 몇 가지 요소들에 의해 결정됩니다만 저는 회전에만 초점을 맞추겠습니다. 다이빙 선수가 어떻게 회전을 하는지, 회전에서는 무엇이 중요한지를 알아봅시다.

먼저 10m 플랫폼 다이빙을 하는 데 걸리는 시간은 얼마나 될까요? 이는 어려운 질문이 아닙니다. 다이빙 선수의 수직 가속도가 일정하다고 가정하면 가속하는 물체의 위치와 시간을 연관시키는 일반적인 운동 방정식을 사용할 수 있습니다. $9.8m/s^2$의 수직 가속도를 사용해 계산하면 낙하 시간은 1.42초가 됩니다. 상당히 빨리 끝나죠.

각운동량은 어떨까요? 다이빙 선수가 일단 낙하하기 시작하면 각운동량이 일정하게 유지된다는 점을 잘 모르는 사람들이 많습니다. 그런데 각운동량이 무엇일까요? 우선 선운동량(보통 '운동량'이라고 합니다)을 알아보는 게 좋겠군요.

운동량의 크기는 물체의 질량에 속도를 곱한 값입니다. 방금 '크기'라고 이야기한 이유는 운동량은 벡터라서 방향이 중요하기 때문입니다. 단순하게 설명하기 위해 여기서는 크기의 변화만을 다루고 있다고 가정하겠습니다. 물체의 운동량 크기는 어떻게 바꿀 수 있을까요? 운동량의 변화는 물체에 작용하는 알짜힘 때문에 일어나는 것입니다. 물체에 대한 알짜힘이 0이라면 운동량은 변하지 않습니다. 이번에도 '변한다'는 말이 핵심입니다. 이 원리를 낙하하는 다이빙 선수에게 적용하면 수직으로 작용하는 힘은 운동량을 변화시킵니다. 다이빙 선수가 낙하하면서 선수의 운동량이 증가하죠.

그렇다면 각운동량은 어떨까요? 어떤 면에서 각운동량은 선운동량과 같은데 다만 각운동량은 회전운동과 관련이 있다는 점만 다릅니다. 각운동량보다는 회전운동량이라고 부르는 게 나을 수도 있겠군요. 각운동량(정해진 명칭을 사용하겠습니다)도 두 가지에 의해 결정됩니다. 바로 각속도와 관성 모멘트입니다.

각속도는 물체가 얼마나 빨리 회전하고 있는지를 나타내는 수치이므로 비교적 이해하기가 쉽습니다. 하지만 관성 모멘트는 어떨까요? 관성 모멘트는 '회전 질량'이라고 지칭하는 게 좀 더 그럴듯해 보입니다. 이는 물체의 특성 중에서도 물체의 각속도를 변하기 어렵게 만드는 것을 의미하거든요.

각운동량은 무엇에 의해 변할까요? 각운동량은 알짜힘이 아니라 알짜 토크$_{torque}$(물체에 작용해 물체를 회전시키는 원인이 되는 물리량으로 '비틀림모멘트'$_{twisting\ moment}$라고도 한다. 단위는 N·m이다 — 옮긴이)에 의해 변합니다. 토크는 보통의 힘과는 다른 개념이죠. 토크에 대해서는 여기서 자세히 설명하지는 않겠습니다. 다만 다이빙 선수가 플랫폼을 떠난 후에는 그 선수에게 토크가 작용하지 않는다는 점만 밝히겠습니다. 다이빙 선수에게 중력은 작용하지만 중력이 회전을 일으키지는 않죠.

제가 가장 좋아하는, 관성 모멘트를 보여주는 사례를 설명할게요. 여러분도 혼자 해볼 수 있습니다. 먼저 묵직한 물건을 부착한 막대기 두 개를 준비합니다. 저는 PVC 파이프 두 개에 주스 팩을 테이프로 붙였습니다. 첫 번째 파이프에는 두 개의 주스 팩을 파이프의 가운데 가까이에 붙이고 두 번째 파이프에는 양쪽 끝에 붙입니다. 두 물체는 질량이 정확하게 같죠. 하지만 파이프의 중심을 붙잡고 회전운동을 변화시키려고 하면(좌우로 비틀면) 두 파이프 중에서도 두 번째 파이프를 회전시키기가 훨씬 더 힘듭니다. 따라서 관성 모멘트는 질량만이 아니라 회전축을 기준으로 묵직한 물건의 상대적인 위치에 의해 결정된다는 사실을 알 수 있습니다. 물건이 회전축에서 멀리 있을수록 관성 모멘트는 커지죠.

이 내용이 다이빙 선수와 무슨 상관이 있을까요? 다이빙 선수는 점프를 하기 위해 0이었던 각운동량이 늘어날 수 있도록 토크를 만들어내는 방식으로 플랫폼을 밀어내야 합니다. 이를 통해 회전운동도 할 수 있게 되죠. 다이빙 선수가 웅크린 자세로 3회전 동작을 하려 한다고 가정합시다. 이런 동작을 2초 이내에 어떻게 해낼 수 있을까요? 각운동량을 바꿀 수는 없지만 관성 모멘트는 바꿀 수 있습니다.

팔과 다리를 회전축에 더 가깝게 당기면 관성 모멘트는 감소하고 각속도는 증가하죠. 세게 당길수록 회전이 빨라집니다. 하지만 물속에 들어갈 때는 회전을 어떻게 멈출 수 있을까요? 회전은 멈출 수 없기 때문에 멈추지 않습니다. 몸을 다시 일직선으로 펴 관성 모멘트를 다시 증가시켜서 각속도를 감소시키는 것 외에 다른 방법은 없습니다. 네, 그렇습니다. 이렇게 움직이기란 결코 쉽지 않죠. 하지만 그렇게 할 수 있기 때문에 국가대표 선수인 거죠.

02

트럭보다 힘센 인간이
존재할까?

TV 프로그램 중 어떤 것은 과학을 다룬다고 주장하지만 실상은 그렇지 않기도 합니다. 제가 보기엔 〈스포츠과학〉Sport Science이라는 프로그램이 그렇습니다. 전 이 프로그램을 그다지 좋아하지 않습니다. 프로그램의 그래픽은 아주 좋지만 과학과 관련된 내용에서는 함량 미달입니다.

〈스포츠과학〉의 어떤 편에는 미국 프로미식축구 선수인 마숀 린치Marshawn Lynch의 힘을 트럭의 힘과 비교하는 내용이 나옵니다. 이 책에서는 영상을 담을 수 없으니 이 프로그램에서 묘사한 상황들을 간략하게 설명할게요.

- 마손 린치는 멋있다(사실일 가능성이 높습니다).
- 마손에게 무선 운동감지기를 착용하게 해서 그의 움직임을 측정하고 몸의 윤곽을 실시간 애니메이션으로 만든다. 운동감지기는 애니메이션을 만드는 것 외에 다른 용도로 쓰이지 않는다.
- 마손은 인조 잔디 위에서 265kg의 썰매를 11초 만에 4.6m 정도 당긴다(프로그램에서는 이 수치를 이용해 마손의 동력을 계산합니다).
- 마손은 325마력의 엔진이 장착된 3,000kg의 디젤 트럭으로 아스팔트 위에서 7,800kg의 콘크리트 장벽을 당긴다(참고로 이때 트럭과 장벽의 무게는 마손의 무게와 썰매 무게의 비율과 동일합니다).
- 마손과 트럭은 장벽 당기기에 실패한다(트럭의 바퀴 하나가 헛돌기만 합니다. 이 트럭은 4륜구동도 아니었습니다).

여기까지가 프로그램 내용입니다. 그런데 잘못된 부분이 두 군데 있습니다. 첫째, 동력입니다. 동력을 어떻게 계산할까요? 동력이란 일이 행해지는 속도를 뜻합니다. 따라서 어떤 일을 그것을 하는 데 필요한 시간으로 나눠주면 됩니다. 사람이 뭔가를 당긴다면 그 결과 행해진 일은 '그 물체를 당기는 데 필요한 힘×물체가 이동하는 거리'입니다(힘이 작용하는 방향이 운동하는 방향과 같다는 가정 하에서요).

〈스포츠과학〉에서는 마손이 kg당 573W를 만들어낸다고 주장합니다. 이 수치는 어떻게 나왔을까요? 처음에는 썰매와 타이어의 무게(2,600N)에 거리(4.6m)를 곱한 후 11초라는 시간으로 나눴다고 생각했습니다. 이렇게 계산하면 약 1,000W가 나오고, 마손의 질량이 100kg 정도니까 kg당 약 10W가 되겠죠.

이상하네요. kg당 573W와는 차이가 굉장히 큽니다. 프로그램에 따르면 총 동력은 5만 7,000W가 될 것입니다. 그 정도면 상상을 초월할 정도로 큰 수치죠. 11초 동안 그와 비슷한 동력을 만들어내려면 마손은 썰매와 타이어를 끌고 축구 경기장 두 개를 가로질러야 합니다. 마손이 썰매를 4.6m만큼 당기는 데 걸린 시간이 5초에 불과하다 하더라도(시간을 줄여서 도와주려고 하는 중입니다) 6만 2,000N(6,350kg)의 힘으로 당겨야만 합니다. 마손의 힘이 아무리 강하다고 해도 그 정도는 아닐 것입니다. 어떻게 이런 수치가 나왔는지 알 수가 없네요.

또 다른 실수를 지적하겠습니다. 마손이 한 일은 그가 썰매에 가한 힘에 의해 결정됩니다. 썰매의 무게로 결정되지는 않죠. 265kg 정도면 누구나 움직일 수 있습니다. 실제로 여섯 살짜리 제 딸아이가 자가

용을 당긴 적이 있었습니다. 나이에 비해 힘이 센 아이긴 하지만 차가 평지 위에 있으면 그렇게 어렵지도 않습니다. 다만 차가 굴러가버리지 않도록 브레이크를 밟을 수 있는 어른이 차 안에 있어야 합니다. 마찰이 많지 않다면 작은 힘으로도 물체의 움직임을 변화시킬 수 있습니다. 단지 속도를 올리려면 시간이 더 걸릴 뿐입니다. 일을 계산할 때(즉, 동력을 계산할 때)는 물체를 똑바로 들어 올리는 경우가 아니면 물체의 무게를 이용하지는 않습니다.

이제 마찰을 살펴볼까요? 마숀이 타이어가 달린 썰매를 끄는 장면으로 돌아가보죠. 잠깐 동안 그가 일정한 속도로 당긴다고 가정합시다(그렇게 이상한 가정은 아닙니다). 이 경우 썰매에 작용하는 힘의 총합은 0이어야 합니다. 0이 아니라면 썰매는 가속할 것입니다. 그렇다면 썰매에는 어떤 힘들이 작용할까요? 썰매를 아래로 당기는 중력과 썰매를 위로 미는 지면의 힘이 있겠죠. 다른 힘이 작용하지 않는다면 이 두 가지 힘은 강도가 같을 것입니다. 마지막으로 마숀이 당기는 방향과 반대 방향으로 마찰력이 작용하죠.

마숀이 위나 아래로 당긴다면 상황은 좀 더 복잡해집니다. 일단 바닥과 평행하게 당긴다고 가정하죠. 이 경우 마숀은 썰매에 작용하는 마찰력과 동일한 강도로 당깁니다. 썰매에 작용하는 마찰력은 접촉하는 두 물질(금속 썰매와 인조 잔디)과 바닥이 썰매를 밀어 올리는 힘에 의해 결정되죠.

마숀에게 작용하는 힘은 어떤가요? 마숀이 썰매를 당기는 힘이 얼마가 되든지 그와 동일한 힘으로 썰매도 마손을 당길 것입니다. 알짜 힘 또한 0이어야 하므로 마손에게 작용하는 마찰력은 마손이 썰매를 당기는 힘과 동일해야 합니다. 이는 밧줄이 바닥과 수평인 경우에 해당된다는 사실을 잊지 마세요. 밧줄을 조금이라도 위쪽으로 당긴다면 바닥이 마손을 밀어 올리는 힘이 증가해 결국 마찰력도 증가할 것입니다. 이와 동시에 바닥이 썰매를 밀어 올리는 힘은 감소해 썰매의 마찰력은 감소하겠죠.

바닥과 썰매 사이에 있는 표면의 여러 가지 재질과 신발과 바닥 사이의 재질에 대해서도 고려해야 합니다. 마손이 밑창을 가죽으로 댄 구두를 신고 있었다면 아무리 힘이 좋더라도 썰매를 당길 수는 없었을 겁니다. 그냥 미끄러졌겠죠. 썰매 밑바닥이 운동화처럼 미끄럼 방지가 되어 있는 재질이어도 마손은 미끄러졌을 겁니다. 썰매가 마손보다 무겁기 때문에 썰매에 작용하는 마찰력이 마손이 밧줄로 썰매를 당길 수 있는 최대의 힘보다 크기 때문입니다.

〈스포츠과학〉에서는 마손의 동력과 트럭의 동력을 비교하고자 했습니다. 공정한 조건에서 비교하려고 사람이 타이어를 당기는 것과 비슷한 상황을 만들고 싶어 했죠. 타이어의 무게는 마손 몸무게의 2.6배였습니다. 트럭은 3,000kg이었으니 그 무게의 2.6배면 7,800kg 정도가 되죠. 그러면 공정하겠죠? 아니요, 공정하지 않습니다.

첫째, 트럭은 아스팔트 위에 있었고 아스팔트 위에 있는 콘크리트 장벽을 당기고 있었습니다. 둘째, 타이어가 헛돌고 있었습니다. 그런 상황을 공정하다고 할 수 있나요? 트럭의 kg당 동력을 구하겠다고 굳이 트럭이 물체를 당길 필요도 없습니다. 영상에서 그 트럭에는 325마력의 엔진이 장착되었다고 하죠. 트럭의 질량을 이용하면 이것이 kg당 80W와 동일하다는 계산이 나옵니다.

〈스포츠과학〉은 마숀이 트럭보다 (kg당) 동력이 더 강하다는 걸 보여주려고 했습니다. 짧은 거리에서는 사실일 가능성이 있죠. 마숀의 무게가 100kg이므로 8,000W가 넘는 동력을 만들어내야 이길 수 있습니다. 그 정도의 동력을 만들어내기가 쉽지는 않겠지만 아주 불가능하다고 단정할 수도 없습니다. 썰매를 10초에 4.6m만큼 당긴다고 했을 때 1,739N(177kg)의 힘으로 끌어야 합니다. 만만치 않겠지만 할 수는 있죠.

한 가지만 알려드릴까요? 마숀이 썰매를 당기는 힘을 실제로 측정할 수 있습니다. 마숀과 썰매 사이에 용수철저울을 달기만 하면 됩니다. 용수철저울과 스톱워치만 있으면 됩니다. 물론 골격을 애니메이션으로 나타낸 인상적인 그래픽 영상을 볼 수는 없겠지만 과학적 원리를 멋있게 실험해볼 수는 있겠죠.

03

높은 곳에서 뛰면
더 높이 뛰어오를까?

지금도 1968년 밥 비먼Bob Beamon이 멀리뛰기 종목에서 세운 8.9m라는 기록이 대단하게 여겨지는 이유는 그 기록이 해발 2,240m에 위치한 멕시코시티에서 달성됐기 때문이라고 주장하는 사람들이 있습니다. 이곳 공기가 희박하기 때문에 공기저항도 낮다고 하면서 말이죠. 또 그들은 멕시코시티가 지구의 중심에서 멀리 있기에 중력도 더 작다고 주장합니다. 이와 같은 상황이 정말로 기록에 영향을 미쳤을까요? 만약 그렇다면 그 영향력은 중대할까요?

우선 중력을 살펴봅시다. 지구 표면에서 1kg의 물체에 작용하는 중력은 (아래 방향으로) 9.8N입니다. 하지만 지구 표면에서 너무 멀어지면 모형이 적용되지 않습니다. 중력은 질량이 있는 두 개의 물체 간 상호작용으로 생기는데, 이 힘의 강도는 두 물체가 멀리 떨어질수록 줄어듭니다. 그리고 이것은 모든 곳에서 적용되므로 종종 '만유인력의 법칙'the Universal Law of Gravity이라고 불립니다. 여기서 모든 곳이란 우주 내의 모든 장소를 뜻합니다. 모든 곳에서 중력은 상호작용하는 두 물체 질량의 곱에 비례하고 두 물체 사이의 거리의 제곱에 반비례합니다.

만유인력을 지구 표면 위의 상황에 적용하면 둘 중 하나의 질량에는 지구의 질량을 대입하고 두 물체 사이의 거리는 지구의 반지름을 대입하겠죠. 당연하게도 이를 계산해보면 9.8N/kg이 나옵니다. 앞에서 다른 방법으로 중력을 계산했을 때와 동일한 값입니다. 이 두 가지 모형에서 서로 다른 결과가 나온다면 이상하겠죠?

지구 표면에 가까이 있지 않다면 어떨까요? 해발고도가 2,240m인 멕시코시티에 있다면요? 그 고도에서 물체의 무게는 해수면 무게의 99.93%가 될 것입니다. 아주 큰 차이는 아니죠. 하지만 그 차이가 멀리뛰기에서 세계 신기록을 세울 수 있을 정도일까요?

위 사례에서 유일하게 의미 있는 힘이 중력뿐이라면 해수면에서의 무게와 높은 곳에서의 무게를 비교하는 일은 타당할 것입니다. 그런데 중력과 관련해 고려해야 할 사항이 두 가지 있습니다. 우선 지구는 밀도가 균등한 구가 아니라는 점입니다. 해수면 높이에 있다 하더라도 산 가까이에 있으면 산의 질량이 주변 지역의 중력에 영향을 미칠 수 있습니다.

두 번째는 지구가 자전한다는 점입니다. 지구는 매일 한 바퀴씩 자전하므로 적도에 가까운 위치일수록 빠르게 회전하며 움직이죠. 멕시코시티는 적도에서 북쪽으로 약 $19.5°$에 위치하기 때문에 상당히 빠르게 움직입니다. 물론 원 모양으로 움직이면 가속하지 않는 좌표계에서 벗어나게 됩니다. 이를 정지된 좌표계처럼 다루려면(지구 표면 위에 있는 사람들은 정지된 것 같은 느낌을 받죠) 회전축에서 멀어지는 방향으로 작용하는, 실제로는 존재하지 않는 원심력이라는 힘을 추가해야 합니다. 원심력과 실질적인 중력을 조합하면 무게가 나오겠죠.

멕시코시티가 해수면 높이에 있다면 이런 자전 운동에 따른 무게는 지구 자전 효과가 없을 때 무게의 99.69%가 됩니다. 중력과 자전의 효과 모두를 감안한 멕시코시티에서의 무게는 해수면 높이에서 자전하지 않는다고 한 경우의 99.62%입니다. 큰 차이라고 할 수는 없죠. 따라서 중력의 차이와 자전 효과는 그리 커 보이지 않습니다. 그러면 다른 요인들은 어떨까요? 예를 들어 공기의 밀도는요? 지구 표면에서 멀리 떨어질수록 공기의 밀도는 감소합니다. 공기의 밀도가 감소하면 멀리뛰기 선수가 뛰거나 점프할 때 그에게 작용하는 공기저항도 작아지겠죠.

움직이는 물체에 작용하는 공기의 힘에 대해 일반적으로 사용되는 모형에서는 이 힘이 물체 속도의 제곱과 공기의 밀도에 비례한다고 나

와 있습니다. 동일한 속도로 움직이는 물체에 대한 공기의 밀도가 반
으로 줄면 공기저항력도 절반으로 줄어들겠죠.

공기의 밀도를 모형으로 만드는 일은 그렇게 간단하지 않습니다. 예
측하기 힘든 것들 중에 대표적인 게 날씨인데, 공기의 밀도도 날씨와
유사한 범주에 속하는 것 같습니다. 하지만 말할 필요도 없이 사람들
에게 통용되는 간단한 모형이 있습니다.[*] 이 모형을 이용하면 해수면
높이에서의 공기 밀도는 약 $1.22kg/m^3$고 2,240m 고도에서의 공기 밀
도는 약 $0.98kg/m^3$가 된다는 사실을 알 수 있습니다. 이 정도로 공기
밀도가 감소하면 중력이 감소한 경우만큼이나 멀리뛰기에 영향을 미
칠 수 있을까요?

공기저항이 작용하는 대기를 통과하며 움직이는 물체의 운동을 알
아보는 일은 단순하지 않습니다. 왜 복잡할까요? 공기저항이 없으면
물체의 가속도는 일정할 것입니다. 일반적인 포물체 운동을 생각해보
면 대기 중에 있는 물체에는 오직 한 가지 힘만 작용합니다. 바로 중력
이죠. 이는 수직 운동은 일정하게 가속하고 수평 운동은 속도가 일정
하다는 뜻입니다. 이런 문제를 풀 때 사용하는 수학 공식은 그리 어렵
지 않습니다. 실제로 고등학교 수준의 물리 수업에 나오는 아주 일반
적인 유형의 문제라 할 수 있죠.

---

[*] 자세한 사항은 위키피디아 페이지에서 알아볼 수 있다.
http://en.wikipedia.org/wiki/Density_of_air#Altitude

공기저항이 있으면 물체의 속도에 의해 결정되는 힘이 있다는 뜻입니다. 물론 물체의 속도는 다시 가속도에 의해 결정되므로 이들은 서로 순환하는 관계에 놓이죠. 속도가 빨라지면 가속도도 빨라지고 그러면 속도가 더 크게 변합니다. 만만치 않은 문제죠.

해결책이 있습니다. 운동에 대한 수치 계산법을 만들어 이 문제를 푸는 것입니다. 대수 처리나 미적분학을 이용한 해석적 해법으로 (공기저항이 없을 때의 경우와 같이) 풀 수 있죠. 해석적 해법이란 보통 물리학 개론 교재에 나오는 내용입니다. 수치 계산법은 문제를 여러 개의 시간 단위로 잘게 쪼개서 푸는 방법이죠. 각각의 시간 단위에서 힘과 가속도는 일정하다고 가정할 수 있습니다. 이는 일정한 가속도를 적용하는 일반적인 방식으로 문제를 풀 수 있다는 뜻이죠.

시간 단위를 잘게 쪼갤수록 결과가 좋아집니다. 물론 멀리뛰기의 시간 단위를 1나노초로 쪼갠다면 1초 동안 멀리뛰기를 한 것에 대해 10억 번을 계산해야 할 것입니다. 0.01초로만 쪼개놓아도 100번은 계산해야 하죠. 이것조차도 사람이 하기에는 지나치게 많은 횟수입니다. 이럴 때는 컴퓨터를 사용하는 게 제일 낫겠죠. 컴퓨터는 불평을 거의 안 하니까요.

중력과 공기 밀도의 변화가 멀리뛰기 선수에게 얼마나 영향을 미치는지 알아보기 위해 기본적인 모형부터 살펴보겠습니다. 신기록을 세웠던 비면의 멀리뛰기 장면을 보면 공기저항이 없다는 가정 하에 최초 속도에 대한 정보를 알아낼 수 있습니다. 영상으로부터(그리고 프레임의 숫자를 세보면) 비먼은 0.93초 동안 공중에 떠 있었음을 알 수 있습니다. 비먼은 수평으로 8.39m를 이동했으므로 그의 수평 속도는 10.1m/s가 됩니다. 수직 운동도 비슷하게 분석해서 비먼이 뛰었을 때의 최초 수직 속도가 4.5m/s 정도였다는 사실을 알 수 있습니다. 이제 수평 속도와 수직 속도를 구했으니 여기에 공기저항의 효과와 중력 변화를 추가할 수 있겠죠.

이렇게 해서 공기저항이 작용하지 않는 해수면 높이의 경우, 공기저항이 작용하는 해수면 높이의 경우, 공기저항과 약간 감소된 중력이 작용하는 멕시코시티의 경우에 대한 궤적을 그래프로 그려보면 눈에 띄는 점이 있습니다. 차이가 크지는 않지만 분명히 있다는 이야기죠. 공기저항이 있으면서 해수면 높이에 있는 모형에서는 멀리뛰기 거리가 8.89m가 나오는 반면 (공기저항이 있는) 멕시코시티에서의 거리는 8.96m입니다. 7cm에 불과한 차이지만 그 작은 차이도 중요하죠.

하지만 비먼의 경우는 해수면 높이에서 뛰었든, 고도 1,500m에서 뛰었든 크게 상관이 없었을 것입니다. 비먼은 이전 세계 기록보다 무려 55cm나 멀리 뛰었거든요. 진심으로 믿기 힘든 업적이라 할 수 있죠. 그는 진정한 올림픽 챔피언이었습니다.

04

미래에 인간은
얼마나 멀리 뛸 수 있을까?

1968년 하계 올림픽에서 밥 비먼이 신기록을 세웠던 멀리뛰기 종목을 또 다른 관점으로 살펴볼 수도 있습니다. 예를 들어 세계 기록이 경신될 때마다 그 날짜와 뛰었던 기록을 그래프로 그린다면 어떤 결과를 볼 수 있을까요?

세계 기록을 세운 남자와 여자의 멀리뛰기 기록을 그래프로 나타내면 다음과 같습니다.

▶ 연도별 남녀 멀리뛰기 기록

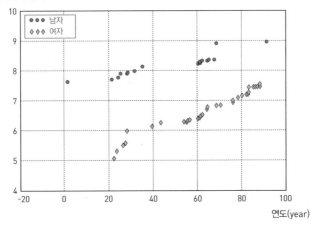

세계 기록이 일직선에 가깝게 나타난다는 사실이 놀랍습니다. 먼저 여자 기록부터 알아보도록 하죠. 이 데이터에 잘 맞는 함수를 찾을 수 있다면 유용하겠죠. 이렇게 데이터에 맞는 함수를 찾아내는 과정을 '선형회귀'라고 합니다. 여자 기록을 1차 방정식에 맞춰보면 다음과 같은 함수로 나타낼 수 있습니다.

$$S_w(t) = (0.0314 \text{m} / \text{year})t + 4.656\text{m}$$

이 선형 모형은 데이터에 꽤 잘 들어맞는 것 같습니다. 연도(1967은 67로, 2012는 112로)를 위 모형에 대입하면 당시의 멀리뛰기 기록을 예측할 수 있습니다. 4.656m는 무엇일까요? 모형을 통해 구할 수 있는

1900년의 기록입니다. 물론 그 당시의 기록은 없지만 4.656m보다는 더 멀리 뛰지 않았을까 합니다. 흥미로운 점도 한 가지 있습니다. 이 모형을 이용해 멀리뛰기 기록이 0.0m가 되는 해를 추론하면 1885년이 나옵니다. 그렇죠. 말이 안 됩니다. 그렇기 때문에 이것은 모형에 불과하죠.

하나만 더 짚고 넘어갑시다. 상관계수를 통해 이 데이터들이 모형의 일직선에 얼마나 잘 맞는지를 측정할 수 있습니다. 이렇게 해서 얻은 수치는 0.98입니다. 상관계수가 1.0이면 완벽하게 맞는 것이니 이 정도면 선형 모형에 상당히 잘 맞는다는 뜻입니다.

이제 남자 기록을 알아봅시다. 마지막 두 기록을 제외한 모든 기록을 함수에 맞춘 것입니다.

▶ 연도별 남자 멀리뛰기 기록

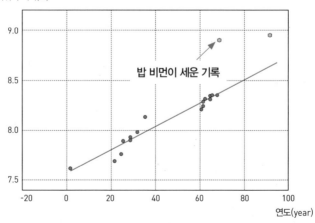

밥 비먼이 세운 신기록은 그래프의 마지막에서 두 번째에 있습니다. 그리고 비먼의 기록은 1991년에 마이크 파월Mike Powell이 갱신했습니다. 이 마지막 두 데이터를 제외하면 이 함수가 아주 잘 들어맞는다는 사실을 알 수 있습니다. 이렇게 해서 기울기가 매년 0.0116m이고 절편은 7.57m인 함수를 구할 수 있습니다. 비먼과 파월의 기록은 둘 다 직선을 크게 벗어나 있습니다. 만약 기록이 전부 다 모형에 들어맞는다면 현재 기록인 8.95m는 2018년에나 나오겠죠.

이와 같은 모형들이 대체로 맞기는 합니다만 가끔은 새로운 기술이 등장해 틀이 깨지기도 합니다. 예를 들면 높이뛰기 종목의 그 유명한 배면뛰기Fosbury Flop 같은 경우입니다. 1965년 이전까지 높이뛰기 선수들은 수직으로 점프해 수평 막대를 넘었습니다. 결과도 나쁘지 않았죠. 하지만 1965년 딕 포스버리Dick Fosbury가 새로운 기술을 사용했습니다. 정면을 보면서 다리를 앞으로 뻗어 막대를 넘는 대신, 몸을 틀어서 뒤로 머리를 먼저 넘긴 겁니다. 이 신기술 덕분에 그는 세계 신기록을 세울 수 있었고 기록 갱신의 추세는 완전히 바뀌었죠.

비먼과 파월이 색다른 기술을 이용해 기록을 세웠는지는 확실하지 않지만 두 사람은 완전히 다른 세상 사람들이 아닌가 싶을 정도로 뛰어납니다. 앞 모형이 계속 기록을 맞힐 수 있을지 2018년까지 기다려봅시다. 그때쯤이면 파월과 같거나 더 나은 기록이 나올 것으로 예상되니까요.

마지막으로 남자 기록의 기울기(매년 0.0116m)와 여자 기록의 기울기(매년 0.0314m)를 살펴봅시다. 두 기울기 차는 커 보입니다. 여자가 남자보다 훨씬 더 빠른 페이스로 기록을 갱신하고 있습니다. 앞서 두 가지 모형이 계속 들어맞는다면 시간이 얼마나 지났을 때 여자의 멀리뛰기 기록이 남자와 같아질 수 있을까요? 이 경우는 남자 기록을 구하는 방정식과 여자 방정식을 같다고 하고 연도를 구하기만 하면 됩니다. 변수 두 개가 있는 방정식 두 개를 푸는 간단한 대수학 문제입니다. 푸는 과정을 세세하게 설명하는 일은 생략하고 결과만 이야기하겠습니다.

남자와 여자의 기록 방정식에 147년을 대입하면 둘 다 9.27m라는 기록이 나옵니다. $t=0$을 1900년으로 설정했으므로 답은 2047년이 되겠네요. 물론 제 생각에는 이 모형들이 그렇게 먼 미래에까지 적용되지는 못할 것 같습니다. 영화 〈터미네이터〉의 예언처럼 2029년이면 지구에는 로봇들이 넘쳐날 테니까요. 그때가 되면 육상 종목이 아예 없어질지도 모릅니다. 아니면 올림픽에서 로봇이 선수로 뛸지도 모르죠. 그러면 데이터는 전부 다 바뀔 것입니다.

05

10종 경기 중 가장
중요한 종목은 무엇일까?

10종 경기에서 선수들은 10개의 종목에서 경쟁을 합니다. 하지만 이렇게 하면 10개 종목에 출전한 여러 선수들의 실력을 어떻게 비교하느냐는 문제가 발생합니다. 그중 네 종목(경주하는 경기)은 시간으로 결과를 측정하고 여섯 종목은 거리로 기록을 측정한다는 점은 더 큰 문제가 됩니다. 거리를 측정하는 경기라 할지라도 멀리뛰기의 거리와 창던지기의 거리를 비교하기란 쉽지 않습니다.

점수를 비교하려면 어떻게 해야 할까요? 종목별 결과를 대입하면 수치를 구해주는 공식을 만들어내면 됩니다. 공식을 공평하게 하기 위해 10개 종목 모두에 동등한 가중치를 부여합니다. 이런 일은 말로는 쉽지만 실제로 하기는 어렵죠. 그런데 종목별로 점수를 계산할 수 있는 공식이 있긴 합니다. 그 공식은 다음과 같습니다.[*]

$$시간 \ 종목 \ 점수 = S_T = A(B-P)^C$$
$$거리 \ 종목 \ 점수 = S_D = A(P-B)^C$$

여기서 P는 종목별 결과이고 A, B, C는 종목마다 변하는 상수들입니다. 서로 다른 두 개의 공식이 있다는 점에 주목하세요. 시간을 재는 종목에서는 기록이 낮을수록 잘한 것이므로 점수도 높게 받습니다. 어떤 상수에서 그 시간을 빼는 식으로 계산하기 때문이죠. 거리를 재는 종목은 그와 반대입니다.

단위는 어떻게 해야 할까요? 처음에 공식을 보면 단위가 문제가 되는 것으로 보입니다. 먼저 B와 P를 둘 다 초나 미터 단위로 하면 뺄셈을 할 수는 있겠지만(단위가 있는 것을 단위가 없는 것으로 뺄 수 없죠) 그리 타당하지 않습니다. 그렇게 하면 상수 A는 미터를 −1.81제곱한 것처럼 말도 안 되는 단위가 될 수 있기 때문입니다. 대신에 K가 1m 같은

---

* 위키피디아의 10종 경기 페이지에서 가져왔다.
  http://en.wikipedia.org/wiki/Decathalon#Points_system

수치인 P/K를 넣으면 되겠죠. 그렇게 하면 방정식에서 곧바로 단위를 제거할 수 있습니다.

10종 경기의 점수에 대한 아주 재미있는 영상이 있습니다. 이 영상에서 리벤 셰이레Lieven Scheire[*]는 경기 기록이 아주 안 좋은 경우 현실에는 존재하지 않는 점수가 나올 수도 있다는 사실을 보여줍니다. 가령 음수의 제곱근 같은 점수가 나올 수도 있습니다. 사실 이런 점수는 복소수(일부는 실수實數이고 일부는 실재하지 않는 수)입니다. 안타깝지만 10종 경기의 공식 규정에는 이런 점수로 우승할 수 없다는 내용이 틀림없이 있을 겁니다. 실제로 이런 점수를 받고 우승하는 사람이 생긴다면 정말 재미있겠네요.

그렇다면 가장 중요한 종목은 무엇일까요? 앞서 언급했듯이 목표는 모든 종목을 동등하게 만드는 것입니다. 100m 달리기에서 세계 기록을 0.01초 갱신한다면 어떨까요? 그러면 점수가 많이 오를까요? 100m 말고 400m 기록을 0.01초 줄인다면 어떨까요? 총점이 더 올라갈까요, 아니면 내려갈까요?

먼저 종목 하나를 정합시다. 높이뛰기로 하죠. 기록이 다르면 점수는 얼마나 차이가 날까요? 높이뛰기 세계 기록은 245cm입니다. 다음 그래프는 세계 기록의 50~105%에 해당하는 높이에 따른 점수를 나타냅니다.

---

* http://youtu.be/LHuNjHojurU

242

▶ 높이뛰기 기록에 따른 점수

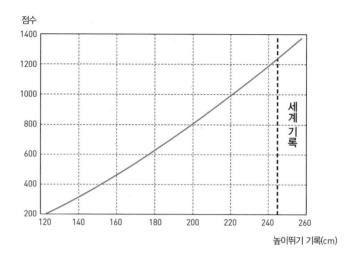

그래프에 따르면 높이뛰기 종목에서 세계 기록과 동일한 높이를 기록했을 때 1,244점을 받습니다. 10종 경기의 세계 기록이 9,000점을 조금 넘으므로 그리 낮은 점수는 아니죠. 높이뛰기 공식에서 상수 C는 투포환 경기 공식에서의 C처럼 1에 가까운 숫자가 아니기에 살펴보기 좋은 종목이 됩니다.

모든 종목에 대한 분포도를 어떻게 비교할 수 있을까요? 세계 기록에 대한 비율로 점수를 줄이는 방법이 있습니다. 100m 세계 기록인 9.58초를 기록한다면 경기력 값은 단위 없이 1.0입니다. 9.57초로 세계 신기록을 갱신한다면 경기력은 1.001이 되죠. 모든 종목에 대한 점수를 이렇게 계산한다면 점수를 다 함께 놓고 비교할 수 있을 겁니다.

▶ 세계 기록 비율(경기력)에 따른 10종 경기들의 점수

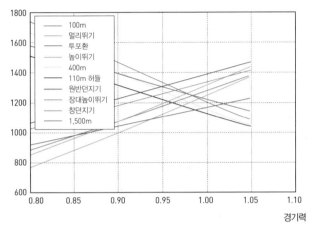

위 그래프는 경기력에 대한 점수를 나타낸 그래프입니다. 시간을 측정하는 종목은 시간이 짧을수록 점수가 높다는 점에 유의하세요. 그렇기 때문에 시간을 측정하는 종목들에 해당하는 선들의 기울기는 음수입니다.

이 그래프에서 어떤 점을 알 수 있을까요? 우선 이 종목들 중 하나에서 세계 기록과 동일한 기록을 내고 싶다면 원반던지기에서 하는 게 가장 좋다는 점입니다. 원반던지기에서 세계 기록을 내면 1,382점을 얻을 수 있겠죠. 반면 110m 허들에서 세계 기록을 냈을 때 받는 점수는 1,123점에 불과합니다.

경기력을 향상시키는 측면은 어떨까요? 한 가지 종목에서 거리를 늘리거나 시간을 줄일 수 있다면 어떤 종목으로 해야 할까요? 말하자

면 경기력을 바꾸는 데 따라 점수가 얼마나 변하는지를 살펴보자는 것이죠. 이들 각각은 미분을 해서 구할 수 있습니다. 두 공식을 (P에 대해) 미분한 수식은 다음과 같습니다.

$$\frac{dS_T}{dP} = -AC(B-P)^{(C-1)}$$

$$\frac{dS_D}{dP} = AC(P-B)^{(C-1)}$$

물론 A, B, C에 숫자를 넣어 이 점수들이 바뀌는 정도를 판단할 수도 있겠죠. 바뀌는 정도는 정해져 있지 않고 경기력으로 결정되기에 경기력 수치를 선택해서 대입해야 합니다. 자신의 기록이나 세계 기록과 같은 수치를 말이죠. 그런데 더 간단하게 계산할 수 있는 방법이 있습니다. 앞에서 제시한 종목별 점수 그래프에서 세계 기록을 중심으로 가장 기울기가 큰 종목은 무엇일까요?

시간 종목에서는 100m 달리기이고 거리 종목에서는 멀리뛰기입니다. 다만 이 그래프는 세계 기록에 대한 비율을 기준으로 경기력 변화에 따른 점수 변화를 보여준다는 점을 잊지 마세요. 100m 달리기에서 기록을 5% 단축시키기가 1,500m에서 5% 단축시키는 것만큼 쉬울까요? 아니겠죠. 바로 이런 이유로 10종 경기의 어떤 종목에서든 높은 점수를 따기란 상당히 어렵다는 겁니다.

06

단거리 수영 선수들은
왜 기록 갱신이 어려울까?

챔피언이 되는 건 어렵고 기록을 세우는 건 더 어렵습니다. 그런 종목 중에서 한 가지만 살펴보겠습니다. 바로 수영 50m 자유형입니다. 이 종목에서는 수영 선수들이 수영장 길이만큼 헤엄칩니다. 그냥 입수해서 수영을 하죠. 턴 동작도 없습니다. 25m짜리 단축 코스 수영장에서 수영하는 경우만 아니라면 말이죠.

흥미로운 점은 일반 코스에서의 남자 기록은 20.91초고 단축 코스에서의 기록은 20.30초라는 것입니다. 수영 선수들이 몸을 뒤집어서

벽을 밀어내는 턴 동작을 통해 상당한 힘을 받는다는 사실은 분명한 것 같네요.

남자부 일반 코스에서 브라질의 세자르 시엘루Cesar Cielo가 2009년에 세운 세계 신기록을 이용해 당시 경기에서의 평균 속도를 구해보죠. 시엘루는 단 20.91초 만에 50m를 헤엄쳤습니다. 이는 그의 평균 속도가 2.39m/s라는 이야기죠. 물론 이 속도는 출발대를 박차고 입수할 때까지의 빠른 출발 속도까지 포함한 수치입니다. 따라서 올림픽에 출전한 50m 수영 선수의 수중 속도가 2.2m/s라고 한다면 어느 정도 일리가 있다고 할 수 있습니다.

그래도 다들 그보다 빨리 헤엄치고 싶어 하죠. 어떻게 하면 될까요? 일정한 속도로 헤엄치는 수영 선수에게 작용하는 힘에 대해 생각해봅시다. 이 모형에서 수영 선수는 일정한 속도로 헤엄치고 있으니 알짜 힘도 0이어야 하죠(엄밀히 말해서 0벡터입니다). 이 이야기에서 수직 방향으로 작용하는 힘은 중요하지 않지만 부력과 수영 선수의 움직임에서 비롯된 양력을 합친 것이 선수를 위로 올리는 힘이라는 점만 언급하겠습니다.

그 밖의 힘에는 수영 선수와 물의 충돌로 인한 마찰력이 포함됩니다. 이 때문에 수영 선수는 경기 내내 계속해서 가속할 수 없습니다. 마찰력은 속도에 의해 결정되기는 하지만 일단은 선수의 움직임과 반대 방향으로 작용한다는 점만 알고 넘어가죠. 덧붙이자면 선수가 팔과 다리를 사용해 물을 뚫고 몸을 앞으로 나아가게 할 때 발생하는 힘은 추진력입니다.

추진력은 수영 선수의 활동 또는 에너지를 이용해 물을 뚫고 이동함으로써 나타나는 결과라는 점이 중요합니다. 동력이 중요하다는 이야기죠. 동력을 이해할 수 있는 한 가지 방법은 정해진 시간 동안 얼마만큼의 일을 했는지 알아보는 것입니다. 이런 경우 일은 '가해진 힘(추진력)×이동한 거리'입니다. 그렇죠. 일은 이보다는 좀 더 복잡하지만 여기서는 이 정도로만 정의를 내려도 괜찮습니다(이렇게만 정의해도 문제가 없다고 이야기하려 했습니다. 이해하시죠?).

일의 정의를 힘의 정의와 함께 놓고 보면 일은 일정한 힘으로 움직인 거리를 뜻합니다. 따라서 동력은 '힘×속도'가 되죠. 경기에서 수영을 할 때의 동력은 실제 거리와는 관련이 없습니다.

다시 추진력으로 돌아가보죠. 추진력은 마찰력과 강도가 같아야 합니다. 하지만 물속에서의 마찰력을 어떻게 모형으로 만들 수 있을까요? 마찰력은 어쨌든 수영 선수의 속도에 따라 결정됩니다. 그렇다면 속도와 연관이 있는 이 마찰력을 어떻게 모형으로 만들까요? 마찰력을 측정하기 위해 실험할 방법을 고안해내는 것이 가장 좋습니다.

이번 사례에서는 마찰력이 속도와 비례한다고 가정합시다. 추진력이 속도에 따라 결정되고 동력은 속도와 힘을 곱한 값이라고 하면 동력은 속도의 제곱에 비례할 것입니다. 따라서 두 배로 빨리 헤엄치려면 동력이 두 배로 늘어나기만 해서는 안 되겠죠. 네 배로 늘어나야 합니다. 앞에서도 이야기했듯이 빨리 헤엄치기는 이렇게 어렵습니다.

수치들을 구해볼까요? 우선 인간이 짧은 순간 동안 만들어낼 수 있는 동력은 어느 정도일까요? 이는 그 사람이 어떻게 움직이느냐에 달려 있는 일이라 쉬운 문제가 아닙니다. 그리고 동력은 측정하기도 쉽지 않습니다.

〈최고 강도로 운동을 하는 동안 인간 동력의 출력에 대한 실험실 측정〉Laboratory Measurement of Human Power Output during Maximum Intensity Exercise이라는 논문*에서는 짧은 시간 동안 최고 1,200W의 동력을 만들어낼 수 있다고 합니다. 이 내용과 시엘루의 세계 기록 속도를 사용하면 항력계수(c)의 값을 구할 수 있습니다. 항력계수는 동력 공식에서 속도의 제곱 앞에 붙는 값으로 수영 선수의 형태, 크기, 착용한 수영복에 따라 결정됩니다. 이를 통해 구한 항력계수는 1초당 248kg 정도가 됩니다.

여러분이 시엘루의 기록을 깨려고 2.2m/s보다 빠른 2.21m/s의 평균 속도로 수영을 한다고 가정합시다. 여러분에게 필요한 동력은 얼마나 될까요? 동일한 항력계수를 사용한다면 1,200W가 아닌 1,210W가 필요할 겁니다. 속도를 놓고 보면 0.5%만 증가하지만 동력은 0.8%나 증가합니다. 푹신한 소파에 편하게 앉아 있는 이에게는 대수롭지 않게 느껴질 수도 있겠지만 물속에서 인간 능력의 한계를 넘어서려는 이에게는 큰 숫자입니다. 이런 이유로 세계 기록을 갱신하는 일은 아주 힘들다는 거죠. 특히 수영 종목에서는요.

---

* http://iopscience.iop.org/0031-9120/28/6/007;jsessionid=50E7DB2CEEC8594B07A311CE28D5 1D17.c2

07

어떤 사이클 코스에서는 걷는 게 유리하다?

사이클 선수들은 왜 가끔씩 자전거에서 내려서 자전거를 밀고 갈까요? 최근 티레노-아드리아티코Tirreno-Adriatico(이탈리아의 서쪽 바닷가 티레니아 해안에서 시작해 동쪽 바닷가인 아드리아 해안 사이를 이동하는 사이클 대회—옮긴이)에서 있었던 경주는 코스 경사도가 27%인 곳이 세 군데나 나와 많은 선수들이 자전거에서 내려서 걸어 올라가는 모습을 보여주었습니다. 경사도 27%면 자전거가 올라가기에는 아주 심한 경사라고 할 수 있죠. 그런데 여기서 궁금한 점이 한 가지 생김니다. 자전거를 탄 채로 올라갈 수 있는 가장 심한 경사도는 얼마나 될까요?

경사면의 경사가 지나치게 심한 데는 두 가지 이유가 있습니다. 여기서 제시하는 모든 사례에서 경사면이 길게 이어진다고 가정하겠습니다. 이는 속도를 아주 빠르게 끌어 올려서 경사면을 넘어버릴 수 없다는 뜻입니다. 만약 속도가 굉장히 빠르다면 벽을 타고 올라갈 수도 있겠죠(짧은 시간 동안이라면 가능합니다). 우선 인간의 동력에 따른 경사도의 한계를 살펴보죠. 그림을 보면 이해하기 쉬울 것입니다.

시작하기 전에 경사도에 대해 간략하게 이야기하죠. 30%의 경사도는 무엇을 뜻할까요? 경사면을 어느 정도 올라가면 수평 거리에 대한 수직 거리의 비율(×100)이 경사도가 됩니다. 경사면이 얼마나 기울어져 있는지는 각도로 표시하는 게 일반적이긴 하지만 경사도도 기본적으로 같습니다. 경사도를 나타낼 때 국제적으로 통용되는 기호를 제가 잘 몰라서 r이라고 하겠습니다. 높이와 수평 거리를 이용한다면 경사도 r은 '100×높이'를 수평 거리로 나누기만 하면 나오겠죠.

자전거에 탄 사람이 어떤 속도 v로 이동하고 있으며 이 속도는 공기 저항을 고려하지 않아도 될 정도로 느리다고 합시다. 경사면을 일정한 속도로 올라가려면 어느 정도의 에너지가 필요할까요? 이 사례에서는 자전거와 자전거를 탄 사람에게 작용하는 중력을 변화시키는 에너지만 생각하면 됩니다. 이런 에너지 변화는 다음 세 가지로 이루어집니다. 자전거와 자전거를 탄 사람의 질량, 높이의 변화, 그리고 사람들이 보통 'g'라고 부르는 중력장의 크기입니다.

물론 저는 에너지의 변화보다는 동력의 변화에 대해 관심이 있습니다. 동력은 에너지가 변화하는 비율(시간에 따른 에너지의 변화)로 정의할 수 있습니다. 시간의 변화에 의해 결정되는 게 하나 더 있는데 아시나요? 네, 속도도 시간에 의해 결정되죠. 따라서 이 두 가지를 함께 놓고 보면 동력은 '속도의 수직 분력(어떤 힘을 몇 가지 힘의 합력으로 나타낼 때 그 각각의 힘이 곧 분력이다—옮긴이)×자전거의 무게(mg)'입니다. 위로 빨리 올라갈수록 필요한 동력은 커지죠. 경사가 급한 도로일수록 전체 동력을 계산할 때 속도를 구성하는 요소가 많이 사용된다는 뜻입니다.

자전거를 움직이게만 하는 데 필요한 동력은 어떨까요? 사람이 자전거를 움직일 때 작용하는 다른 힘들이 물론 있죠. 일단 기어와 페달에 의한 내부 마찰이 있습니다. 또 굴러가는 타이어에 의한 마찰력 및 공기저항력도 있죠. 하지만 이 계산에서는 경사가 최대한으로 심한 경사면을 살펴보려고 합니다. 이런 경우 자전거를 타고 있는 사람은 아주 천천히 올라가므로 공기저항은 무시해도 될 정도입니다. 그 밖에 다른 힘들도 이런 언덕을 오를 때 필요한 전체 동력과 비교해보면 작은 편이죠.

가장 경사도가 심한 오르막길을 알아내기 위해서는 몇 가지 추정치가 필요합니다. 사이클 선수와 자전거를 합한 질량이 75kg이고 자전거는 평균 2m/s의 속도로 달린다고 가정합시다. 언덕의 경사도가 30%라면 422W의 동력이 필요할 것입니다. 상당한 동력이라 할 수 있죠. 저도 422W를 만들어낼 수는 있지만 아주 짧은 시간 동안만 그렇게 할 수 있습니다.

제 동생도 자전거 타기를 꽤 좋아합니다. 동생은 자신이 자전거를 오래 탈 경우 평균 280W 정도의 동력을 낼 수 있다고 합니다. 이 평균 동력을 300W로 올려버리면 어떨까요(사이클 선수들은 프로니까 할 수 있을 겁니다)? 동력에서는 두 가지가 중요합니다. 바로 속도와 경사도예요. 사이클 선수가 1m/s로 달리고 있다면 올라갈 수 있는 최고 경사도는 45% 정도가 될 것입니다. 속도를 4m/s까지 올리면 최고 경사도는 약 10%로 낮아집니다.

제가 사이클 도로를 설계한다면 경사도가 20%를 넘어가는 구간은 없도록 할 것입니다. 경사도가 20%를 넘어가면 차라리 오르막길을 걸어 오르는 편이 낫거든요. 이 대회의 종목은 경보가 아니라 자전거 경주라는 점을 잊지 말아야 합니다. 이렇게 경사도가 심할 때 걷는 편이 나은 이유는 무엇일까요? 걸을 때는 앞으로 나아갈 수 있느냐의 여부가 속도에 의해 결정되지 않거든요. 천천히 가도(따라서 동력이 작더라도)

넘어지지 않습니다.

생각해야 할 사항이 한 가지 더 있습니다. 바로 무게중심이죠. 경사면을 올라가는 자전거의 무게중심은 그 자전거를 지탱하는 두 힘과 수평으로 그 사이에 있어야 합니다. 이 사례에서 자전거를 지탱하는 힘들은 타이어 두 개 사이의 접촉력입니다. 아래 그림은 자전거를 탄 사람이 언덕을 올라가는 모습을 나타낸 것입니다. 물론 가파른 언덕에서 자전거를 탈 때는 몸을 어느 정도 앞으로 기울이겠죠.

그림에서 중요한 위치는 세 군데입니다. 우선 자전거와 자전거를 탄 사람을 합친 전체의 무게중심을 나타내는 점이 한 개 있습니다. 그리고 타이어 두 개가 지면과 접촉하는 지점을 나타내는 두 개의 점이 있죠. 무게중심을 나타내는 점이 뒷바퀴가 지면에 접촉하는 점보다 앞에 있어야 한다는 게 가장 중요합니다.

무게중심이 뒷바퀴보다 뒤쪽으로 넘어가지 않으려면 이 길의 경사도는 얼마까지가 괜찮을까요? 몇 가지를 가정해보겠습니다. 무게중심의 높이는 0.8m, 무게중심에서 뒷바퀴까지의 거리는 0.75m라고 하죠. 이러면 경사도가 43°가 되었을 때 무게중심은 뒷바퀴의 바로 위에 있게 됩니다. 경사도가 그보다 조금이라도 커지면 자전거를 타는 사람은 뒤로 넘어가버리겠죠. 이 각도를 퍼센트 단위의 경사도로 변환하면 93.7%가 됩니다. 이 정도로 경사가 심하면 인간의 동력으로는 도저히 자전거를 타고 올라갈 수 없다는 점은 이미 앞에서 예측했습니다.

제7장

미래의 우주인

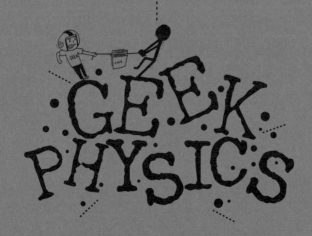

01

우주선도 잠수함처럼
물에 들어갈 수 있을까?

영화 〈스타트렉 다크니스〉Star Trek: Into Darkness에서
는 연합군의 우주선이 물속으로 들어가는 장면이 나옵니다. 그렇다면
실제로 우주선은 물속으로 들어갈 수 있을까요? 아마도 그렇지 않을까
요? 우주선이란 인간이 생존할 수 없는 지역에 가기 위해 만든 거니까
요. 잠수함도 비슷한 역할을 하지 않나요?

인간은 어떻게 생명을 유지할까요? 인간이 생존하기 위해서는 기본
적으로 무엇이 필요할까요? 음식, 물, 인터넷이죠. 또 무엇이 필요할

요? 아, 공기가 필요하죠. 정확히 말하면 산소가 필요합니다. 그러나 산소의 압력이 특정한 범위에 있으면 인간에게 좋지 않습니다. 일반적으로 산소의 분압이 1.4기압을 넘으면 경련과 같은 불의의 사건들이 벌어질 수 있습니다. 반면에 산소의 분압이 0.16기압보다 낮으면 사람들이 의식을 잃기 시작하죠.

산소의 분압이란 무엇일까요? 공기 중에 있는 산소의 사례를 통해 공기의 79%는 질소고 21%는 산소라고 가정합시다(이 수치들은 근사치일 뿐입니다). 1기압에서 일반적인 산소의 분압은 0.21기압입니다. 따라서 분압이란 용기 안에 한 가지 기체만이 들어 있다고 했을 때 그 기체의 압력이라고 할 수 있습니다. 이 경우 질소의 분압은 0.79기압이 될 것입니다.

그러면 이제 공기의 압력이 2기압인 잠수함이 있다고 합시다. 이 경우 산소의 분압은 0.42바$_{bar}$(압력의 단위를 '바로 바꾸겠습니다. 1바는 1기압과 거의 같습니다)가 될 것입니다. 그런데 여기서 궁금한 점이 생겼어요. 잠수함 내부의 공기 압력을 증가시키는 이유가 뭘까요? 인간이 생존하기 위해 필요한 것이 한 가지 더 있습니다. 바로 사람이 짓눌리는 것을 막아주는 벽입니다. 잠수함 내부의 공기 압력을 증가시키면 벽은 그렇게까지 단단할 필요가 없습니다.

잠수함이 가로, 세로, 높이가 각각 1m인 정육면체 모양이라고 가정합시다. 많이 비좁은 잠수함이긴 하지만 잠수함 승무원들의 생활은 만만치 않은 법이죠. 이제 이 비좁은 잠수함을 수심 약 10m까지 내려 보내도록 하죠. 이 정도 깊이에서 잠수함이 받는 압력은 2바가 됩니다. 물 위의 대기로 인한 기압 1바에 10m 깊이 물의 압력 1바가 더해진 결과죠. $1m^2$의 표면에 2바의 압력을 가하면 그 힘은 20만 N이 됩니다. 작은 잠수함을 누르는 힘이 상당하죠. 그래도 다행입니다. 잠수함 내부에 공기가 있으면 이 공기는 1바의 압력을 밖으로 밀기 때문이죠. 잠수함을 누르는 힘 20만 N에서 잠수함 내부의 공기가 밖으로 미는 힘 10만 N을 빼면 잠수함을 누르는 알짜힘은 10만 N에 불과합니다.

이번에는 잠수함 벽이 아주 얇다고 가정해보죠. 잠수함 내부의 기압을 증가시킨다면 수심 10m까지 내려가도 괜찮습니다. 내부의 압력이 외부의 압력과 동일하다면 잠수함 벽에 작용하는 알짜힘은 0N이 되겠죠. 그렇다면 모든 잠수함의 내부 기압을 증가시키면 되지 않을까요? 그런데 그렇게 하면 두 가지 문제가 발생합니다. 첫째, 수심 60m까지 내려간다면 어떨까요? 이 경우 잠수함의 내부 기압은 7바가 되어야 합니다. 기압이 7바면 산소 분압은 1.4바 정도가 되겠죠. 사람에게 해로운 산소 분압의 한계점에 도달하는 겁니다. 조금이라도 더 깊이 내려가려 한다면 산소 문제가 일어날 가능성이 더 높아지죠.

잠수함의 내부 기압을 증가시키면 문제가 하나 더 생긴다고 했었죠? 사람의 몸은 조직 내에 있는 질소의 압력이 주위의 압력과 같아지는 순간까지 들이마시는 질소를 흡수해버립니다. 이것 자체는 문제가 되지 않죠. 압력을 감소시키려고 할 때 문제가 생기죠. 압력을 감소시키면 조직 내 질소의 압력이 더 커지면서 질소가 혈액으로 유입됩니다. 이런 일이 굉장히 빨리 진행되면 불의의 사고가 발생하죠. 스쿠버 다이버들은 늘 이런 문제에 잘 대비하고 있어야 합니다.

이런 이유로 스쿠버다이버들이 물속에 머무는 시간과 배 위로 올라오는 시간에는 제한이 있습니다. 잠수함의 내부 기압을 바꿀 때도 이 문제를 고려해야 합니다. 참고로, 내부 기압을 증가시키는 잠수함들이 실제로 있습니다. 이런 잠수함은 제작비용이 굉장히 적게 들지만 다른 잠수함만큼 물속에 깊이 들어가지는 못합니다.

잠수함이 외부 압력을 견딜 수 있는 다른 방법은 없을까요? 잠수함의 벽을 더 두텁고 단단하게 만들면 됩니다. 벽을 단단하게 만들면 내부를 1기압으로만 유지해도 됩니다. 물론 그러려면 재료가 많이 들어가서 잠수함이 무거워지겠죠. 그런데 이런 잠수함을 우주선으로 활용한다면 문제가 생길 수 있습니다. 무거워지는 만큼 우주로 올려 보낼 때 로켓에 연료가 훨씬 많이 들어가니까요. 로켓에 중량을 1kg만 추가하는 것도 보통 일이 아니거든요.

잠수함을 우주선으로 쓸 수 없다면 그 반대는 어떨까요? 우주선은 잠수함의 역할을 잘 해낼 수 있을까요? 아닙니다. 방금 전에도 이야기했듯이 우주선이 우주 궤도에 오르려면 가벼워야 합니다. 그리고 인간이 살아남아야 한다는 관점에서 우주선의 역할을 생각해보세요. 우주선은 내부 기압을 약 1기압으로 유지해야 합니다. 우주선의 외부에는 기체가 없기 때문에 앞서 살펴본 정육면체 잠수함이라면 밖에서 누르는 힘은 없고 안에서 밖으로 미는 10만 N의 힘만 있습니다. 따라서 기압이 작용하는 방향을 감안해 우주선은 잠수함과는 좀 다르게 설계해야 합니다.

이제 다시 물속으로 들어가는 연합군 우주선 이야기를 해봅시다. 이 장면에서 뭔가 잘못된 부분이 있을까요? 저는 없다고 답하겠습니다. 첫째, 그 짧은 영상만 봐서는 우주선이 물속으로 아주 깊이 들어가는 것 같지 않고, 따라서 압력도 그렇게 크지 않을 것입니다. 둘째, 그것은 연합군 우주선입니다. 광자 어뢰를 장착했고 광속보다 빨리 이동할 수도 있습니다. 선체도 분명히 튼튼하겠죠. 대단한 재료로 만들어졌을지 누가 알겠습니까? 물속 깊숙이 들어가면서 내부 기압이 증가하는 우주선일 수도 있습니다. 이런 설명에 반대 의견이 있을 수 있겠지만 저는 이 우주선이 물속에 들어갈 수 있다고 봅니다.

02

초콜릿 바를 우주비행사에게
보낼 수 있을까?

유럽우주기구_{European Space Agency, ESA}의 우주선
중에 자동수송선_{Automated Transfer Vehicle, ATV}이란 것이 있습니다. 자동수송
선의 주된 역할 중 하나는 국제우주정거장에 보급품들을 전달하는 것
이죠. 보급품에는 음식, 물, 산소, 실험 장비, 초콜릿 바 등이 있습니
다. 그래요. 음식을 두 번이나 나열했죠. 초콜릿 바도 음식에 속하지만
우주로 보내는 초콜릿 바에 대해 알아보려고 따로 말했습니다. 만일
우주비행사가 초콜릿 바 하나만 추가로 자동수송선에 실어 보내달라

고 요청했다면 어떨까요? 초콜릿 바 때문에 늘어난 질량만큼 자동수송선을 우주 궤도에 올리는 데 필요한 에너지도 늘어나겠죠. 이때 에너지는 얼마나 더 필요할까요?

우선 초기 수치들을 설정해봅시다. 이들 중 몇몇 수치들은 어림짐작으로 정하겠지만 그 정도는 충분히 예상할 수 있죠. 국제우주정거장의 궤도가 지구 표면을 기준으로 420km 높이에 있고 7,700m/s의 속도로 이동하고 있다고 가정합시다. 우주정거장에 보급품을 보내는 데 필요한 에너지 계산에는 고도와 속도 둘 다 중요합니다. 그리고 중요한 게 하나 더 있습니다. 바로 자동수송선 발사대의 위치죠. 현재는 프랑스령 기아나의 쿠루Kourou에 발사대가 있습니다. 쿠루는 북위 5°에 위치합니다. 잠시 후 알아보겠지만 여기엔 그럴 만한 이유가 있습니다.

아, 그리고 한 가지 더 있군요. 초콜릿 바의 질량은 얼마나 될까요? 특정한 제품으로 하고 싶지는 않아서 일반적인 초콜릿 바라고 가정하겠습니다. 질량은 50g, 열량은 250cal(칼로리)로 하죠. 여기서 칼로리는 음식 칼로리를 말하며 화학에서 말하는 칼로리하고는 다릅니다. 음식 칼로리와 화학에서 말하는 칼로리의 차이가 뭐냐고요? 둘 다 에너지의 측정 단위긴 하지만 음식에서 1cal는 화학에서 1,000cal와 같습니다. 같은 단어가 다른 단위로 사용되는 이유를 저도 모르겠네요. 음식이나 음식을 먹는 사람들과 관련이 있을지도 모르겠습니다. 한편 (화학 칼로리라고 불리기도 하는) 칼로리의 일반적인 정의는 1g의 물을 1℃ 상승시키기 위해 필요한 에너지입니다. 화학에서는 칼로리 단위가 괜찮을 수도 있겠지만 물리학에서는 에너지 단위로 줄(J)을 선호합니다. 화학의 1cal는 4.187J과 동일합니다.

이제 물리학으로 넘어가보죠. 우주정거장으로 뭔가를 보내는 데 에너지가 소모되는 이유가 뭘까요? 우주비행사가 초콜릿 바를 먹을 수 있으려면 초콜릿 바에 두 가지 일을 해야 합니다. 초콜릿 바를 우주정거장의 높이까지 올려줘야 하고, 초콜릿 바의 속도를 증가시켜 우주정거장의 이동 속도와 일치시켜야 합니다. 이 두 가지 일을 각각 알아보도록 하죠.

땅바닥에 떨어져 있는 50g의 초콜릿 바를 발견해서 탁자 위로 약 1m 정도 들어 올린다고 가정합시다. 초콜릿 바의 에너지를 바꾸려면 일을 해야 하겠죠. 그런데 이때 얼마나 많은 에너지가 소모될까요? 그 답을 알아내는 방법 중 하나는 위치에너지의 변화를 살펴보는 것입니다. 지구 표면에서 위치에너지의 변화(Δu_g)는 다음과 같이 계산할 수 있습니다.

$$\Delta U_g = mg\Delta y$$

이때 m은 질량, Δy는 높이, g는 중력상수로 값은 9.8N/kg입니다. 초콜릿 바의 높이를 1m만큼 높이는 데 소모되는 에너지는 0.49J입니다. 그렇게 큰 에너지는 아니죠.

초콜릿 바를 국제우주정거장 높이까지 올리는 경우는 어떨까요? 계산을 동일하게 하되 높이만 1m에서 420km으로 늘리면 될까요? 안 됩니다. 앞서 변화하는 위치에너지의 공식은 대상에 작용하는 중력을 상수로 가정하고 있죠. 지구 표면에서 가까운 곳은 이 가정이 맞지만 높이 올라갈수록 그렇지 않습니다(물론 국제우주정거장의 높이에서라면 이런 가정이 최악이라고 할 수는 없습니다). 위치에너지의 변화를 계산하기에 더 좋은 모형은 다음과 같습니다.

$$\Delta U_g = -G\frac{mM_E}{R_E + h_{ISS}} + G\frac{mM_E}{R_E}$$

여기서 G는 만유인력 상수입니다. 위 공식에 나오는 두 가지 질량은 초콜릿 바의 질량 m과 지구의 질량 M_E입니다. 분모는 지구 중심에서부터의 거리를 표현한 것입니다. 초콜릿 바의 종착점은 국제우주정거장의 높이(h_{ISS})이고, 시작점은 지구의 반지름(R_E)입니다.

G와 지구의 반지름과 질량 값을 대입하면, 초콜릿 바를 우주정거장까지 올려 보내기 위해서는 1.93×10^5J의 에너지가 필요하다는 사실을 알 수 있습니다.

하지만 초콜릿 바에 들어가는 에너지는 여기서 그치지 않습니다. 초콜릿 바에 그만큼의 에너지를 가한 다음 놓아버리면 다시 우주에서 지구로 떨어지고 말 것입니다. 초콜릿 바에 가할 다른 에너지는 움직임과 관련된 에너지, 즉 운동에너지입니다. 물체의 운동에너지는 '1/2 × 질량 × 속도의 제곱'으로 구하면 됩니다.

우주정거장의 속도를 알고 있으므로 계산하기가 아주 쉽겠죠? 초콜릿 바의 질량(0.05kg)과 7,700m/s의 속도를 대입하면 운동에너지는 148만 J이 나옵니다. 그런데 이는 틀린 답입니다. 왜냐고요? 초콜릿 바가 정지 상태에서 시작해서 속도가 점점 빨라졌다고 가정했으니까요. 사실 초콜릿 바는 발사 전부터 움직이고 있었습니다. 그 이유는 자전하는 지구 위에 있기 때문이죠.

지구가 24시간마다 한 번씩 자전한다고 합시다(실제로는 그렇지 않습니다. 24시간은 태양이 원래의 위치로 돌아올 때까지 걸리는 시간이죠. 하지만 실제에 가까운 값이므로 그대로 쓰겠습니다). 즉, 발사 전 초콜릿 바의 속도를 구하려면 그것이 위치한 위도에서 지구 둘레의 길이를 24시간으로 나누면 됩니다.

여기서 위도가 왜 중요할까요? 초콜릿 바가 움직이는 원형 궤도의 반지름을 생각해보세요. 적도에서는 원의 반지름이 지구의 반지름과 같습니다. 그러나 북극에서는 초콜릿 바가 원을 그리며 돌고 있지 않겠죠. 제자리에서만 계속 돌고 있을 겁니다. 북극에서 산타클로스 할아버지가 초콜릿 바를 드시지 않기를 바랍니다. 산타클로스 할아버지는 달달한 음식을 많이 좋아하시잖아요.

쿠루는 적도에서 아주 가깝기 때문에 원 둘레의 반지름은 지구의 반지름과 기본적으로 같다고 할 수 있습니다. 지구의 반지름을 대입해 계산한 초콜릿 바의 최초 속도는 464m/s입니다. 이는 우주정거장의 속도와 비교하면 느리지만 아주 작은 속도라도 도움이 되죠. 이런 이유로 유럽우주기구는 자동수송선을 유럽이 아닌 쿠루에서 발사합니다.

좋습니다. 그렇다면 초콜릿 바의 운동에너지는 어떻게 변했을까요? 적도에서 발사하면 약 147만 J이 필요할 것입니다. 이 초콜릿 바를 우주정거장까지 보내는 데 필요한 총 에너지는 방금 계산한 두 가지 값을 합한 것이죠. 바로 운동에너지와 위치에너지로, 둘을 합치면 166만 줄이 됩니다. 아주 작은 초콜릿 바 하나를 우주로 보내면서 에너지 손실은 전혀 없이 효율이 완벽하다고 해도 필요한 에너지가 100만 J이 넘어간다는 이야기죠. 이렇기 때문에 사람들이 우주에 살지 않는 겁니다. 비용이 많이 들거든요.

100만 J의 에너지가 어느 정도인지 실감하기 힘들죠. 초콜릿 바의 에너지와 비교해보면 어떨까요? 초콜릿 바 하나를 섭취하면 250cal를 만들어낼 수 있습니다. 음식에서 1cal는 과학에서 1,000cal이고 이는 4,180J이죠. 자, 그렇다면 초콜릿 바를 우주 궤도에 올려 보내기 위해 166만 J이 필요하다고 했을 때 이를 음식의 칼로리로 나타내면 얼마가 될까요?

이때는 간단하게 단위만 변환하면 됩니다. 단위를 변환할 때는 언제나 한 단위에 해당하는 비율을 곱해주면 된다는 점을 잊지 마세요. 예를 들어 1.2ft(피트)는 0.3048m/1ft의 비율을 곱해서 미터로 변환하면 됩니다. 1ft는 0.3408m와 같은 길이이므로 계산 결과를 바꾸지 않고 단위만 바꿔준다는 이야기입니다.

이런 방식으로 단위를 변환하면 에너지 값이 초콜릿 바로 1.6개가 됩니다. 그 정도면 나쁘지 않네요. 초콜릿 바 한 개를 우주정거장으로 보내려면 초콜릿 바 한 개를 조금 넘어서는 에너지가 소모된다는 이야기죠.

마지막 질문입니다. 에너지원으로 초콜릿 바만 사용해서 자동수송선에 있는 모든 화물을 우주정거장으로 보내고 싶다면 어떻게 해야 할까요? 화물로 가득한 자동수송선의 질량은 약 20t(톤), 즉 2만 kg입니다. 이것이 초콜릿 바로만 이루어진다면 초콜릿 바 한 개의 질량은 50g이므로 그 개수는 40만 개가 되겠네요. 이를 우주정거장 궤도에 보내기 위한 에너지는 초콜릿 바 64만 개를 섭취했을 때 얻는 에너지와 같습니다.

03

〈스타워즈〉의 데스 스타를
만들 수 있을까?

미국 정부는 데스 스타Death Star를 건설하자는 온라인 청원을 거부했습니다.* 여러모로 충격적인 결정이죠. 하지만 정말로 데스 스타가 건설된다고 잠시 상상해봅시다. 데스 스타 건설에 자동수송선을 사용할 수 있을까요? 그럼요. 가능하죠. 그런데 데스 스타

---

* www.popsci.com/science/article/2013-01/white-house-shoots-down-death-star-petition-
  and-its-awesome

를 건설하는 건 실제로 어떤 일일까요?

데스 스타를 건설하거나 별을 만들어 보급품을 보내려면 자동수송선을 몇 번이나 발사해야 할지 예측하기 전에, 이 별에 대해 알아야 할 사실이 있습니다. 제가 추측할 수도 있겠지만 그렇게 하지는 않겠습니다. 대신 흥미로운 추정치 두 가지를 살펴보도록 하죠. 그중 하나는 경제 블로그 센티브스~Centives~*에 나옵니다. 센티브스에 글을 올린 사람은 제가 추정하는 것과 같은 방식으로 데스 스타가 일종의 항공모함과 같다는 가정 하에 추정을 시작합니다. 이런 가정은 일리가 있죠. 이와 같은 가정으로 지름이 140km인 데스 스타를 건설하려면 재료의 질량이 10^{18}kg이 필요하다는 결론에 이릅니다.

간략하게 짚고 넘어갈 내용이 있습니다. 사실 데스 스타는 두 개가 있었습니다. 우키피디아~Wookieepedia~(영화 〈스타워즈〉 시리즈에 대한 온라인 백과사전. 영화에 등장하는 종족 '우키'와 백과사전을 뜻하는 엔사이클로피디어가 합쳐진 이름이다―옮긴이)에 따르면 첫 번째 데스 스타는 지름이 160km였고 두 번째는 그보다 컸다고 합니다.** 저는 둘 중에 더 작은 것을 건설하는 쪽으로 생각하겠습니다(하지만 저라면 양성자 어뢰를 떨어뜨리기 아주 편한 위치에 배기구를 만들지는 않을 것입니다. 그것은 바보 같은 짓입니다).

데스 스타의 질량에 대한 또 다른 추정치가 있습니다. 그 유명한 io9(아이오나인. 거커미디어~Gawker Media~가 2008년에 개설한 블로그로 SF와 미래

---

* www.centives.net/S/2012/how-much-would-it-cost-to-build-the-death-star
** http://starwars.wikia.com/wiki/Death_Star

파 등에 대해 다룬다—옮긴이)에서는 데스 스타가 강철과 같은 재료로 만들어지진 않았을 것이라고 가정합니다.* 현대의 전함들은 파도와 어뢰를 견뎌낼 수 있을 정도로 단단해야 해서 강철로 만들어집니다. 하지만 데스 스타는 우주에 있으므로 물의 압력으로 인한 붕괴를 막을 만큼 단단할 필요는 없습니다. 그리고 데스 스타는 적의 화력을 막아주는 방패 역할을 하는 방어막을 갖추고 있을 가능성이 높기도 합니다. 데스 스타 건설에는 강철이 사용될 수도 있지만 그렇다고 해도 외부 표면에만 쓰일 것입니다. 내부는 탄소섬유와 비슷한, 밀도가 아주 낮은 재료로 만들어질 수 있습니다.

데스 스타의 질량을 다음과 같이 추정해봅시다. 데스 스타 겉면이 10cm 두께의 강철이라면 질량은 약 6×10^{13}kg이 될 것입니다.

내부는 어떨까요? 데스 스타 내부 밀도는 국제우주정거장과 비슷하다고 합시다. 그럴듯하죠? 기압이 일정한 국제우주정거장 내부의 부피는 $837m^3$고 질량은 4.5×10^5kg입니다. 이를 이용해 대략적인 밀도를 구하면 약 550kg/m^3입니다.

물론 국제우주정거장의 내부에는 기압이 일정한 부분만 있는 게 아니어서 이는 정확한 수치가 아닙니다. 하지만 최소한 기준치가 될 수는 있겠죠. 방금 위에서 구한 밀도를 데스 스타 내부에도 적용하면 질량($m_{Death\ star}$)은 10^{18}kg이 됩니다. 센티브스에 글을 올린 사람이 추정했던 수치와 거의 일치하죠(내부 질량과 비교하면 강철의 질량은 무시해도 될

---

* http://io9.com/5979110/how-much-would-a-death-star-really-cost

수준입니다).

자동수송선은 어떨까요? 현재 자동수송선($m_{ATV\ payload}$)은 $7.2 \times 10^3 kg$ 의 화물을 운반할 수 있습니다. 데스 스타 건설에 필요한 재료를 전부 다 올려 보내려면 자동수송선을 몇 번 발사시켜야 할까요? 여기서 데스 스타는 우주정거장과 동일한 궤도를 돌고 있다고 가정합니다.

$$N = \frac{m_{Death\ Star}}{m_{ATV\ payload}} = \frac{10^{18} kg}{7.2 \times 10^3 kg} = 1.39 \times 10^{14}$$

이 정도면 자동수송선 발사 관계자가 누가 되든 좋아할 만한 횟수를 확실히 넘어서는 수치입니다. 자동수송선이 (욕심을 많이 부려서) 매달 한 번씩 발사된다 해도 10^{13}년이 걸릴 겁니다. 잠깐 비교를 해보자면 지구는 생긴 지 50억 년이 아직 안 됐습니다. 태양은 약 50억 년 후에 수명을 다할지 모르고요. 10^{13}년은 데스 스타를 건설하기에는 지나치게 긴 시간입니다. 완공될 무렵이면 지구는 수명을 다한 상태겠죠. 그런데 데스 스타를 건설하자고요? 쓸데없는 소리죠.

이번에는 거꾸로 살펴봅시다. 데스 스타 완공을 10년 후로 잡았다고 합시다. 자동수송선을 그대로 사용한다면 총 발사 횟수도 같아야 합니다. 발사 간격을 일정하게 한다면 얼마나 자주 발사해야 할까요? 매년 1.38×10^{13}번이 됩니다. 1년에 그 정도로 자주 쏘아 올리는 상황을 상상하기란 어렵죠. 다시 계산해보면 1초에 네 번을 발사하는 셈입니다. 현재의 자동수송선 체계로는 확실히 감당할 수 없습니다. 전 세계가 힘을 합쳐 자동수송선의 발사 대수를 증가시킨다면 어떨까요? 자동수송선 한 대를 재발사하는 데 2주쯤 걸린다고 칩시다. 그러면 2주 동안 480만 대의 자동수송선이 필요합니다. 상당히 큰 숫자입니다.

자동수송선의 주된 역할은 우주정거장에 보급품을 보내는 것입니다. 데스 스타가 이미 궤도를 돌고 있다고 한다면 보급품 배송 서비스를 위해서는 몇 개의 자동수송선이 필요할까요? 어림짐작으로 추정할 테니 놀라지 마세요.

먼저 데스 스타에 있는 승무원의 숫자를 구해야 합니다. 데스 스타 승무원의 체적 밀도가 니미츠급 항공모함과 비슷하다고 하면 어떨까요? 비슷한 이유가 뭐냐고요? 달라야 할 이유도 없죠. 한 사이트에 따르면 니미츠급 항공모함의 부피는 약 200만 m^3에 승무원은 6,000명이 넘는다고 합니다. 이와 동일한 밀도라면 데스 스타의 전체 인원은 6×10^{12}명이 될 것입니다.[*] 지구에 사는 사람을 다 합쳐도 70억 명밖에 안 되므로 상상을 초월하는 숫자입니다.

승무원 수를 추정하는 일은 좀 합리적으로 해야겠군요. 데스 스타에는 항공모함의 승무원 밀도와는 다른, 넓은 구역이 있을 수도 있겠죠. 반칙하는 기분이긴 하지만 데스 스타에 100만 명이 있다고 그냥 정하겠습니다. 그러면 100만 명이 있는 우주정거장에는 자동수송선을 몇 번이나 보내야 할까요? 국제우주정거장에는 여섯 명의 우주비행사에

---

[*] www.naval-technology.com/projects/nimitz

대해 6개월마다 한 번씩 자동수송선을 통해 보급품이 도착합니다. 우주비행사 한 명당, 한 달에 약 한 번씩 자동수송선이 온다는 뜻이죠. 데스 스타에도 동일한 보급률을 적용하면 자동수송선은 매달 100만 번 발사되어야 합니다.

　물론 데스 스타는 작은 달 크기의 정거장일 테니 자체적으로 자원을 많이 생산해낼 수 있을지도 모르겠네요. 온실과 빵집은 물론 촛대 가게까지 있을지 모릅니다. 어쩌면 그곳에 사는 사람들은 우편물이나 온라인으로 구매한 제품들만 자동수송선으로 전달받을 수도 있겠네요.

제8장

어마어마한 숫자들

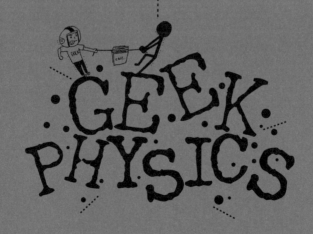

01

아주 차가운 아이스크림은
먹어도 살찌지 않을까?

언젠가 크리스토프 니만Christoph Niemann이 물리
학에서 영감을 받아 그린 만화가 〈뉴욕타임스〉The New York Times에 연재된
적이 있었는데 내용이 무척 재미있더군요. 여기서는 이 만화 중 한 편
을 자세히 살펴볼까 합니다.

이 만화에서는 아이스크림을 아주 차갑게 만들면 사람의 몸이 두 가
지 작용을 한다는 주장이 나옵니다. 첫째, 몸은 아이스크림에 대사 작
용을 해서 열량을 얻습니다. 둘째, 몸은 아이스크림을 따뜻하게 해서

그 온도를 체온 수준까지 올리는 일에 열량을 사용합니다. 이 두 가지 열량 값이 같다면 열량의 순 변화량은 0이 됩니다. 간단하죠? 니만은 이것이 실현되려면 아이스크림의 온도가 −3,706℉(약 −2,000℃)가 되어야 한다고 합니다(현실에서는 불가능한 일이죠). 제가 다시 계산해서 정말 맞는지 알아보면 어떨까요?

우선은 온도와 열에너지에 대해 살펴봅시다. 온도는 무엇일까요? 온도를 정의하기가 생각만큼 쉽지 않다는 점을 알면 여러분은 놀랄지도 모릅니다. 물체를 구성하는 입자들의 평균 운동에너지를 측정한 것이 온도라고 설명하는 경우가 종종 있습니다. 이 말이 크게 잘못되었다고 할 수는 없지만 저는 이런 설명을 별로 좋아하지 않습니다. 개인적으로 온도는 두 개의 물체가 상당 시간 동안 접촉했을 때 공통적으로 갖게 되는 물리량이라고 이야기하고 싶습니다. 실제로도 그렇죠. 작은 나무토막과 큰 금속 덩어리를 함께 놓아두면 그 둘은 나중에 같은 온도에 도달합니다.

열에너지란 무엇일까요? 이것은 물체가 온도로 인해 얼마나 많은 에너지를 보유하게 되는지를 측정한 값입니다. 작은 나무토막의 온도는 21℃라고 하고 큰 금속 덩어리는 −12℃라고 합시다. 나무토막의 온도가 높기는 하지만 실제로는 금속 덩어리의 에너지가 더 많을 수도 있습니다. 물체의 열에너지는 그것의 온도와 질량, 구성하는 물질의 종류에 따라 결정됩니다. 구성 물질의 종류에 따라 열에너지가 얼마나 바뀌는지는 비열로 나타낼 수 있습니다. 이런 모형에는 열에너지의 변동과 관련해 두 가지 문제가 있습니다. 첫째, 온도의 변화가 심한 경우는 비열이 일정하다고 가정하는 게 타당하지 않습니다. 그리고 여기에는 상태 변화(예를 들어 고체에서 액체로의 변화)에 필요한 에너지에 대한 내용이 없습니다. 하지만 상태 변화 에너지는 제가 간단하게 추가하고, 비열은 일정한 것처럼 여기도록 하겠습니다.

그렇다면 사람이 질량 m인 아이스크림을 섭취하고 음식에 에너지 E_F(이때 F는 'food'의 약자입니다)만큼의 대사 작용을 한다고 가정합시다. 에너지의 순 변화량이 0이 되려면 이 에너지는 두 가지 일을 해야 합니다. 아이스크림에 열을 가하고 그것을 녹여야 하죠. 이렇게 두 가지 일을 하는 에너지가 아이스크림을 섭취해서 얻는 음식 에너지와 같다고 하고 온도에 대해 풀기만 하면 됩니다. 그게 다예요. 다만 몇 가지 수치들만 추정하면 됩니다.

우선 아이스크림이 물과 비슷하면서도 맛과 열량이 있는 것이라고 가정하죠. 이는 아이스크림의 비열은 1cal/g이며 융해열은 약 80cal/g이 된다는 뜻입니다. 그건 그렇고 저는 에너지를 나타내는 단위인 칼로리(cal)를 싫어합니다. 이것은 질량의 단위로 슬러그(slug)를 사용하는 것처럼 말도 안 되는 개념이에요(슬러그란 1파운드의 힘을 가했을 때 초의 제곱당 1ft를 이동하는 물체의 질량 단위로 약 14.59kg에 해당한다―옮긴이). 그런데 이 사례에서 칼로리는 음식에 대한 일반적인 에너지 단위가 됩니다. 음식의 1cal는 실제 1,000cal와 같고요. 대체 누가 이 따위 개념을 만들어냈는지 알고 싶네요.

이제 아이스크림 이야기를 하죠. 아이스크림을 먹었을 때 얻는 에너지는 얼마나 될까요? 칼로리를 계산해주는 여러 사이트 중 한 곳에 바닐라 아이스크림 72g이 145cal(화학에서 말하는 칼로리로는 1.45×10^5)라고 나와 있습니다.[*] 이 수치와 최종 온도인 37℃를 대입하면 최초 온도는 -1,900℃가 됩니다. 물론 현실에서 최저 온도는 -273℃이므로 -1,900℃는 존재하지 않는 온도죠.

이제 두 가지를 알아봐야 합니다. 첫째, 방금 구한 수치와 니만이 이야기했던 수치를 비교하면 어떤가요? 둘째, 이것을 현실에 적용하면 어떻게 될까요? 니만은 최초의 아이스크림 온도를 -3,706℉라고 했는데 이는 약 -2,000℃ 정도입니다. 니만은 상태 변화를 고려하지 않았을 테니 상태 변화 공식을 빼버리면 -2,000℃에 가까운 결과가 나옵니다.

이를 현실에 적용하면 어떻게 될까요? 아이스크림의 온도를 올리는 데 에너지를 어느 정도 투입해야 하는지 알고 있으므로 이를 음식의 에너지와 동일하게 만들기만 하면 됩니다. 최초 온도를 -273℃로 하면 아이스크림의 칼로리는 2.8×10^4cal, 즉 음식으로는 28cal가 됩니다. 다른 아이스크림을 살펴보면 저지방에 당분이 없는 것조차도 28cal와 꽤 차이가 납니다. 이 대단한 아이디어를 실현하려면 과학이 더 발전할 때까지 기다려보는 수밖에 없겠네요.

---

[*] http://thecaloriecounter.com

02
.

지폐를 달까지 쌓으려면
몇 장이 필요할까?

언젠가 TV에서 정치 토론 프로그램을 봤습니다. 네, 저도 가끔씩은 그런 것을 본답니다. 제가 봤던 프로그램에서는 국가 부채와 다양한 정책에 대한 예산 편성을 주제로 논의를 하더군요. 그러다 토론 참가자 한 분이 지폐로 1조 달러를 쌓으면(1달러 지폐를 쌓는 것으로 추정됩니다) 달까지 갔다가 지구로 돌아오기를 네 번 반복할 수 있다고 주장했습니다. TV에 나오는 사람들이 하는 말을 못 믿는 게 아닙니다. 다만 저 주장은 제가 증명할 수 있을 것 같군요.

1달러 지폐의 두께는 어느 정도일까요? 저는 보통 지갑에 현금을 넣고 다니지 않습니다만 넣을 때는 두께를 측정해봅니다. 전에 지폐 5장을 넣었던 적이 있습니다. 하나, 둘 차례로 두께를 측정했죠. 지폐의 개수에 따른 두께를 그래프로 그려보면 일직선이 만들어집니다. 이 직선의 기울기는 지폐 한 장당 0.1mm입니다. 이 값을 1달러 지폐의 두께로 정하면 좋겠군요.

그렇다면 1달러 지폐로 1조 달러를 쌓는다고 할 때 그 두께는 얼마나 될까요? 먼저 1조$_{trillion}$는 얼마를 뜻할까요? 안타깝게도 세상 사람들 모두가 같은 수로 생각하지는 않습니다. 미국에서 1조는 10억의 1,000배 또는 10^{12}을 말합니다. 그런데 어떤 나라에서는 10억의 10억 배 또는 10^{18}이 되기도 합니다. 헷갈리죠. 여기에서는 1조를 10^{12}으로 정하겠습니다(미국 프로그램이었으니까요).

지폐를 10^{12}장 쌓으면 그 높이는 얼마나 될까요? 우선 지폐는 압축되지 않는다고 가정하겠습니다. 왜 그렇게 가정하냐고요? 잘은 모르겠지만 그래도 기준을 정해야 하니까요. 이렇게 쌓으면 높이는 '지폐 한 장의 두께×1조'가 되겠죠. 이렇게 해서 구한 높이는 1억 m가 됩니다. 지구에서 달까지의 거리는 약 4억 m입니다. 여기서 문제가 발생하네요. 계산에 따르면 지폐 1조 장을 쌓아도 달까지의 거리에 4분의 1밖에 되지 않습니다. 프로그램에서는 달까지 갔다가 지구로 돌아오기를 네 번 반복할 것이라고 말했죠(그 거리는 32×10^8m입니다).

한 가지 더 해보죠. 1조 장으로 달에 갔다 돌아오기를 네 번 왕복하려면 지폐의 두께는 얼마나 되어야 할까요? 달에 갔다가 돌아오는 거리에 4를 곱한 다음 1조 장으로 나누면 답이 나옵니다. 그러면 지폐의 두께는 3.2mm가 됩니다. 1달러 지폐의 두께가 3mm 정도나 된다면 좀 이상하겠죠. 따라서 토론 참가자의 1조 달러 발언은 완전히 틀렸던 것 같습니다. 대단한 인물들에게도 이런 일이 벌어지기 마련이죠.

1달러 지폐를 1조 장 쌓아놓고 할 수 있는 일이 또 있을까요? 그런데 뭔가를 저렇게 높이 쌓는 일 자체가 가능한지 궁금하네요. 지폐를 완벽하게 쌓아 올릴 수 있다고 가정해보죠. 지폐는 높이 쌓일수록 살짝만 밀려도 넘어질 가능성이 높아집니다. 지폐를 쌓은 모습을 다음 그림으로 살펴봅시다.

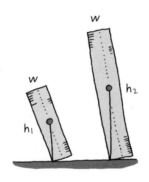

각각의 지폐 더미에 표시된 점은 무게중심을 나타냅니다. 더미의 무게중심이 밑바닥의 모서리를 벗어날 정도로 한쪽으로 쏠리면 지폐 더미는 넘어집니다. 그렇습니다. 저는 지폐들이 함께 잘 붙어 있다고 가정하고 있습니다. 하지만 지폐가 더 많이 쌓일수록 넘어지는 경사각이 줄어든다는 사실을 알 수 있습니다.

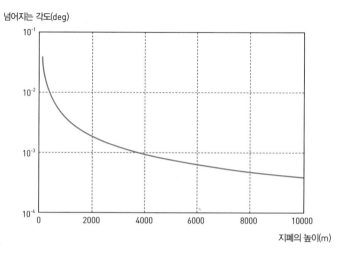

넘어지는 각도(deg)

지폐의 높이(m)

다양한 높이의 지폐 더미들이 넘어지는 각도를 계산해보면 10m 높이의 지폐 더미는 $0.37°$만 기울어져도 넘어집니다. 더 높이 올리면 어떨까요? (실제로는 더 높이 올릴 수 없다는 사실은 아시죠?)

위 그래프는 1만 m까지 쌓아 올린 지폐 더미의 높이에 대해 그것이 넘어지는 각도를 나타낸 로그 그래프입니다. 높이를 10^6m까지 올리면 어떻게 될까요? 그러면 넘어지는 각도는 3.8×10^{-6}이 될 것입니다. 1조 장을 쌓아 올리면 (실제로는 그렇지 않겠지만 쌓아 올린 지폐 전부가 동일한 중력장 안에 있다고 가정하면) 넘어지는 각도는 3.8×10^{-8}이 되겠죠. 이 작은 각도는 수평 길이로 따지면 6.6cm에 불과합니다.

지폐 더미가 넘어지지 않는다고 해도 이 정도 높이로 쌓는 것 자체가 가능하긴 할까요? 아래쪽에 있는 지폐들이 그 위에 있는 지폐의 무게를 감당할 수 있을까요? 이는 사람들이 '압축강도'라고 부르는 것과 관련이 있습니다. 기본적으로, 종이에 조금이라도 강한 압력이 작용하면 불의의 사고가 발생하죠.

종이에 대해서는 잘 모르지만 나무의 압축강도는 3~37MPa(메가파스칼)입니다. 1달러 지폐의 압축강도는 20MPa이라고 임의로 정하겠습니다. 지폐 더미의 바닥에 작용하는 압력은 얼마일까요? 그 위에 있는 전부의 무게를 지폐의 면적(약 6.6cm×15.6cm)으로 나눈 값이 될 것입니다. 이는 높이가 증가함에 따라 압력도 선형으로 증가한다는 의미입니다(중력장의 크기가 일정하다는 가정 하에서입니다. 실제로는 일정하지 않죠).

이 압력과 지폐의 밀도 추정치인 958kg/m³을 이용해 계산하면 1조 장의 지폐 더미 바닥에 작용하는 압력은 97만 MPa이 됩니다. 하지만 지폐 더미의 높이가 높아질수록 중력장은 약해지기 때문에 실제 압력은 이보다 작을 것입니다. 이 사실이 중요하지는 않은 것 같군요. 이 압력은 제가 앞서 추정했던 20MPa이라는 압축강도를 크게 넘어서기 때문입니다.

쌓기가 불가능하다면 1조 달러로 소행성을 만들어볼까요? 1달러의 밀도를 알고 있으니 1조 달러의 질량도 알 수 있죠. 현금으로 큰 공을 만들려는 이유가 뭐냐고요? 만들면 안 될 이유도 없죠. 이것을 '현금소행성'이라고 부를 수도 있겠죠. 일단 질량을 계산해봅시다. 지폐 한 장의 질량이 6.91×10^{-3}kg이라면 10^{12}장의 총 질량은 6.91×10^{9}kg이 되겠죠. 밀도가 일정하다고 가정하면 부피는 7.2×10^{6}m³이 됩니다.

구의 형태로 된 현금소행성이라면 반지름은 120m가 될 것입니다. 그저 작은 돈뭉치 같지만 단위를 바꿔보면 지름이 780ft에 달합니다. 생각만으로는 실감이 나지 않을 수도 있으니 다른 것과 비교해보죠. 이 정도면 니미츠급 항공모함 네 대를 합친 크기와 비슷합니다. 앞서 TV 프로그램에 나왔던 사람들이 도로시 파커Dorothy Parker(미국의 유명 작가이자 비평가—옮긴이)가 했던 말을 표현만 바꿔서, 정부가 보유한 자금을 전부 가져다가 일렬로 늘어놓는다고 말했더라면 저는 전혀 놀라지 않았을 것입니다.

03
·

칠면조 고기를 낙하시켜
익힐 수 있을까?

때때로 가장 좋은 질문은 인터넷에서 나옵니다.
'라스트 워드'The Last Word *라는 웹사이트에 이런 질문이 있습니다.

"꽁꽁 언 칠면조 고기를 어느 정도 높이에서 떨어뜨려야 익힐 수 있을까요?"

---

* www.last-word.com

이처럼 좋은 질문에는 처음부터 가정이 필요합니다. 시작해볼까요.

- 칠면조 고기를 물이라고 가정하고 낙하하기 시작할 때 0℃의 얼음 상태라고 가정한다.
- 칠면조 고기는 구의 형태로 반지름은 15cm다(반지름은 일반적으로 쓰이는 기호 r로 하겠습니다).
- 칠면조 고기가 대기를 통과하며 추락하면 흩어지는 에너지의 반은 칠면조 고기에 작용하고 나머지 반은 대기로 간다.
- 칠면조 고기가 지면에 부딪칠 때 열에너지의 증가는 무시한다(칠면조 고기가 땅에 부딪쳐서 칠면조 폭탄이 되기 전에 익는지만 알고 싶으니까요).
- 칠면조는 82℃가 되면 익는다.

왜 굳이 이렇게 가정하면서 시작해야 할까요? 이는 복잡한 질문을 덜 복잡하게 만드는 한 가지 방법이거든요. 반칙하는 것 같지만 반칙이 아닙니다. (위 가정을 이용해) 칠면조를 익히려면 100m에서 떨어뜨리면 된다는 결론을 내렸다고 합시다. 이는 실제 칠면조의 경우 50m~200m, 그러나 10만 m는 아닌 어느 지점에서 떨어뜨리면 된다는 의미겠죠. 비록 정확하지는 않지만 그와 비슷하게 답을 구해도 도움은 됩니다. 그렇습니다. 저 수치들은 제가 지어냈습니다.

이제 이 가정들에 어울리는 그림을 그려보는 것은 어떨까요? 다음은 상당한 고도에서 떨어지는 구 형태의 칠면조 그림입니다.

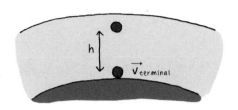

이 칠면조 고기가 낙하하면서 익을 수 있는 이유는 무엇일까요? 바로 공기저항 때문입니다. 칠면조가 낙하하면서 공기에 부딪치면 마찰력과 유사한 결과가 나타납니다. 사실 칠면조가 가열되는 이유는 공기와 부딪치기 때문인 것도 있지만 칠면조 앞에 있는 공기가 압축되면서 뜨거워지기 때문이기도 합니다. 이렇듯 공기 마찰에 의해 가열되는 과정은 복잡합니다. 하지만 요점은 공기를 뚫고 이동하는 사물은 뜨거워진다는 사실입니다. 양손을 비비면 손이 따뜻해지듯 낙하하는 칠면조 고기도 마찬가지라는 이야기죠.

이와 같은 온도 증가를 어떻게 계산할 수 있을까요? 어떤 거리만큼 움직이는 물체를 다룰 때는 일-에너지 원리를 사용하는 게 가장 좋습니다. 일-에너지 원리에 따르면 어떤 시스템에 행해진 일은 그 시스템의 에너지와 변화가 동일합니다. 여기서는 시스템이 지구와 칠면조 고기, 공기로 구성된다고 간주하면 다음과 같은 에너지들을 생각해볼 수 있습니다.

- 운동에너지: 물체의 움직임에서 비롯된다(주로 칠면조 고기의 운동입니다).

- 열에너지: 칠면조 고기가 낙하함에 따라 칠면조와 공기가 따뜻해진다.
- 위치에너지: 칠면조가 지구에 가까워질수록 위치에너지는 감소할 것이다.

그렇다면 이 시스템에는 무엇이 일을 할까요? 여기에서는 공기저항력만이 낙하하는 칠면조 고기에 일을 합니다. 공기저항력에 대한 일반적인 모형에서 그 크기는 공기의 밀도, 물체의 형태와 크기, 물체의 속도에 의해 결정됩니다.

움직이는 자동차의 창밖으로 손을 내밀어서 이런 공기저항의 특성들을 시험해볼 수 있습니다. 창밖으로 손을 내밀어보면 공기가 손을 밀어내고 있다는 것을 느낄 수 있죠. 이때 자동차가 더 빨리 가면(속도를 증가시키면) 공기가 손을 밀어내는 힘도 증가합니다. 하지만 주먹을 쥐면 단면적이 줄면서(형태가 바뀌면서) 밀어내는 힘이 줄어든 것을 느낄 수 있습니다. .

칠면조 고기가 낙하하는 속도가 빨라질수록 이 공기저항력은 증가할 것입니다. 하지만 어떤 시점이 되면 공기저항력과 칠면조를 아래로 당기는 중력이 동일해집니다. 이때 칠면조에 작용하는 알짜힘은 0이 되면서 속도는 일정해지겠죠(이 속도를 종단 속도라고 합니다).

다음은 낙하하면서 일정하게 운동하는 칠면조를 그림으로 나타낸 것입니다.

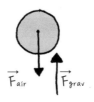

$$\vec{F}_{air} \quad \vec{F}_{grav}$$

이렇게 낙하하는 칠면조의 종단 속도는 얼마일까요? 구의 형태라면 중력은 질량에 비례할 것입니다. 칠면조의 밀도가 일정하다면(또 다른 가정입니다) 중력은 반지름의 세제곱에 비례할 것입니다. 공기저항은 이 구의 횡단면(원의 형태) 면적에 비례하겠죠. 공기저항은 지름의 제곱에 비례한다는 이야기입니다. 이로써 칠면조의 크기가 중요하다는 결론이 나옵니다(크기가 미치는 영향 두 가지가 상쇄하지 않기 때문입니다). 즉, 칠면조가 클수록 종단 속도는 빨라집니다.

많은 사람들이 축척에 기대는 모습은 늘 놀랍습니다. 왜 그렇게들 기대는지 저도 정확히 모르겠습니다. 제 생각에는 사람들이 모형 기차를 보듯 세상을 바라보는 경향이 있는 것 같습니다. 축척에 맞게 사물을 작은 크기로 축소하면 축소물은 실제 사물과 다 똑같은데 크기만 작아졌다고 생각합니다. 하지만 그건 사실이 아니죠. 크기는 정말 중요합니다.

다시 에너지로 돌아오겠습니다. 위치에너지는 어떤가요? 기본적으로 사물은 높은 곳에 있을수록 위치에너지가 커집니다. 사물이 지구 표면에 어느 정도 가까이만 있다면 위치에너지는 그 높이가 올라갈수록 증가합니다. 그런데 높이가 굉장히 높으면 좀 복잡해지죠. 저는 굳이 모험을 하지 않고 위치에너지의 더 복잡한 버전을 적용하겠습니다.

이 수수께끼를 풀기 위해 알아볼 게 한 가지 더 있습니다. 바로 열에너지와 온도의 관계입니다. 이 두 가지에 차이점이 있나요? 네, 있습니다. 자주 접하는 사례를 하나 이야기하죠. 제가 피자를 아주 좋아하다 보니 앞에서도 언급한 적이 있는데요. 먹다 남은 피자를 다시 데우려 한다고 합시다. 피자를 알루미늄 포일 위에 놓고 오븐에 넣으면 피자와 포일 둘 다 같은 온도(65℃라 합시다)에 도달하겠죠. 다 데운 다음 알루미늄 포일은 맨손으로 쉽게 잡을 수 있습니다. 하지만 피자는 만지면 안 됩니다. 화상을 입으니까요. 이 두 가지 사물의 열에너지가 기본적으로 다르거든요.

칠면조 고기를 낙하시키는 쪽에서는 그것이 특정한 온도(앞서 고기가 익는다고 가정한 82℃)에 도달하는지를 봅니다. 칠면조 고기가 클수록 그 온도에 이르려면 더 많은 열에너지가 필요합니다. 따라서 이번에도 크기는 중요합니다.

열에너지와 관련해 명심할 게 한 가지 더 있습니다. 바로 칠면조 고기와 공기의 열에너지 증가입니다. 앞서 단순하게 열에너지의 반은 칠면조로, 나머지 반은 공기로 간다고 가정했습니다. 왜 반으로 정했냐고요? 칠면조 고기가 받기에 적절한 열에너지보다 많은 양을 받으면 공정하다고 할 수 있을까요? 아니죠. 반이면 공정합니다. 사실 반은 추정치일 뿐이지만 그래도 다른 비율보다는 합리적으로 느껴지네요.

보통 크기의 칠면조 고기와 지금까지 알아본 수치들을 다 합해서 계산해보면 칠면조가 익기 위해서는 낙하하는 높이가 142km가 되어야 합니다. 적절한 답일까요? 사실은 적절하지 않습니다. 왜냐고요? 높이가 상당하기 때문입니다. 이 수치를 국제우주정거장 궤도의 높이(300km)와 비교해보세요.

터무니없이 높다는 점 외에 다른 문제점은 없을까요? 우선 공기 밀도의 변동을 고려해야 한다고 생각할 수도 있겠죠. 특히 칠면조 고기의 출발 높이가 아주 높으면 말이죠. 그런데 다시 생각해보면 공기 밀도의 변동은 중요하지 않을 수도 있습니다. 높은 고도에서 공기 밀도가 매우 낮으면 칠면조 고기의 종단 속도는 훨씬 빨라질 것입니다. 하지만 높은 고도에서는 공기가 일을 적게 하는 반면 칠면조 고기가 더 빨리 낙하하는 낮은 고도에서는 그간 부족했던 일을 만회하겠죠.

칠면조 고기가 균등하지 않게 가열되는 상황은 어떤가요? 이것이 문제가 될까요? 그럼요. 100km가 넘는 높이에서 칠면조 고기를 떨어뜨린다 해도 땅에 충돌할 때까지 아주 오래 걸리지는 않을 것입니다. 그 시간은 10분도 채 안 될 것입니다. 10분 만에 칠면조 고기를 다 익히려고 하면 어떤 일이 일어날까요? 겉이 다 타버리죠. 그러니 다음 추수감사절에 가족이 모였을 때는 평범한 오븐에 칠면조 고기를 익히는 편이 나을 겁니다. 이것만큼은 제 말을 믿어도 됩니다.

04

레고 장난감으로
'데스 스타'를 만들 수 있을까?

몇 년 전 리하이대학교 학생들이 데스 스타를 건설하는 데 들어가는 비용을 멋지게 계산해낸 일[*]에서 저는 큰 영감을 받았습니다. 하지만 자신의 계산이 옳은지 알아보려고 실제로 데스 스타를 건설해볼 사람은 없을 것 같습니다. 그런데 놀랍게도 완구회사 레고 Lego에서는 데스 스타를 정말 모형으로 만들었죠. 그 모형이 실제와는

---

[*] www.centives.net/S/2012/how–much–would–it–cost–to–build–the–death–star

비율이 전혀 맞지 않지만요. 미니피그minifig(머리가 둥글납작하고 노란, 레고의 작은 사람 모형) 한 움큼만을 겨우 집어넣을 수 있을 정도라서 영화 〈스타워즈 에피소드 4: 새로운 희망〉에 나오는, 데스 스타에 사는 사람들 수에 한참 못 미친다는 사실은 말할 것도 없습니다. 그래도 레고는 스타워즈 우주선들만큼은 비율에 맞게 만들기는 합니다. 지금은 절판된 밀레니엄 팰컨Millenium Falcon의 옛날 버전도 그렇고요. 그런데 데스 스타 축소 버전을 만드는 일이 가능하긴 할까요?

먼저 데스 스타는 크기가 얼마나 될까요? 데스 스타는 두 가지로 나왔습니다(〈스타워즈〉 에피소드 4와 6에 나왔죠). 겉으로 보기에 두 별의 크기는 같지 않았습니다. 우키피디아에 따르면 첫 번째 데스 스타는 지름이 160km였습니다.* 클론 트루퍼 미니피그(〈스타워즈〉에 등장하는 제국군의 군인 캐릭터 — 옮긴이)는 머리카락과 헬멧, 그리고 그것들을 꽂을 수 있는 머리 위에 튀어나온 부분을 제외하면 그 키가 38.6mm입니다. 사람의 평균 키가 177cm라고 가정하면 인간에 대한 미니피그의 비율은 0.022입니다. 따라서 축척에 맞춰 레고의 데스 스타(첫 번째 버전) 지름은 실제 데스 스타 지름에 0.022를 곱하면 됩니다. 이렇게 하면 레고 데스 스타 지름은 3.52km가 되겠죠. 이 정도면 굉장히 큰 레고 모형입니다.

데스 스타를 축소시킨 버전이 세트로 나온다면 레고 블록은 몇 개가

---

* http://starwars.wikia.com/wiki/Death_Star

들어 있어야 할까요? 이 문제는 풀기가 쉽지 않죠. 먼저 답해야 할 질문은 레고로 만든 데스 스타 내부에 무엇이 있느냐는 것입니다. 데스 스타 구조물 내부에 그 외부를 받쳐줄 뭔가가 있어야 합니다. 데스 스타를 그대로 축소한 모형을 원한다면 쓰레기 분쇄기 등 모든 것이 들어 있기를 바라겠죠.

모형 내부에 구조물이 있다고 가정했을 때 밀도에 대한 추정치를 구해보죠. 얼티미트 밀레니엄 팰컨 모형으로 돌아가봅시다. 웹사이트 brickset.com에 따르면 이 모형에는 블록이 5,195개 들어 있습니다. 모형의 치수는 84cm×56cm×21cm입니다. 형태가 직사각형이라고 가정하면 블록의 개수를 부피로 나눠 레고 블록-밀도를 구할 수 있습니다. 계산하면 m^3당 5만 2,400개죠. 이는 추정치에 불과합니다만 저는 이 수치에 만족하는 편입니다. 밀레니엄 팰컨 모형에는 큰 블록도 있지만 작은 블록도 있습니다. 데스 스타 모형에 큰 블록이 더 많이 들어 있다면 블록-밀도는 더 작아질 수도 있겠군요.

이 밀도와 앞서 제시된 데스 스타 모형의 부피를 이용해 데스 스타 세트 안에 들어 있는 블록의 개수를 구할 수 있습니다. 반지름이 1.76km인 구 형태의 레고 모형에는 블록이 1.2×10^{15}개(1,200조 개) 필요할 것입니다. 그런데 데스 스타 세트에는 큰 블록들이 더 많을 가능성이 있습니다(따라서 블록-밀도는 더 낮을 수 있죠). 추정치를 낮게 잡아서 세트 안에 블록이 100조 개 있다고 합시다.

이 축소 모형의 질량은 어떨까요? 이를 계산하려면 블록-밀도가 아닌 질량-밀도가 필요합니다. 이번에도 다른 레고 세트를 살펴봄으로써 질량-밀도의 추정치를 구해보죠. 얼티미트 밀레니엄 팰컨은 배송무게가 11kg으로 나와 있습니다. 여기에는 상자와 설명서까지 포함되므로 블록들의 무게는 약 9.5kg 정도가 되겠죠. 이렇게 해서 나온 질량-밀도는 96.2kg/m³입니다.

잠시만 레고 데스 스타 2('제다이의 귀환'에 나오는)를 확인해보죠. 이것의 질량-밀도는 약 85kg/m³고 완공조차 되지 않았습니다(하지만 이용하는 데는 아무 문제가 없었습니다). 이 수치들을 고려해 밀도를 90kg/m³로 정하겠습니다. 이 질량-밀도를 적용하면 레고 데스 스타 세트의 질량은 2조 1,000억 kg이 됩니다.

그렇다면 이 데스 스타 세트의 가격은 얼마나 될까요? 제가 갖고 있는 데이터를 이용해볼게요. 예전에 레고 세트의 가격을 세트 안에 들어 있는 블록 개수에 대한 함수로 알아본 적이 있었는데, 블록당 약 0.098달러란 사실을 알 수 있었습니다. 지나친 생각일 수도 있지만 세트가 엄청나게 커져도 세트 가격이 크기와 비례한다고 가정한다면 가격은 10조 달러 정도가 될 겁니다(배송료는 제외하고요).

생각해볼 것이 또 있습니다. 이 데스 스타 축소 모형을 어디에 놓아두면 좋을까요? 지구 표면 위에 놓겠다는 생각은 바람직하지 않습니다. 어떻게 지탱할 것인가의 문제가 가장 크죠. 데스 스타 모형을 받쳐줄 만한 길이 0.3km의 받침대를 만든다고 가정합시다. 데스 스타 모형은 폭이 가장 넓은 곳이 3.5km에 달하긴 하지만 구 형태라는 점을 감안해야죠. 모형 전체 무게를 이 받침대가 지탱해야만 합니다. 모형이 받침대에 가하는 압력은 240MPa(메가파스칼)입니다.

압력과 관련된 기억을 되살려드리죠. 여러분이 바닥에 손을 올려놓았는데 누군가가 맨발로 여러분의 손을 밟는다고 합시다. 그러면 조금 아프겠죠? 이번에는 방금 그 사람이 굽 높은 구두를 신고 뾰족한 굽으로 손을 밟는다고 생각해보세요. 물론 실행에 옮기지는 마세요. 무척 아플 테니까요. 두 상황에는 어떤 차이가 있을까요? 둘 다 손에 가하는 힘은 같지만 힘이 작용하는 면적이 다릅니다. 굽 높은 구두의 경우 면적이 아주 작아서 압력이 높아지는 결과로 이어지죠. 이제 파스칼(Pa)에 대해 알아볼까요? 파스칼은 제곱인치당 파운드(psi)처럼 압력을 나타내는 단위 중 하나입니다. 1Pa는 m^2당 1N과 같습니다.

최대 압축강도는 어떨까요? 최대 압축강도란 물질이 부서지지 않고 견뎌낼 수 있는 최대 압력입니다. 이쑤시개로 돌을 민다고 가정해보세요. 돌은 괜찮겠죠. 이번에는 똑같은 힘으로 젤리를 밀어보세요. 젤리는 부서집니다. 데스 스타 모형이 가하는 240MPa은 어떨까요? 이 정도면 화강암의 최대 압축강도보다 큰 수치입니다. 받침대를 구성하는 물질은 대부분 갈라질 것입니다. 모형의 맨 밑에 있는 레고 블록들의 구조적 안정성에 대해서는 말할 필요도 없겠죠.

결국 데스 스타 모형은 지구를 도는 궤도에 올려놓는 것이 가장 합리적으로 보입니다. 지구 표면을 기준으로 고도가 약 300km인 낮은 궤도면 될 것 같습니다. 지름이 3.5km인데 300km 떨어져 있으면 그것의 각지름(지구의 관측자가 본 천체의 겉보기 지름으로 시지름, 각크기, 겉보기 크기라 부르기도 한다―옮긴이)은 0.67°입니다. 이는 달의 각지름보다 조금 큰 정도입니다. 아주 멋있지 않을까요? 한 솔로가 그랬던 것처럼 사람들은 레고로 만든 데스 스타 모형을 달로 오해할지 모릅니다.

05

버블 랩을 두르고 6층에서 뛰어내리면 살 수 있을까?

건물 6층에서 뛰어내려 살아남으려면 버블 랩(흔히 에어캡 또는 뽁뽁이라고도 불리는 공기쿠션 포장 용지를 말한다 ─옮긴이)이 얼마나 필요할까요? 6층의 높이는 대략 20m라고 합시다. 이런 질문에 대한 답을 구하려면 어디서부터 시작해야 할까요? 우선은 버블 랩이 있어야겠죠. 이 버블 랩의 특성 중 측정할 수 있는 것이 하나라도 있을까요?

먼저 버블 랩 한 장의 두께를 측정해보죠. 버블 랩의 종류는 꽤 다양하지만 제가 갖고 있는 것을 사용하겠습니다(어쨌든 출발점은 있어야 하니까요). 한 장의 두께를 측정하는 대신 몇 장을 쌓아 올리면서 전체의 두께를 그래프로 그려 측정하려 합니다. 한 장씩 올릴 때마다 높이를 측정해서 x축을 장 수, y축을 높이로 해서 그래프를 그리는 것이죠. 1차 함수로 나타낼 수 있는 이 그래프의 기울기는 장당 0.432cm로, 이는 버블 랩 한 장의 두께를 나타냅니다.

그다음에는 버블 랩의 탄력이 어느 정도인지를 알아봐야 합니다. 용수철하고 비슷할까요? 그렇다면 어느 정도로 팽팽할까요? 버블 랩이 용수철과 실질적으로 같다면 그 위에 어느 정도 무게가 나가는 물건을 올려놓고 얼마나 압축되는지를 확인해보면 됩니다. 이것을 그래프로 그리면 거의 직선에 가까워 보입니다. 즉, 힘이 세게 작용할수록 압축도 더 많이 된다는 이야기죠. 따라서 버블 랩은 용수철처럼 반응한다고 말할 수 있습니다. 버블 랩이 용수철과 같다고 여기고 (사람과 같은) 다른 사물에 가하는 힘을 모형으로 만들 수 있습니다. 그 힘은 버블 랩이 압축되는 정도에 비례할 것입니다.

이 데이터로부터 제가 갖고 있는 버블 랩에 대한 용수철 상수를 알아낼 수 있습니다. 그런데 두께가 달라지면 어떨까요? 버블 랩을 한 장이 아닌 두 장을 겹쳐놓았다고 가정해봅시다. 두 장을 따로 두고 그 위에 무게가 나가는 물건을 놓으면 압축되는 정도는 한 장일 때와 동일할 것입니다. 두 경우 모두 아래로 누르는 힘은 같으니까요. 하지만 두 겹이 압축되면 한 겹보다 전체적으로 더 강하게 압축됩니다.

작은 버블 랩 한 장과 그보다 큰 버블 랩 한 장을 비교한다면 어떨까요? 이 큰 버블 랩 한 장은 작은 것 두 장을 나란히 붙여놓은 것과 비슷하다고 할 수 있습니다. 그 위에 무게가 나가는 물건을 놓으면 두 장 모두가 물건을 밀어 올리므로 각 장에 작용하는 힘은 물건이 누르는 힘의 절반에 불과할 것입니다. 따라서 두 장을 나란히 두면 한 장만 있을 때보다 적게 압축되겠죠.

요약하면 버블 랩은 그 면적이 넓어질수록 더욱 팽팽한(다시 말해 용수철 상수가 더 큰) 용수철처럼 작용합니다. 반면에 버블 랩의 두께가 늘어날수록 용수철 상수는 작아지겠죠. 물질의 성질 중에 치수와는 상관없이 그 물질이 얼마나 팽팽한지를 나타내는 수치를 영률_{Young's modulus}(탄성률, 탄성계수라고 부르기도 한다 — 옮긴이)이라고 합니다. 제가 가지고 있는 버블 랩의 크기로 계산하면 이 버블 랩의 영률은 $4,319N/m^2$임을 알 수 있습니다.

뛰어내리는 상황은 어떤가요? 뛰어내린다는 사실 자체는 위험하지 않지만 착지는 위험합니다. 착지가 얼마나 안전한지를 추정하는 가장 좋은 방법은 가속도를 살펴보는 것입니다. 다행히도 인간의 몸이 견뎌낼 수 있는 최고 가속도에 대한 실험 데이터를 수집할 필요는 없습니다. 나사에서 이미 해놨거든요. 다음은 나사에서 정리한 결과입니다 (g-허용치에 대한 위키피디아 사이트에서 인용했습니다[*]).

---

[*] http://en.wikipedia.org/wiki/G-force#Human_tolerance

시간(분)	+Gx (안구 안으로)	−Gx (안구 밖으로)	+Gz (혈액이 발 쪽으로)	−Gz (혈액이 머리 쪽으로)
0.01(〈1초)	35	28	18	8
0.03(2초)	28	22	14	7
.1	20	17	11	5
.3	15	12	9	4.5
1	11	9	7	3.3
3	9	8	6	2.5
10	6	5	4.5	2
30	4.5	4	3.5	1.8

여기서 보통 사람의 몸은 '안구 안으로'의 상태일 때 최대치의 가속도를 견뎌낼 수 있다는 사실을 알 수 있습니다. '안구 안으로'는 가속도로 인해 안구가 머리의 안쪽으로 밀려 들어가는 상황, 즉 높은 곳에서 뛰어내릴 때 등으로 착지하는 것을 의미하죠.

약간의 문제가 있기는 합니다. 뛰어내리는 사람이 버블 랩에 둘둘 말려 있다면 지면과 충돌하는 동안의 가속도는 일정하지 않을 것입니다. 다음은 버블 랩을 덮어쓴 사람이 바닥에 충돌하는 그림입니다.

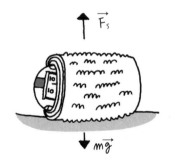

$\vec{F_s}$: 버블 랩에 가하는 힘
$m\vec{g}$: 무게

이때 뛰어내린 사람에게 작용하는 힘은 크게 두 가지입니다. (용수철과 같은) 버블 랩이 가하는 힘과 중력이죠. 뛰어내린 사람이 정지하려면 가속도는 위쪽 방향으로 작용해야 하고 버블 랩의 힘은 중력보다 커야 합니다.

가속도는 용수철 상수와 용수철이 압축되는 길이에 의해 결정됩니다. 두 가지를 다 모르는 상황이죠. 하지만 일-에너지 원리를 이용하면 낙하하는 과정 전체를 살펴볼 수 있습니다. 낙하가 시작되고 끝날 때 운동에너지는 0입니다. 중력에 의한 위치에너지는 낙하하는 동안 감소할 것이고 (버블 랩 안에 작용하는) 용수철의 힘에 의한 에너지는 충돌 순간에 감소하겠죠. 이 시스템에는 그 외에 다른 일이 행해지지 않으므로 뛰어내리는 높이와 (수용 가능한 가속도를 위해) 필요한 용수철 상수의 관계를 알아낼 수 있습니다.

용수철 상수 값을 구하기 위해서는 몇 가지 수치들이 필요합니다. 다음과 같이 가정하겠습니다.

- 뛰어내리는 사람과 버블 랩을 합친 질량은 70kg이다(여기서 저는 버블 랩의 질량이 뛰어내리는 사람과 비교했을 때 작다고 가정했습니다).
- 최고 가속도는 $300m/s^2$고 충돌이 지속되는 시간은 1초 미만이다.
- 뛰어내리는 높이는 20m다.

이 가정을 통해 착지할 때 나사의 g-허용치 권고안에 나오는 가속도를 초과하지 않으려면 버블 랩의 용수철 상수가 $1.7 \times 10^4 N/m$가 되어야 합니다. 뛰어내리는 사람을 멈추는 데 필요한 용수철 상수를 알아냈으니 버블 랩 몇 겹이 필요할지 답에 더 가까워졌네요. 먼저 추정해야 할 수치가 한 가지 있습니다. 바로 버블 랩과 지면이 접촉하는 면적입니다. 사실 충돌 과정에서 이 면적은 변화하므로 추정을 하겠습니다. 충돌할 때 접촉면은 한 변의 길이가 0.75m인 정사각형이라고 합시다. 이를 계산하면 면적은 0.56m²가 나옵니다.

버블 랩에 대한 영률을 알고 있으므로 두께(좀 특이하지만 저는 두께를 L이라고 했습니다)를 계산하면 0.142m가 됩니다. 버블 랩은 한 장의 두께가 0.432cm이므로 합쳐서 39장이 있어야 합니다. 39장은 좀 얇을 것 같군요. 이 버블 랩의 질량과 겉으로 보았을 때 크기를 계산하도록 하죠. 버블 랩이 뛰어내리는 사람을 원기둥처럼 둘러싸고 있다면 다음과 같이 보일 것입니다.

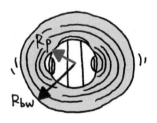

위에서 내려다보면 사람은 반지름이 0.3m(추측일 뿐입니다)인 원기둥과 흡사해 보입니다. 버블 랩 원기둥의 반지름이 0.142m 늘어나면 버블 랩의 부피는 얼마가 될까요? 아, 키가 약 160cm(역시 추측입니다)인 사람도 필요합니다. 이렇게 구한 버블 랩의 부피는 0.53m³입니다.

버블 랩의 두께와 질량 데이터를 이용해 버블 랩의 밀도를 알아낼 수 있습니다. 이 정도 부피의 버블 랩이면 질량은 9kg이 될 것입니다. 그렇게 문제가 되는 수치는 아니지만, 정확하게 하자면 이 때문에 착지할 때 필요한 버블 랩의 양도 바뀌어야 합니다. 안전을 생각해서 추가된 버블 랩의 무게를 상쇄하기 위해 두 겹을 더할 수도 있겠네요.

버블 랩으로 포장된 사람의 크기를 알아냈으니 낙하할 때 공기저항을 생각해볼 수 있습니다. 공기저항에 대한 일반적인 모델에서는 공기 저항력이 물체의 단면적과 그 속도의 제곱에 비례한다고 나와 있죠. 저항력은 속도에 따라 변하기 때문에 이 문제를 종이에 써서 풀기는 쉽지 않습니다. 하지만 짧은 시간 간격으로 이 문제를 여러 개로 분리해서 컴퓨터로 계산하면 간단하게 풀리죠. 계산 결과 낙하하는 물체의 위치와 수직 속도에 대한 다음과 같은 그래프를 그릴 수 있습니다.

▶ 시간에 따른 높이와 수직 속도

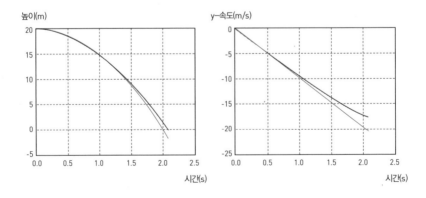

그래프는 공기저항을 감안한 경우 낙하하는 물체가 지면과 충돌하기 전에 속도가 약간 느려진다는 사실을 보여줍니다(20m/s가 아닌 17.8m/s가 되죠). 계산을 처음부터 다시 할 수도 있겠지만 하지 않겠습니다. 대신에 이 낮은 속도를 안전여유(어떤 사물이 손상받지 않도록 하기 위한 여유 ─ 옮긴이)의 일부분으로 인식해도 될 것입니다(높은 곳에서 뛰어내리는 일 자체를 안전하다고 생각할 수는 없지만요).

질문 하나 더 해볼까요? 비행기에서 뛰어내렸을 때 살아남으려면 버블 랩이 얼마나 필요할까요? 6층에 비하면 그렇게 많이 필요할 것 같지 않습니다. 버블 랩을 몇 겹만 더해도 낙하하는 물체의 종단 속도는 느려질 겁니다. 그런데 인간의 안전 문제가 걸려 있는 상황에서 버블 랩을 꼭 사용해야 할까요? 바람직한 생각은 분명 아니겠죠.

06

바나나로 발전기를 만들 수 있을까?

여러분은 바나나를 좋아하나요? 많은 사람들이 바나나를 좋아합니다. 사실 바나나를 싫어하기도 어렵죠. 발음도 재미있잖아요. 바나나가 맛이 없다는 사람도 있겠지만 그건 '먹는 것'을 싫어하는 거죠. 아마도 바나나 자체는 좋아할 겁니다. 바나나는 대단한 과일입니다. 그 이유를 말씀드릴게요.

바나나가 대단한 첫 번째 이유는 물리학과는 아무 상관이 없습니다. 하지만 파티에서나 아이들과 놀면서 이야기할 만한 흥미로운 내용입니다. 날씨에 대해 이야기하는 것은 지루하지만 바나나 이야기는 아주 재미있어요. 바로 바나나가 복제된 식물이라는 이야기입니다.

알고 보면 야생 바나나는 맛이 별로 없고 개중에는 달지 않은 것들도 있죠. 속에 큰 씨가 들어 있기도 합니다. 하지만 가끔은 인간에게도 운이 따르곤 하죠. 사람들은 씨가 없고 맛도 아주 좋은 돌연변이 바나나를 우연히 발견했습니다. 문제는 씨가 없다 보니 이 돌연변이 바나나를 더는 만들어낼 수 없었다는 점입니다. 이를 해결하기 위해 인간은 살아 있는 돌연변이 바나나 나무의 일부를 가져다가 다시 심었습니다. 그러자 금세 바나나 나무가 많아졌죠. 돌연변이 바나나 나무들이 복제된 것입니다.

안타깝게도 복제된 바나나 나무를 심으면 모든 바나나는 유전자가 같아집니다. 만일 바나나 나무에 완벽하게 들어맞는 돌연변이 질환이라도 나타난다면 바나나 나무가 전부 멸종할 수도 있습니다. 정말로 이런 일이 일어날 수 있을까요? 그럼요. 전에도 일어났던 일이죠. 〈그래요! 바나나가 없어요〉Yes! We Have No Bananas라는 노래를 들어본 적이 있나요? 왜 그런 노래가 만들어졌는지 생각해보세요. 복제된 바나나 이야기는 여기까지만 할게요. 이 정도면 대화를 즐겁게 시작할 수 있죠. 더 깊이 들어가기 시작하면 제가 사실과는 완전히 반대되는 이야기를 할 테니까요.

바나나가 복제된 돌연변이라는 사실이 흥미롭게 느껴지나요? 이게 끝이 아니에요. 바나나에는 더 흥미로운 특성이 있거든요. 바로 방사능이 있다는 거예요. 진정하세요. 그래도 먹을 수는 있어요. 방사성 물질에는 종류가 많습니다. 이런 물질들의 방사성은 핵폐기물의 수준에 미치지 못하지만 어쨌든 방사능이 있습니다. 바나나에는 칼륨이 들어 있어서 방사능이 있어요.

방사능이 있다는 말은 실제로 무슨 의미일까요? 물질 내부에서 일종의 핵반응이 일어나고 있다는 뜻입니다. 핵반응에서는 원소의 핵이 다른 원소로 변합니다. 원소의 질량이 다르다면(보통은 다릅니다) 적어도 에너지가 생성될 것이고 다른 종류의 입자가 생성될 가능성도 아주 높아질 겁니다.

칼륨에는 왜 방사능이 있을까요? 칼륨의 종류는 세 가지입니다. 모든 칼륨에는 그 핵에 19개의 양성자가 있습니다. 이런 특성이 있는 물질을 칼륨이라고 하는 것이죠. 하지만 칼륨의 핵에 중성자는 몇 개나 있을까요? 칼륨의 가장 흔한 동위원소는 칼륨-39입니다. 칼륨-39를 39K로 나타낸 경우를 볼 수 있을 텐데요. 여기서 39는 핵에 들어 있는 양성자와 중성자의 개수를 나타냅니다. K는 칼륨으로 양성자가 19개 있다는 의미입니다. 따라서 39K는 양성자가 19개, 중성자가 20개 있다는 이야기죠. 이 칼륨은 안정적이고 바나나에 들어 있는 전체 칼륨의 93%를 차지합니다. 바나나에 있는 나머지 칼륨의 대부분은 41K이고 이 또한 안정적입니다. 마지막으로 남은 칼륨은 비율이 아주 낮은 (0.012%) 40K이고 이 칼륨에 방사능이 있습니다.

40K는 세 가지의 경로를 통해 붕괴될 수 있습니다. 가장 흔한 경로

는 베타 붕괴입니다. 이 경우에는 칼륨이 전자 하나를 만들어내고 핵은 칼슘 원자가 됩니다. 그다음으로 흔한 경로는 전자 포착을 통한 붕괴입니다. 이때는 자유전자 하나가 핵과 상호작용해서 아르곤$_{Ar}$이 됩니다. 마지막으로 이들 중 가장 작은 비중을 차지하는 경로는 양전자를 만드는 베타 붕괴로, 핵은 이번에도 아르곤으로 변합니다.

풀어서 설명하죠. 양전자는 전자의 반물질$_{反物質}$(전자·양성자·중성자로 이루어지는 실재의 물질에 대해 그 반대 입자인 양전자·반양성자·반중성자로 이루어지는 물질 — 옮긴이) 버전입니다. 영화 〈스타트렉〉에서 나오는 반물질과 같은 것으로 정상적인 전자와 질량은 같지만 전하는 반대라는 뜻입니다.

숫자들을 대입해서 열심히 계산해보면 보통 크기의 바나나는 평균적으로 75분마다 1개의 양전자를 만들어냅니다. 지금까지 했던 바나나 이야기를 키워드로 요약하면 다음과 같습니다. 돌연변이, 복제 생명체, 방사능, 반물질입니다.

이제 다른 이야기를 해보죠. 바나나를 이용해 원자력 발전기를 만들 수 있을까요? 제가 사는 집에 전력을 공급하려면 발전기에 바나나 몇 개를 넣어야 할까요? 그전에 원자력 발전기는 어떻게 작동하는지 간단히 살펴보죠. 발전기는 기본적으로 핵반응에서 나온 에너지를 사용해 물을 끓입니다. 이 끓인 물에서 나오는 수증기가 전기 발전기에 연결된 터빈을 돌리죠. 석탄 화력발전소가 작동되는 방식과 완전히 똑같아요. 물을 끓이는 데 사용하는 재료가 다르다는 점만 빼고요.

제가 생각하는 바나나 발전기는 다음과 같습니다. 바나나를 모아서 구 형태의 덩어리를 만듭니다. 그리고 이 덩어리의 겉면을 얇은 물로 에워쌉니다. 바나나가 양전자를 만들어내면 이 양전자들은 전자들을 소멸시키고 에너지를 생성합니다. 이 에너지가 물을 끓이고 증기를 만들어 터빈을 돌리는 거죠. 아주 간단해서 이런 발전기가 여태 만들어지지 않은 이유를 이해하지 못할 정도네요.

네, 사실은 이보다 복잡하다는 사실을 저도 잘 압니다. 여기서는 물이 양전자들을 빠져나가지 못하게 할 정도의 두께라고 가정했죠. 그리고 다른 종류의 방사성 붕괴로부터 나오는 에너지를 무시하고 있기도 합니다. 왜 다른 붕괴를 무시할까요? '바나나 전력 반물질 발전기'라는 이름이 그냥 멋있어 보여서요. 붕괴하는 바나나(원문에 쓰인 'decay'는 '붕괴'를 의미하는데 '부패'라는 뜻도 있어서 '붕괴하는 바나나'는 '썩어가는 바나나'로도 해석될 수 있다 —옮긴이)를 이용해 작동하는 발전기라고 말한다면 좀 역겹게 느껴질 테니까요.

중요한 질문이 남아 있습니다. 바나나 발전기를 만들려면 바나나는 몇 개가 필요할까요? 우선 바나나 한 개의 전력을 알아봅시다. 75분마다 양전자 하나를 만들어낸다면 이 양전자에서 나오는 에너지를 75분의 시간으로 나눠서 전력을 계산할 수 있습니다. 양전자 하나가 소멸하면 전자의 질량에 양전자의 질량을 더한 것에서 에너지가 나옵니다. 그렇다면 에너지의 양은 mc^2으로, 이때 c는 빛의 속도입니다. 양전자가 한 번 소멸할 때 에너지는 1.64×10^{-13}J이 발생합니다. 그다지 큰 수치는 아니죠. 이만큼의 에너지가 75분마다 한 번씩 만들어진다면 평균 전력은 9.11×10^{-18}W에 불과할 것입니다.

자, 이렇듯 미미한 전력을 만들어내는 바나나가 과연 몇 개나 있어야 2,000W(제가 집에서 사용하는 전기제품에 필요한 전력의 근사치입니다)를 만들어낼지 알아봅시다. 2,000W를 바나나 한 개의 전력으로 나누면 가정에 전력을 공급하는 데 2.2×10^{20}개의 바나나가 필요하다는 결론이 나옵니다.

정말 많은 수의 바나나죠. 그러면 바나나 발전기의 크기는 실제로 어느 정도여야 할까요? 몇 가지를 추정해보겠습니다. 보통의 바나나는 150g(0.15kg)이고 밀도는 약 $1g/cm^3$($1,000kg/m^3$)라고 합시다. 이 바나나 전부를 합친 질량은 (0.15kg)(n개)=3.3×10^{19}kg이 될 겁니다. 방금 추정한 밀도로 계산하면 이 바나나 전부를 합친 부피는 $3.3 \times 10^{16}m^3$가 됩니다. 이것을 공 모양으로 눌러버리면 '바나나 공'은 반지름이 2×10^5m가 되어 우주에서도 잘 보이겠죠.

바나나 발전기를 만드는 일은 그리 좋은 아이디어가 아니었나 봅니다. 지구상에 있는 바나나 개수가 발전기를 만들기에는 부족할 것 같네요. 차라리 바나나를 원숭이에게 먹여 원숭이의 힘으로 작동하는 발전기를 만드는 게 나을 수도 있겠군요.

07

거대 오리가 강할까?
작은 말이 강할까?

다음은 인터넷에 자주 올라오는 유명한 질문입니다. 언뜻 보기에는 선택하기가 쉽지 않은데, 한번 생각해볼까요?

"말 크기의 오리 한 마리, 아니면 오리 크기의 말 100마리 중 어느 쪽과 싸우는 게 나을까요?"

아이들에게 물어봤더니 아주 재미있게 토론을 하더군요. 저라면 말 크기의 오리라고 답할 겁니다. 물리학은 이런 결정을 내리는 데 큰 도움을 주죠.

우선 말 크기의 오리는 얼마나 클까요? 어려운 질문입니다. 어떤 종류의 말일까요? 오리는 어떤 종류고요? 오리와 말이 키가 같다는 말일까요, 아니면 질량이 같다는 말일까요? 보통 때처럼 똑바로 서 있는 자세의 오리와 목을 길게 뽑은 자세의 오리 중 어떤 오리와 키가 같다는 말일까요? 알 수가 없습니다.

오리를 떠올릴 때면 저는 주변에서 쉽게 볼 수 있는 청둥오리를 생각합니다. 위키피디아에 따르면 청둥오리는 길이가 50~65cm고 질량은 0.72~1.58kg입니다. 그런데 여기서 '길이'가 정확히 어떤 의미인지 잘 모르겠네요. 오리가 목을 쭉 내밀었을 때의 길이일까요, 보통 때 자세의 길이일까요?

위키피디아에는 오리 부리의 길이는 약 4.5cm라고 나와 있습니다. 오리의 그림에서 측정해보면 키는 약 27cm임을 알 수 있습니다. 그렇다면 말은요? 네, 위키피디아에는 말에 대한 내용도 있죠. 그 내용

을 참고로 계산해보니 평균적인 말 어깨의 높이는 1.57m고 질량은 500kg입니다.

오리와 말의 '크기'가 같다고 한다면 무엇이 같다는 이야기일까요? 앞 그림처럼 오리와 말의 머리 꼭대기 높이가 같은 것으로 정하겠습니다. 그리고 말 크기의 오리가 차지하는 폭도 추정해봤습니다. 말 크기 오리의 좌우 폭을 측정해야 하는 이유가 무엇일까요? 이 오리의 질량을 알아내야 하기 때문입니다. 일반적인 오리를 구의 형태와 비슷하다고 가정해보죠. 구의 반지름은 약 7cm로 추정하겠습니다. 오리의 질량을 1.2kg(앞서 제시된 범위 내에서 제가 고른 수치입니다)으로 계산하면 밀도는 835kg/m³입니다.

두 가지를 이야기하겠습니다. 첫째, 이 밀도는 오리의 실제 밀도가 아닙니다. 오리의 질량은 몸 전체를 대상으로 구했지만 부피를 구할 때는 구의 형태인 오리 몸통만을 대상으로 했습니다. 둘째, 이렇게 계산해서 오리의 밀도가 실제보다 크게 나왔을 텐데도 그 수치는 물의 밀도(1,000kg/m³)보다 낮습니다. 즉, 오리가 물 위에 뜬다는 의미입니다. 오리, 목재, 육수소스, 아주 작은 돌이 물 위에 뜬다는 사실은 누구나 알고 있죠.

이제 방금 구했던 오리의 밀도를 이용하면 말 크기 오리의 질량을 계산할 수 있습니다. 말 크기의 오리도 일반적인 오리와 밀도가 같을까요? 잘 모르겠네요. 제가 생각해낸 질문이 아니거든요. 어쨌든 말 크기의 오리를 물 위에 띄우려면 밀도가 물보다는 낮아야 합니다. 말 크기만 한 구의 부피와 오리의 밀도를 이용해서 계산해보면 질량은

3,000kg이 됩니다. 초대형 오리죠? 이 오리가 말보다 여섯 배나 무거운 이유는 뭘까요? 오리와 말을 둘 다 정면에서 본다면 이유를 알 겁니다. 상대적으로 말은 키에 비해 훨씬 말랐거든요.

이러니 "저 초대형 오리는 건드리지 마!"라고 할 수도 있겠죠. 하지만 저는 말 크기의 오리와 싸우겠다고 했었죠? 왜 그런 말을 했을까요? 전 이 오리가 움직일 수 없다고 생각하거든요. 이 정도로 큰 오리라면 날지 못한다는 건 확실하고 움직이지도 못한다고 봅니다.

오리가 날 수 있는지 없는지는 중요하지 않습니다. 오리의 다리가 중요하죠. 보통 크기의 오리는 원기둥 모양의 다리가 두 개 있습니다. 오리의 사진을 보고 측정해보니 다리의 반지름은 약 0.005m입니다. 일반적인 오리의 두 다리에 작용하는 압축 압력은 얼마일까요? 오리의 무게를 단면적으로 나눈 값이 될 것입니다. 그런데 오리가 걸을 때 자신의 무게 전부를 다리 하나만으로 지탱해야 하는 시기가 오기 때문에 다리는 하나로 보겠습니다. 이렇게 계산해서 나온 압력은 15만 N/m^2입니다.

굉장한 압력인 것 같지만 실은 그렇지 않습니다. 뼈의 압축강도는 이보다 1,000배 정도까지 클 수 있습니다. 따라서 오리는 걸을 수 있습니다. 누구나 알고 있는 사실이죠. 하지만 이 오리를 말 크기의 오리로 확대하면 무슨 일이 일어날까요? 질량이 증가하면 다리의 반지름도 증가합니다. 말 크기의 오리는 보통 오리에 비해 6.85배가 큽니다. 그러면 다리도 6.85배 더 크겠죠. 이렇게 되면 말 크기 오리의 압축 압력은 800만 N/m^2가 됩니다. 보통 오리의 압축 압력의 100배에 가깝죠. 그렇다고 오리의 뼈가 반드시 부러진다고는 할 수 없지만 그래도 생각해 보세요. 걷기가 굉장히 힘들어지긴 하겠죠. 이 오리는 그냥 제자리에 앉아서 아주 큰 소리로 꽥꽥거리기만 할 것 같습니다. 오리를 향해 몇 번 돌을 던지다 보면 이길 수 있을 거예요.

그런데 제가 처음 질문을 잘못 해석했다면 어떨까요? 오리와 말이 키가 아닌 질량이 같다면요? 이 오리가 말과 같은 500kg이라고 합시다. 보통의 오리와 밀도가 같고 구의 형태라면 이 구의 반지름은 0.52m가 될 겁니다. 이 정도면 타조의 크기에 가깝죠. 이런 경우라면 저는 오리 크기의 말 100마리와 싸우는 편을 택하겠습니다. 제가 아는 바로는 타조처럼 날지 못하는 큰 새를 건드리는 건 신상에 좋지 않거든요. 어린이 프로그램 〈세서미 스트리트〉Sesame Street에 나오는 빅 버드Big Bird(키가 249cm나 되는 노란 새 캐릭터─옮긴이)처럼 평화를 추구하는 새라면 어떨지 모르겠지만요.

제9장

공상과학에서나 보던 일

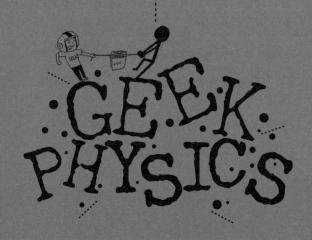

01

자동차로 좀비를
얼마나 물리칠 수 있을까?

대체로 대단한 질문은 대단한 인물들이 하기 마련입니다. 안타깝게도 이번 질문은 누가 했는지 기억이 나질 않네요. 아마도 글로벌물리학부Global Physics Department 회의에 참석했던 어떤 분인 것 같습니다. 그 회의에서 나왔던 질문을 제가 인용했을 가능성이 있으니 회의 참가자들에게 감사하다는 말을 전하고 싶네요(글로벌물리학부에 대해 더 알고 싶다면 globalphysicsdept.org를 방문해보세요).

이제 질문으로 다시 돌아옵시다. 다들 좀비에 관한 질문을 좋아하는 것 같습니다. 이유는 잘 모르겠지만 당신은 그곳에 있죠. 주위에 수많은 좀비들에 둘러싸인 채 혼자 살아남았습니다. 당신이 탄 자동차에는 다행히 연료가 있지만 길에는 좀비들이 득실거리고 있죠. 그 광경은 마치 좀비들의 길거리 파티 같네요. 당신은 좀비들을 뚫고 가는 데 성공할 수 있을까요? 오직 물리학만이 당신을 구해줄 수 있습니다.

이와 같은 문제를 풀려면 어떻게 접근해야 할까요? 상상을 초월하는 문제라 시작부터 막막합니다. 자동차가 길 위에서 좀비와 부딪쳤을 때 무슨 일이 일어날지 생각해보세요. 자동차는 좀비를 밀어내면서 속도를 증가시킬 겁니다. 힘이란 두 물체 사이의 상호작용이므로 이는 좀비도 차를 밀어낸다는 뜻입니다. 이렇게 충돌이 일어나는 동안 좀비와 자동차 사이에 작용하는 힘의 강도는 동일하지만 그 방향은 다릅니다. 그리고 좀비가 자동차를 미는 시간은 자동차가 좀비를 미는 시간과 같습니다. 어떻게 이 두 가지 시간이 다를 수 있겠어요? 당연히 같습니다.

자동차와 좀비 양쪽에 작용하는 힘과 시간이 동일하다는 사실을 알

고 있으므로 둘 다 운동량의 변화가 같아야만 합니다. 좀비가 자동차에 달라붙는 경우라면 좀비는 움직이지 않고 있었으므로 충돌 후 자동차와 좀비를 합한 것의 운동량은 충돌 전의 운동량과 같아야 합니다. 이제 자동차에는 좀비가 달라붙었으니 자동차의 질량이 증가한 것으로 여겨도 됩니다. 이 자동차와 좀비의 운동량이 이전과 동일하게 유지되려면 속도를 줄이는 방법밖에 없습니다.

따라서 자동차가 좀비와 충돌하면 자동차의 속도가 감소합니다. 그런데 문제는 이것이 틀렸다는 점이죠. 고려할 사항이 한 가지 더 있습니다. 자동차는 그냥 굴러가는 게 아니라 그 안에 엔진이 있습니다. 이는 엔진이 작동하면 자동차를 앞으로 나아가게 하는 또 다른 힘이 있을 수 있다는 뜻입니다.

그러면 좀비가 붙어 있지 않은 자동차에 대해 이야기해봅시다. 엔진은 어떻게 차를 앞으로 나아가게 할까요? 정확히 말하자면 앞으로 나아가게 하지 않습니다. 엔진은 바퀴를 밀고 바퀴는 도로와 상호작용을 하죠. 자동차를 앞으로 나아가게 하는 것은 도로라고 말할 수도 있어요. 자동차가 빙판길 위에 있는 경우를 생각해보세요. 이런 경우 똑같은 엔진이 들어 있는데도 자동차는 같은 위치에 머물러 있습니다.

어쩌면 자동차를 미는 것은 타이어와 도로 사이의 마찰력이라고 하는 편이 가장 적절할 수도 있겠네요. 바퀴를 지나치게 빨리 돌아가게 한다면, 그리고 굉장히 빨라서 자동차를 가속시키는 데 필요한 힘이 마찰력보다 커진다면 바퀴는 헛돌기만 할 겁니다.

마찰력이 자동차를 미는 이유는 뭘까요? 어떤 물체에 일정한 힘을 가했을 때 그 물체는 속도가 계속 바뀔 것입니다. 그렇다면 원하는 속도까지 올린 다음 엔진을 꺼버리면 될까요? 아니요, 그렇게 해서는 안 됩니다. 자동차를 미는 다른 힘이 하나도 없는 경우에만 그렇게 해도 되겠죠. 현실의 자동차에서는 중요한 힘 두 가지를 감안해야 합니다. 첫째는 회전마찰입니다. 이는 자동차가 움직이는 방향과 반대로 미는 힘으로, 대체로 타이어 압축과 차축의 마찰에 의해 생깁니다. 둘째는 공기저항입니다. 자동차가 빨리 갈수록 자동차를 반대 방향으로 미는 공기저항의 힘이 커지죠.

이 두 가지 힘이 있기에 자동차가 일정한 속도로 움직여 알짜힘이 0이 되려면 타이어의 마찰력이 계속해서 차를 앞으로 밀어야 하는 것입니다. 물론 이 정도는 다들 알고 있죠. 가속 페달에서 발을 떼면 자동차의 속도가 줄어든다는 사실은 모두 알고 있을 거예요.

다시 좀비 이야기로 돌아갑시다. 좀비 무리를 뚫고 운전할 때 중요한 사항 두 가지를 앞에서 설명했습니다. 첫째, 좀비와 충돌하면 자동차의 속도가 줄어듭니다. 둘째, 자동차를 앞으로 나아가게 하는 마찰력이 있으면 자동차의 속도는 줄지 않을 것입니다. 좀비와 충돌하면 자동차는 약간 느려질 수 있지만 곧바로 다시 빨라질 수 있습니다. 좀비가 공기보다 자동차에 심각하게 손상을 입히지 않는 한 큰 문제가 생기지는 않을 겁니다.

좀비와의 충돌은 간단하지만 좀비가 여럿이면 그 영향력을 어떻게 알아낼 수 있을까요? 각각의 좀비-자동차 충돌을 살펴보는 대신 이 경우에 맞는 또 다른 모형을 만들어보겠습니다. 자동차가 좀비와 충돌하는 것은 공기와 충돌하는 현상과 매우 비슷합니다. 차이점이 하나 있다면 좀비가 질량이 더 많이 나가고 좀비들 사이의 간격이 더 넓다는 점입니다.

기억할지 모르겠지만 공기저항을 아주 잘 나타내주는 모형에 따르면 공기저항의 힘은 공기의 밀도, 물체(자동차)의 단면적, 자동차의 형태에 의해 결정되는 항력계수, 자동차 속도의 제곱을 모두 곱한 것에 비례합니다. 좀비에 적용하려면 이를 어떻게 바꿔야 할까요?

첫 번째로 바꿀 것은 밀도입니다. 공기의 밀도는 약 $1.2kg/m^3$입니다. 좀비는 어떨까요? 몇 가지를 가정해봅시다. 인간은 질량이 50~70kg 정도 됩니다. 좀비는 체액이 잘 빠져나가고 부속 기관들도 쉽게 없어지곤 해서 질량이 인간보다 조금 작을 것이라고 예상하고 평균 질량을 60kg으로 정하겠습니다. 도로 위에 m^2당 n명의 좀비가 있다면 구역의 밀도는 m^2당 60kg×n명 좀비가 될 것입니다. 마음에 안 든다고요? 밀도가 m^3당이 아니라 m^2당 kg이라 화가 나셨다고요? 그 불만을 이해는 합니다만 문제는 없을 겁니다. 믿어주세요.

여기에서 밀도 문제를 바로잡도록 하죠. 저는 좀비 항력의 단위가 다른 힘과 마찬가지로 뉴턴이어야 한다는 점을 알고 있습니다. 제가 좀비의 밀도를 m^2당 kg으로 정한다면 공기저항 방정식을 사용할 수 없습니다. 단위가 맞지 않거든요. 하지만 자동차의 단면적을 자동차의 폭으로 바꾸면 어떨까요? 좀비와 충돌할 때 자동차의 높이가 높으면 충돌하는 부분이 더는 생기지 않을 것입니다. 정말로 중요한 것은 자동차의 폭이라는 이야기죠. 이렇게 바꾸면 단위 문제도 해결됩니다. 밀도는 m^2당 kg 단위로, 폭은 m 단위로 하면 새롭게 만든 좀비−항력 공식은 공기저항 공식과 단위가 같아집니다. 둘 다 단위는 뉴턴이 되겠죠.

생각할 것이 하나 더 있습니다. 바로 항력계수입니다. 공기를 뚫고 움직이는 물체에서 항력계수는 그 물체의 공기역학상 형태에 따라 다릅니다. 원뿔 형태의 물체와 평평한 원형의 물체는 똑바로 쳐다보면 원처럼 보이긴 해도 전자가 후자보다 항력계수가 낮을 것입니다.

항력계수는 어떻게 알아낼까요? 대부분의 경우 실험을 통해 알아낼 수 있습니다. 다행히도 충돌 실험에 사용할 좀비들이 없는 관계로 실험을 할 수는 없겠네요. 그래도 추측은 할 수 있으니 괜찮습니다. 항력계수가 1이라면 탄력이 없는 좀비와 충돌하는 것과 비슷해서 좀비들이 모두 차에 달라붙을 것입니다. 저는 전부터 좀비가 끈끈할 것이라고 생각해왔지만 정말로 그렇지는 않겠죠. 좀비의 항력계수는 0.8로 정합시다.

이제 추정치를 정해야겠네요. m^2당 좀비의 수를 먼저 추정하겠습니다. m^2당 좀비가 하나면 도로를 빽빽하게 채우지는 않을 것이고, 넷이면 현실적으로 m^2에 들어갈 수 있는 최대치가 될 것입니다. 마지막으로 추정해야 하는 수치는 자동차의 폭입니다. 실제 자동차 한 대를 고르도록 하죠. 저는 좀비들과 함께 있는 상상을 할 때마다 토요타 FJ 크루저Toyota FJ Cruiser를 모는 제 모습을 봅니다. 이유는 잘 모르겠지만 그 상황에 잘 맞는 차인 것 같아요. 이 차를 인터넷에서 검색하면 폭이 1.9m라는 사실을 알 수 있습니다. 질량은 약 2,000kg이군요. 이 질량 수치는 나중에 필요할 것입니다.

이 자동차에 작용하는 좀비−항력은 얼마나 될까요? 그전에 먼저 속도를 알아야 합니다. 40~80km/h 속도에서의 항력을 계산하겠습니다. 좀비에 둘러싸여 있는데 40km/h보다 느리게 간다면 어떤 일이 벌어질지 모르고 80km/h를 넘기면 자동차는 통제할 수 없을 정도로 빨라집니다. m²당 좀비가 하나일 때 속도가 40km/h라면 항력은 5,700N(580kg)이 됩니다. 자동차 속도가 80km/h일 때는 항력이 2만 3,000N(2,345kg)입니다. 속도를 두 배만 늘렸는데도 좀비−항력이 네 배 늘어났다는 사실에 주목하세요. 이는 항력이 속도의 제곱에 비례하기 때문입니다.

좀비 문제에 대한 정답을 아직 이야기하지 않았군요. 자동차를 운전해서 뚫고 지나갈 수 있는 좀비는 얼마나 될까요? 우선 일정한 속도로 운전해서 뚫고 지나갈 수 있는 좀비 무리의 밀도를 계산하겠습니다. 자동차를 앞으로 나아가게 하는 마찰력이 좀비의 항력과 동일하다면 자동차는 계속해서 일정한 속도로 움직일 겁니다. 그렇다면 자동차를 앞으로 나아가게 하는 최대 마찰력은 얼마나 될까요? 마찰의 일반적인 모형에 따르면 최대 정지 마찰력은 '항력계수×두 개의 표면을 함께 미는 힘'입니다. 이 힘은 표면과 수직으로 작용하기 때문에 사람들은 흔히 수직력이라고 부릅니다. 자동차가 평평한 도로 위에 있다면 수직력은 자동차의 무게가 될 것입니다. 그리고 일반적인 도로 위에서 움직이는 보통 타이어의 경우라면 마른 도로에서의 항력계수는 약 0.7입니다. 항력계수와 토요타 FJ 크루저의 질량을 대입해서 계산하면 최대 마찰력은 1만 3,700N이 됩니다.

운전 속도를 40km/h라고 가정하면 이 힘을 상쇄해줄 m^2당 좀비의 수를 계산할 수 있습니다. 앞서 사용했던 수치를 다시 써보면 m^2당 좀비의 수는 2.4명이 됩니다. 이 정도면 나쁘지 않죠. 뚫고 갈 수 있을 것 같습니다. 물론 속도를 80km/h로 늘린다면 문제가 생기겠죠. 이 경우 운전해서 뚫고 갈 수 있는 m^2당 좀비 수는 0.6명에 불과합니다. 속도가 증가했는데 좀비 수는 오히려 줄어들었죠. 이는 일정한 속도로 움직이는 자동차가 무한한 수의 좀비를 뚫고 가는 상황을 계산한 것이기 때문입니다. 운전 속도가 빨라지면 충돌 횟수가 많아지는 동시에 충돌 강도도 커지겠죠.

그러면 한 가지만 더 생각해보죠. 좀비의 수가 무한하지 않다면 어떨까요? 그 지역의 고등학교 축구팀 선수들이 좀비가 되어 길을 막고 있다면 몇 명을 뚫고 지나갈 수 있을까요? 좀비 밀도를 m^2당 세 명으로 가정하면 뚫고 지나갈 수 있습니다. 자동차의 속도를 늘리기만 하면 됩니다. 좀비의 수가 무한하지 않다면 좀비와 부딪치면서 자동차의 속도는 느려지기 시작할 겁니다. 하지만 공격받을 수 있는 속도(시속 15km 정도) 이하로 떨어지지만 않는다면 살아남을 수 있습니다.

이제 문제는 이것을 계산하는 방법입니다. 계산은 좀 더 어렵거든요. 무엇 때문에 계산이 어려워질까요? 이 사례에서는 좀비-항력이 변하기 때문이죠. 자동차의 속도가 느려지면서 항력은 감소합니다. 속도가 느려지기 전까지 움직일 수 있는 거리를 알아내려면 수치 계산을 반드시 해야만 합니다. 개인적으로 좀비와 마주치는 상황은 무조건 대비하고 있어야 한다고 생각하기에 이것도 계산을 해보겠습니다.

좀비 밀도를 m²당 세 명으로 하고(그보다 작은 수치라면 40km/h 미만으로 속도가 줄어들지 않을 겁니다) 출발 속도를 80km/h로 해서 계산하면 거리는 20.6m가 나옵니다. 이것은 자동차의 속도가 40km/h로 감소할 때까지 좀비를 뚫고 운전하게 될 거리입니다. 이렇게 했을 때 좀비의 수는 얼마나 될까요? 좀비들이 9m 폭의 주택 도로에 서 있다고 합시다. 제가 20.6m를 운전한다면 좀비가 서 있는 면적은 185.4m²가 될 것입니다. 이 수치와 m²당 세 명이라는 좀비 밀도를 이용해서 계산하면 좀비의 수는 556명이 됩니다. 이 정도면 고등학교 축구팀의 인원보다는 확실히 많군요. 고등학교의 전교생 수라고 해도 되겠습니다.

사실 이 좀비들이 전에 누구였는지는 별로 중요하지 않죠. 지금은 좀비가 되었고, 저는 차를 몰고 이 좀비들을 뚫고 가야 합니다. 좀비가 출몰한 위기 상황에서 살아남을 수 있느냐가 중요한 거죠.

02

영화 〈백 투 더 퓨처〉의
호버보드를 만들 수 있을까?

어린 시절 제게 큰 영향을 미친 영화들이 몇 편 있
는데 영화 〈백 투 더 퓨처〉 시리즈 세 편이 바로 그렇습니다. 이 영화를
전혀 모르는 사람도 있을 테니 간략하게 줄거리를 설명하겠습니다. 영
화는 어떤 과학자가 타임머신을 만든다는 이야기로 시작됩니다. 주인
공 마티 맥플라이는 이 타임머신을 타고 과거로 가죠. 그곳에서 실수
로 현재의 일들을 엉망으로 만들어버리는데 상황을 바로잡으려면 미
래로 가야 합니다. 자, 일단 줄거리는 여기까지만 이야기하겠습니다.

그런데 중요한 이야기가 한 가지 더 있습니다. 시리즈의 두 번째 영화에서 마티와 과학자는 2015년이라는 아주 먼 미래로 시간 여행을 하죠. 저는 이 부분이 재미있습니다.

이 미래에서 마티는 사람들이 호버보드를 갖고 있다는 사실을 알게 되죠. 호버보드는 스케이트보드와 같은데 지면 위로 떠다닌다는 점만 다릅니다. 이제 2015년이 됐으니 우리도 호버보드를 갖고 있어야겠죠? 그런데 제 호버보드는 어디에 있나요?

최근 호버보드가 실제로 존재한다고 사람들을 속였던 사례가 있었습니다. 전설적인 스케이트보드 선수 토니 호크Tony Hawk가 호버보드를 타고 돌아다니는 영상이 인터넷에 올라왔었죠. 하지만 이 영상이 진짜라고 생각했던 사람들을 위해 진실을 밝히는 데 도움이 될 만한 근거를 몇 가지 나열하겠습니다.

- 영상에는 호버보드가 어떻게 작동하는지에 대한 자세한 설명이 없었다(거짓으로 지어낸 말도 안 되는 설명이라도 있어야 할 텐데 그런 내

용조차 없었습니다).

- 영상에 "다음 나오는 장면은 모두 실제 상황입니다."라는 말이 나온다(대놓고 가짜가 아니라고 말하는 것만큼 가짜 영상임을 잘 드러내는 표현이 또 있을까요?)
- 영상에 나오는 호버보드는 〈백 투 더 퓨처 2〉에 나오는 것과 완벽하게 같아 보인다.
- 영상 효과를 봐도 호버보드의 움직임이 영화에서의 움직임과 똑같아 보인다(줄에 매달린 사람들이 앞뒤로 왔다 갔다 하는 것처럼 보이는데, 이는 실제로 사람들을 줄에 매달아서 앞뒤로 왔다 갔다 하도록 했기 때문입니다).
- 영상에서 몇몇 사람들이 호버보드를 한 번씩 타보는데 아무도 넘어지지 않는다. 다들 호버보드에 올라타자마자 쌩쌩 돌아다니기 시작한다.

따라서 이 영상이 가짜라는 점을 증명하겠다고 열심히 분석할 필요도 없습니다. 완전히 가짜거든요. 진짜 궁금한 점은 실제로 호버보드를 만들 수 있느냐는 겁니다. 이 호버보드를 어떻게 하면 작동시킬 수 있을까요? 호버보드를 만들고 싶다면 반드시 갖춰야 할 특성이 한 가지 있습니다. 어떤 상황이든지 호버보드에는 사람을 밀어 올리는 힘이 작용해서 수직 방향의 알짜힘이 0이어야 한다는 것입니다. 이는 사람에 호버보드를 더한 무게만큼의 힘으로 호버보드가 위로 밀어 올려야 한다는 뜻이죠. 이를 가능하게 하기 위한 몇 가지 아이디어들은 다음과 같습니다.

미니 헬리콥터로 만든다

호버보드에 작은 회전 날개가 두 개 있어서 사람을 들어 올리면 어떨까요? 현실에서 호버보드를 만든다면 이런 아이디어가 가장 타당하다고 생각합니다. 물론 진짜 사람을 들어 올리려면 작은 회전 날개가 엄청난 에너지를 만들어내야겠지만 가능성은 가장 높다고 봅니다. 동력원이 대단히 강력하다면 가능할 것 같습니다. 하지만 보드 위에 선풍기 같은 날개가 달려야 해서 영화에서 나온 것과는 달라 보이겠죠.

반중력을 이용한다

보드 바닥에 일종의 반중력 디스크가 있다고 하면 어떨까요? 작동할 수 있을까요? 반중력이라는 게 실제로 존재한다면 가능하겠죠. 질량이 있는 물체들이 서로 당기는 대신 밀어낼 수 있는 가능성을 물리학적으로 증명할 수 있는 사람이 있을 것이라고 저는 확신합니다. 그런데 지면을 밀어내기는 하되 사람을 밀어내지는 않는 호버보드를 만드는 게 진짜 어렵겠죠. 어쩌면 이런 이유로 보드에 사람을 묶어야 할지도 모릅니다.

자석을 이용한다

물체를 당기기만 하는 인력과 달리 자기력은 당기기와 밀어내기 둘 중 하나를 할 수 있습니다. 자석의 n극은 s극을 당기지만 다른 자석의

n극을 밀어내죠. 이건 누구나 아는 사실입니다. 하지만 자석과 관련해 두 가지 문제가 있습니다. 첫째, 일반적인 자석이 사용된다면 자기력이 아주 강하다고 해도 안정적인 방식으로 공중에 뜰 수 없습니다. 서로 밀어내는 두 개의 자석은 뒤집혀서 당기려는 경향이 있습니다. 이런 상황을 개선하려면 초전도 자석(초전도체 코일에 전류를 흐르게 해서 적은 전력으로 아주 센 자기장을 얻을 수 있게 한 전자석—옮긴이)을 이용하는 방법이 있겠죠.

두 번째 문제는 반대쪽 자석과 관련이 있습니다. 초전도 자석을 사용한다고 해도 호버보드를 띄울 수 있는 자석이 땅속에 있어야만 합니다. 그렇게 되면 호버보드는 스케이트보드라기보다는 기차에 가까운 물건이 되죠.

정전기 척력을 이용한다

이 방법도 자석과 동일한 문제가 있습니다. 유사한 전하는 서로 밀어내기는 하지만 그러려면 보드와 지면 양쪽 모두에 엄청난 전하가 있어야 합니다. 또 다른 문제는 공기와 관련이 있습니다. $3 \times 10^6 V/m$가 넘는 전기장을 생성하는 전하가 있다면 공기는 전도체가 되어버립니다. 전기가 불꽃을 일으킬 때 일어나는 현상이 바로 이런 경우죠.

이온추진기를 이용한다

이온추진기는 실제로 존재하는 기계입니다. 큰 전위차를 이용해 양이온을 가속시키죠. 이 양이온들은 가속되면서 추진하는 역할을 하는 기기에 힘을 가합니다. 이것은 화학 로켓이 작동하는 방식과 동일하지만 그보다 입자를 적게 사용하고 지속 시간도 더 깁니다.

하지만 이온추진기에서는 힘의 크기가 문제가 됩니다. 가장 성능이 뛰어난 이온추진기도 추진력이 1N 안팎에 불과합니다(사람의 무게인 650N에 훨씬 모자라는 수치죠). 전위차가 큰 것도 문제가 됩니다. 호버보드에 이온추진기를 부착하는 일은 어려울 것 같네요. 하지만 미래의 호버보드 기술로 최소한의 가능성은 있다고 생각합니다. 추진력을 좀 더 강화하고 크기를 줄이면 될 것입니다. 그 정도면 아주 힘든 일도 아니겠죠. 40년 전에 컴퓨터가 얼마나 크고 느렸는지 생각해보세요. 당시만 해도 미래에 스마트폰 같은 것이 개발되리라고 누가 생각이나 했겠어요?

03

번개를 이용해
시간 여행을 할 수 있을까?

기왕에 영화 〈백 투 더 퓨처〉 이야기가 나왔으니 여기에 나오는 '드로이언'$_{DeLorean}$ 타임머신에 대해 한번 살펴보죠. 영화에서 마티 맥플라이는 다시 미래로 돌아가기 위해 1950년대의 브라운 박사에게 1980년대의 브라운 박사가 타임머신을 설명하는 영상을 보여줍니다. 여기서 그 유명한 대사가 나오죠. 바로 타임머신에 $1.21 \times 10^9 \text{W}$가 필요하다는 이야기입니다.

이 장면에서 박사가 기가와트(GW)를 발음하는 게 무척 재미있습니다. 보통은 '기'로 발음하는데 박사는 '지'가와트라고 말하죠.

기가와트는 무엇일까요? 와트는 전력의 단위입니다. 그렇다면 전력은 무엇일까요? 전력은 다양한 방법으로 정의할 수 있습니다. 그중에서 가장 많이 언급되는 정의는 정해진 시간 동안 에너지의 변화입니다. 에너지를 줄 단위로, 시간 간격을 초 단위로 측정하면 전력의 단위는 와트가 됩니다. 따라서 1W는 1초당 1J과 같습니다. 에너지 단위 중에는 마력(hp)도 있어서 1hp는 746W와 같습니다.

기가와트(GW) 앞에 붙는 '기가'는 무엇일까요? 기가는 일반적으로 10^9을 뜻하는 단위 앞에 붙는 접두사입니다. 1.21기가와트는 1.21×10^9W라는 것이죠. 이 정도면 전력량이 크다고 할 수 있나요? 그렇습니다. 비교하자면 니미츠급 항공모함에 있는 원자로는 1.94×10^8W의 전력을 생산합니다.

브라운 박사가 시간 여행에 필요한 전력을 듣고 했던 말은 어떤 의미일까요? 박사는 1.21기가와트라고 말했습니다. 제게 이 말은 토스트를 만들려면 얼마만큼의 전력이 필요한지를 묻는 것과 같습니다. 아마도 500W 토스트기를 사용할 수 있겠죠. 250W 토스트기를 써도 되겠지만 그렇게 하면 시간이 더 오래 걸립니다. 시간 여행은 독특해서 에너지가 필요하면서도 그 에너지가 어느 정도의 시간에 걸쳐 작용해야 할 수도 있습니다. 저는 제가 방금 말한 대로 가정하겠습니다.

시간 여행에 필요한 에너지를 계산하고 싶다면 (이미 주어진) 전력에 시간에 대한 정보가 있어야 합니다. 이는 시간 여행에 시간이 얼마나 걸리는지를 계산해야만 한다는 뜻입니다. 무슨 말장난 같군요. 다시 말해 타임머신 드로리언이 시간 여행을 하는 과정에서 에너지를 사용하는 시간이 얼마나 걸리는지를 생각해야 한다는 겁니다.

〈백 투 더 퓨처〉의 몇 가지 영상을 분석해보니 걸리는 시간이 둘로 나뉩니다. 첫 번째 경우 마티는 드로리언을 140km/h까지 운전하다가 펑 하고 과거로 갑니다. 이 과정이 시작되는 프레임부터 끝날 때까지를 측정하면 걸리는 시간은 4.3초입니다.

그런데 잠깐만요. 마티가 미래로 다시 돌아올 때는 어떤가요? 이때는 자동차에 전력을 공급하기 위해 번개를 이용합니다. 영상 자료를 통해 제가 추정한 바에 따르면 번개와 자동차가 상호작용하는 시간은 0.46초에 불과합니다. 이 두 가지 추정치 각각에 대해 시간 여행에 필요한 에너지를 계산해야겠군요.

전력과 시간이 있으니 에너지를 계산하는 일은 아주 간단합니다. 전력에 시간을 곱하기만 하면 되겠죠. 두 가지 시간을 이용해서 계산하면 에너지는 각각 52억 J과 5억 5,600만 J이 됩니다. 이 정도 수치면 그리 나쁘지는 않군요. 그런데 50억 J은 어디서 얻을 수 있을까요? 브라운 박사는 처음에 플루토늄을 사용하기로 결정했었습니다. 박사가 아주 자세히 말해주지는 않았지만 플루토늄-239를 사용했을 것 같군요. 플루토늄-239에는 방사능이 있긴 해도 이번 사례에서는 방사능이 에너지를 제공해주지는 않았다고 봅니다. 대신에 핵을 작은 조각들로 분리하는 일종의 핵분열 과정이 있었던 것 같아요. 이 작은 조각들은 원래의 핵보다 질량이 가볍기에 에너지($E=mc^2$)를 얻을 수 있습니다. 자세한 내용은 넘어가겠지만 한 개의 플루토늄 원자가 200메가전자볼트(MeV)를 만들어낸다고 합시다. 이는 3.2×10^{-11}J과 같습니다.

일반적인 원자로(플루토늄-239를 사용하지 않을 것 같은)에서 이 에너지는 물의 온도를 증가시켜 수증기를 만들어내는 데 이용됩니다. 그러면 수증기는 전기 터빈을 돌려 전기를 만들어내죠. 타임머신의 원리는 이것과는 확실히 다릅니다. 정확한 작동 원리는 잘 모르겠지만 효율이 완벽하지 않은 과정인 것만은 확실합니다. 따라서 효율을 50%로 정하겠습니다.

5억 J(최저 한계치)을 만들어내려면 원자가 3.1×10^{19}개 필요합니다. 플루토늄-239 원자 한 개의 질량이 3.29×10^{-25}kg이므로 연료의 질량은 1.2×10^{-5}kg이 되어야 합니다. 이 정도면 가능할 것 같군요. 번개는 어떨까요? 번개에서 에너지를 이 정도로 얻을 수 있을까요? 위키피디아에 따르면 한 번의 번갯불이 만들어내는 에너지는 약 5×10^9J입니다. 타임머신이 작동하기에 딱 좋은 에너지죠.

번개나 플루토늄이 재미없다고 느낀다면 어떻게 할까요? AA 배터리를 사용하는 쪽을 좋아할지도 모르겠군요. AA 배터리 한 개에는 평균 약 1만 J의 에너지가 저장되어 있습니다. 5억 J의 에너지를 얻으려면 AA 배터리 5만 개가 필요하겠죠. 물론 아주 짧은 시간 내에 이 배터리들을 다 소모해버린다는 전제 하에서입니다. 배터리의 전류 출력량이 커야 하고, 배터리가 엄청나게 뜨거워진다는 뜻이죠. 그냥 플루토늄을 사용하는 편이 낫겠네요.

04

골룸은 동굴 속에서
어떻게 볼까?

정말로 골룸은 《호빗》에서 가장 멋진 캐릭터일 까요? 그럴지도 모르죠. 이야기를 계속하기 전에 소설의 중요한 내용 이 나올 수 있다는 점을 알려드립니다. 미리 경고했습니다. 이 책이 출 판된 지가 70년이 넘었으니 굳이 경고할 필요가 없을지도 모르겠네요. 로미오와 줄리엣이 마지막에 죽는다는 이야기를 하기 전에 중요한 내 용이 나올 수 있다고 미리 경고할 필요는 없겠죠. 이런, 방금 그것도 이 야기해버린 셈이 됐군요.

이제 그 중요한 내용 이야기를 해보죠. 《호빗》의 한 대목에서 빌보
는 산 아래에 있는 터널 안에 있다가 함께 있던 무리에서 떨어져 나옵
니다.

> "눈을 떴을 때 빌보는 자신이 정말 눈을 떴는지 의심스러웠다. 눈을 감았을 때와
> 똑같이 어두웠기 때문이었다. 주위에는 아무도 없었다. 얼마나 무서웠을지 상상
> 해보라. 빌보는 아무것도 들을 수 없었고 아무것도 볼 수 없었으며 바닥에 있는
> 돌 외에는 아무것도 느낄 수 없었다."[*]

위 글을 읽고 영화의 한 장면을 떠올릴 수 있습니다. 화면은 아무것
도 없이 검정색입니다. 보이는 것이 하나도 없습니다. 이를 슈퍼 암흑
이라고 부르기도 하죠. 그러다 빌보는 어둠 속에서 자신의 검이 반짝

---

[*] J.R.R. Tolkien, *The Hobbit* (New York, NY: Houghton Mifflin Harcourt, 1978), 83.

인다는 사실을 알게 되고 검을 이용해서 담뱃대를 찾아냅니다. 호빗은 긴급한 상황에서도 우선순위의 원칙을 정확히 지킵니다. 담뱃대를 먼저 찾는 것이죠.

그건 그렇고 인간은 어떻게 볼까요? 사람이 낮 시간에 땅에 있는 바위를 보고 있다고 가정합시다. 바위를 보기 위해서는 빛이 바위에 반사되어 눈으로 들어와야 합니다. 이 빛은 어디에서 올까요? 빌보의 경우는 검에서 옵니다. 빛은 검에서 나와 돌로 간 다음 눈으로 들어갑니다. 그 후 빌보의 눈이 빛을 처리해 뇌로 정보를 보내면 뇌에서 돌의 이미지가 형성되죠.

이것이 인간이 사물을 보는 두 가지 방법입니다. 무엇인가가 빛을 방출해서 그것을 보거나, 무엇인가가 빛을 반사해서 그것을 봅니다. 둘 중 어느 쪽이든 뭔가를 보려면 빛이 눈으로 들어와야 합니다. 반짝이는 검이나 빛이 없으면 볼 수 없죠. 사람이 빛을 전혀 볼 수 없으면 사람의 뇌는 검정색을 인식하게 합니다.

한 가지를 실행에 옮겨봅시다. 친구들을 찾아가서(또는 친구들을 사귀고 나서) 이렇게 질문해보세요. "창문이 없고 문이 빛을 완벽하게 차단하는 방에 들어간다고 하자. 그 방 안에는 붉은 사과 하나가 탁자 위에 있어. 이제 누군가가 전등을 끄지. 껐던 전등 말고 다른 빛은 전혀 없는 상황이야. 전등을 끈 채로 사과를 본다면 뭐가 보일까?" 아마도 대부분은 다음과 같이 대답할 겁니다.

- 검은색만 보이고 사과를 전혀 볼 수 없을 것이다.
- 처음에는 어둡겠지만 시간이 좀 지나고 나면 눈이 어둠에 적응하기 시작해서 사과의 모양을 볼 것이다. 하지만 사과는 붉은색이 아니라 회색에 가까워 보일 것이다.

거의 모든 대답이 둘 중 하나와 비슷할 거예요. 대체로 첫 번째 대답의 비율이 약 20%이고 눈이 적응한 다음에 볼 수 있다는 대답은 80%입니다. 첫 번째 대답을 한 사람들에게 그렇게 답한 이유를 물어보면 대부분은 빛이 없는 동굴 속에 가봤기 때문이라고 할 겁니다. 동굴 속에 들어가 보면 그곳은 뭐라 말할 수 없을 정도로 어둡습니다(슈퍼 암흑과 같은 상황이죠). 첫 번째 대답을 한 사람들 중 일부는 필름을 현상하기 위한 암실과 같이 빛이 하나도 없는 장소에 가본 적이 있을지도 몰라요. 요즘 같아서는 운이 아주 좋아야 암실에 한 번이라도 들어가볼 수 있겠지만요.

왜 이렇게 많은 사람들이 이 문제를 틀릴까요? 보통 어디에나 빛이 어느 정도는 있기 때문입니다. 빛이 아주 조금밖에 없더라도 뭔가를 볼 수는 있죠. 밤에 숲으로 나가보면 조금은 보입니다. 보름달이 떠 있다면 상당히 잘 보이죠. 침실에서 불을 껐을 때도 볼 수 있습니다. 길거리에 있는 불빛이 창문 블라인드 틈으로 방 안에 들어올 테니까요. 제가 하고 싶은 이야기는 인간은 이런 식으로 본다는 이야기입니다. 그러면 골룸은 어둠 속에서 어떻게 볼까요?

부엉이는 어떨까요? 부엉이는 밤에 어떻게 그렇게 잘 볼 수 있을까요? 어떤 동물들은 눈이 망원경과 비슷합니다. 망원경은 멀리 있는 물체의 이미지를 확대시키는 역할만 하는 게 아닙니다. 빛을 모으는 능력을 향상시키기도 하죠. 부엉이의 눈이 바로 그렇습니다. 눈이 크면 (또는 눈동자가 크면) 눈의 내부로 빛이 더 많이 들어와 뇌가 그 빛을 이미지로 처리할 수 있죠.

쌍안경을 구해서 렌즈의 크기를 한번 살펴보세요. 쌍안경의 렌즈는 여러분의 눈보다 상당히 크죠? 이제 하늘에 있는 별들을 눈으로 본 다음 쌍안경으로도 보세요. 쌍안경으로 보면 별이 더 많이 보이죠. 이는 별이 확대되었기 때문이 아닙니다. 그보다는 하늘에서 더 많은 빛이 눈 안으로 들어왔기 때문이죠. 눈이 크다거나 쌍안경이 있다면 동굴 속에서도 잘 보일까요? 아니죠. 깜깜할 때도 볼 수 있으려면 빛을 더 많이 모아야 합니다. 빛이 없으면(농담이 아닙니다. 동굴에는 빛이 없어요) 모을 수 있는 것도 없다는 이야기죠.

부엉이와 비슷한 눈이 효과가 없다면 군용 야간투시경은 어떨까요? 결론부터 말하고 싶지는 않지만 야간투시경도 쌍안경과 기본적으로는 같은 역할을 합니다. 야간투시경에는 조그마한 영상 모니터와 함께 이미지 센서가 있죠. (비디오카메라처럼) 빛이 이 센서에 닿으면 투시경은 사람이 볼 수 있을 정도까지 이미지의 화질을 향상시킵니다. 여기에 내장된 카메라는 일반적인 가시광선과 함께 가시광선 스펙트럼에 가까운 적외선도 모아주죠.

사실 대부분의 카메라는 사람이 볼 수 없는 것들까지 기록합니다.

이렇듯 보이지 않는 스펙트럼에서 나오는 빛을 흔히 근적외선이라고 부르죠. TV 리모컨에서 나오는 빛도 이 범위에 속합니다. 다양한 카메라를 이용해서 리모컨을 찍어보세요. 리모컨 앞에 작은 불빛이 반짝이는 것을 볼 수 있게 해주는 카메라가 몇 개 있을 겁니다. 인간의 눈으로는 볼 수 없는 빛이므로 렌즈 위에 IR 필터가 부착되어 이런 빛의 스펙트럼을 차단하는 카메라들도 있습니다.

그렇다면 야간투시경은 빌보에게 도움이 될까요? 도움이 되지 않습니다. 야간투시경에는 배터리가 사용되는데 중간계Middle-earth에는 그런 종류의 배터리가 없습니다.

원적외선 스펙트럼을 볼 수 있는 카메라로 바꾸면 어떨까요? 사람들은 이를 열감지 카메라라고 부릅니다. 카메라와 열이 무슨 상관이 있나요? 모든 사물은 빛을 방출하거든요. 그리고 빛의 파장은 물체의 온도에 의해 결정됩니다. 대부분의 물체가 방출하는 빛의 파장은 원적외선 범위에 들어가죠. 따라서 열감지 카메라는 이런 범위에 있는 파장을 감지하고 그것을 가공된 색의 이미지로 변환합니다. 이 카메라로 촬영된 이미지에 나타나는 다양한 색은 물체들의 다른 온도를 나타내죠(일반적으로 그렇다는 이야기입니다).

동굴 속에 있는 빌보에게 열감지 카메라가 효과가 있을까요? 빌보가 배터리를 발견했다고 가정하면 어느 정도 효과가 있을 것입니다. 동굴 벽의 온도가 모두 같다면(일반적으로는 같죠) 카메라는 벽과 관련된 자세한 정보는 보여주지 못하겠죠. 하지만 빌보가 벽에 가까이 있다면 빌보의 몸에서 나오는 적외선이 반사된 것을 카메라가 감지할 겁니다. 또한 빌보는 카메라를 반대 방향으로 돌려서 화면을 미니 손전등처럼 이용할 수도 있을 거예요. 아, 그리고 방금 사람이 지나갔다면 땅바닥에 남은 체온의 흔적들을 볼 수 있을지도 모릅니다. 이는 열감지 카메라가 얼마나 민감한지와 사람들이 지나간 시점이 얼마나 되었는지에 따라 결정됩니다. 물론 빌보는 열감지 카메라에서 배터리를 빼내 금속 조각을 이용해서 배터리에 합선을 일으켜 불을 피울 수도 있습니다.

박쥐는 어떤가요? 박쥐도 동굴에 살죠. 그렇지만 박쥐는 보통 칠흑같이 어두운 동굴의 안쪽에서 살지는 않습니다. 또 박쥐에게는 사물을 보는 다른 방법이 있죠. 바로 반향 위치 측정법입니다. 쉽게 말해 초음파를 사용하는 방법입니다. 박쥐는 찍찍하는 고주파 소리를 냅니다. 그 소리는 밖으로 뻗어나가 주변에 부딪쳐 튕겨져 나온 다음 박쥐의 귀로 되돌아오죠. 이 소리를 잘 듣고 소리가 되돌아오는 시간을 근거로 물체가 얼마나 멀리 있는지를 알아낼 수 있습니다. 반향 소리의 종류에 따라 물체의 형태도 판단할 수 있습니다. 사실 이것은 보는 게 아니라 감지하는 것이죠.

빌보가 이런 걸 생각해본 적이 있었다면(그리고 이전에 연습했다면) 반향 위치 측정법을 사용할 수도 있었겠죠. 그러나 그가 찍찍하고 내는 소리는 초음파는 아닐 겁니다. 빌보가 들을 수 있는 소리라면 고블린(판타지 소설에 흔히 등장하는 괴물로 영화 〈반지의 제왕〉에 나오는 오크와 같은 종족이다—옮긴이)들도 다 들을 수 있을 겁니다.

이렇듯 어둠 속에서 뭔가를 보는 것은 해결하기 어려운 문제입니다. 이 문제를 톨킨은 어떻게 풀어나갈까요? 앞서 인용한 《호빗》의 지문을 보면 빌보는 확실히 어둠 속에서 아무것도 볼 수 없었습니다. 하지만 골룸은 어떤가요? 빌보는 동굴 속을 헤매다 골룸이 살고 있는 지하 호수를 찾아냅니다. 골룸은 호수 위에 있는 자신의 섬에서 빌보를 바라보죠. 골룸은 어떻게 볼 수 있었을까요? 빌보가 검을 꺼내놓고 있었다면 골룸이 볼 수 있을 정도의 빛이 조금은 있었을지도 모릅니다.

골룸은 빌보를 자세히 살펴보기로 합니다. 잠깐 동안의 논쟁 끝에 골룸은 빌보를 먹어도 괜찮겠다고 생각합니다. 빌보는 반지를 끼고 투명해지죠. 골룸은 빌보가 도망가고 있다고 생각하지만 빌보는 사실 투명해진 상태로 그냥 앉아 있었을 뿐이죠. 다음은 골룸이 재빨리 빌보 옆을 지나갔을 때를 묘사한 부분입니다.

> "그것은 무슨 의미였을까? 골룸은 어둠 속에서도 앞을 볼 수 있었다. 빌보는 골룸의 눈에서 희미하게 반짝이며 나오는 빛을 뒤에서도 볼 수 있었다. 그곳에 빛이 있었다. 골룸은 두 눈을 반짝이며 빌보 옆을 단 1m 정도의 간격을 두고 지나갔다."[*]

이 내용은 무엇을 의미할까요? 그 의미를 정확히 알 수 있을까요?

---

[*] J.R.R. Tolkien, *The Hobbit* (New York, NY: Houghton Mifflin Harcourt, 1978), 85.

제가 읽고 생각해보니 골룸이 어둠 속에서도 볼 수 있는 이유는 그 눈에서 빛이 나오기 때문이며 빌보도 이 빛을 볼 수 있었다는 말인 것 같습니다. 톨킨이 젊었다면 〈루니 툰〉Looney Tunes(미국 워너브라더스에서 1930~1969년까지 제작한 단편 애니메이션—옮긴이) 같은 만화에서 어둠을 묘사하는 장면들에 영향을 받아 쓴 글이라고 하겠습니다. 벅스 버니Bug Bunny(〈루니 툰〉에 등장하는 토끼 캐릭터—옮긴이)가 어둠 속에서 등장하는 모습을 보면 그의 눈만 보이죠. 하지만 톨킨은 루니 툰이 만들어지기 훨씬 전에 이 글을 썼습니다. 어쩌면 루니 툰이 톨킨의 글에서 영감을 받아 만들어졌는지도 모릅니다.

골룸이 어둠 속에서 사물을 보는 방식이 시각에 대한 사람들의 일반적인 생각과 일치한다는 점은 상당히 흥미롭습니다. 빛이 완벽하게 차단된 방에서 뭔가를 볼 수 있다고 생각하는 사람들은 보는 것이 눈과 관련 있다고 생각할지도 모릅니다. 분명 눈과 관련이 있기는 하죠. 하지만 눈에서 뭔가가 나오기 때문에 볼 수 있다고 흔히들 생각하죠. 이 뭔가는 빛일 수도 있고 시야일 수도 있죠. 또는 다른 뭔가일 수도 있겠죠. 어쨌든 이런 식으로 생각한다면 적극적으로 보기 위해 눈에서 뭔가가 방출된다는 점에서 눈은 음파탐지기나 반향 위치 측정기와도 같다고 할 수 있습니다.

그렇다고 해도 골룸의 눈에서 빛이 나온다는 생각은 이치에 맞지 않다고 볼 수 있습니다. 골룸이 어둠 속에서 볼 수 있는 방법이 더 없을까요? 어쩌면 적외선을 볼 수 있는 눈일 가능성도 있습니다. 골룸의 눈이 근적외선과 원적외선을 모두 감지할 수 있다고 가정해보죠. 앞에서도 이야기했듯이 이것이 사실이라면 효과가 어느 정도는 있을 것입니다. 대신에 아주 멀리까지는 볼 수 없고 가까운 데 있는 사물을 보려면 몸에서 나오는 적외선을 이용해야 합니다.

다른 방법은 없을까요? 중성미자는 어떨까요? 호수 물속에 정말 빛이 있다면요? 이런 경우 빛은 중성미자와 물의 상호작용을 통해 만들어집니다. 중성미자가 무엇이냐고요? 전하가 없고 질량이 미미한 입자입니다. 그래서 중성미자는 감지하기가 어렵죠. 중성미자를 감지하려면 물과 같은 물질들을 통과할 때 중성미자들이 만들어내는 빛을 찾아내면 됩니다. 생성된 빛의 양은 대단하지 않지만 사람은 그것을 감지할 수 있습니다. 중간계에서는 중성미자의 유동성이 매우 커서 호수 물에서 생성되는 빛이 더 많아질지도 모릅니다. 그래서 골룸이 그곳에 사는 것일 수도 있죠.

골룸을 주제로 이야기하는 김에 골룸의 동굴 생활과 관련된 또 다른 물리학 원리를 살펴보기로 하죠. 골룸은 지하 호수에 있는 섬에서 삽니다. 고블린에게서 훔칠 수 있는 물건들과 물고기를 먹고 살죠. 골룸은 얼마나 자주 먹어야 할까요? 이 질문에 대한 답을 알아봅시다. 초심자들에게는 이 문제에 접근하기가 불가능해 보일 겁니다. 하지만 신중하게 접근하면 추정치를 구할 수 있을지 모르죠. 저와 같은 과학 전문가와 보통 사람들의 차이점은 저는 이런 문제를 푸는 일을 두려워하지 않는다는 겁니다.

어디서부터 시작할까요? 우선 골룸은 왜 음식을 먹어야 하는지 생각해봅시다. 에너지가 필요하다는 게 답이겠죠. 포유류는(골룸도 포유류라고 가정하겠습니다) 먹고 숨 쉬고 물을(때로는 맥주를) 마십니다. 인간의 몸은 이런 것들을 흡수해서 에너지원으로 사용하죠. 골룸은 돌아다니거나 빌보를 공격하는 데 에너지가 필요합니다. 이는 의심의 여지가 없죠. 또한 골룸은 체온을 어느 정도 수준으로 유지하기 위해 에너지가 필요하기도 합니다. 인간도 마찬가지죠. 하지만 골룸은 일반적으로 온도가 변하지 않는(그리고 온도가 낮은) 지하 환경에서 생활합니다. 골룸이 먹지 않는다면 그의 체온은 결국 주변 환경과 같은 온도에 도달하겠죠. 그러면 골룸에게는 좋지 않은 일이 생길 겁니다. 인간은 체온을 36.5℃ 이상으로 유지해야 죽지 않고 제 기능을 할 수 있습니다.

이 문제를 풀려면 먼저 몇 가지 수치를 구해야 합니다. 저는 두 가지 방법을 사용하겠습니다. 먼저 몇 가지를 추측한 다음 상징적인 방식으로 진행할게요. 이렇게 하면 결국에는 골룸이 얼마나 자주 물고기를 먹어야 하는지에 대한 공식을 구할 수 있습니다. 그런 다음 이 공식에 처음과는 다른 수치들을 대입하면 다시 계산할 수 있습니다. 필요한 수치들은 다음과 같습니다.

- 동굴의 온도 T_c. 물의 온도는 10℃로 정한다(무작정 추측한 수치입니다. 추측의 유일한 근거는 빌보가 호수의 물을 우연히 만졌을 때 물이 차갑다고 말했던 것입니다).
- 골룸의 체온 T_g. 골룸의 체온은 29℃로 정한다(저는 호빗이 인간과 매우 비슷하다고 생각합니다. 골룸도 과거에는 호빗과 비슷했으므로 체온

도 호빗과 비슷할 수 있겠죠. 그렇다고 골룸이 호빗이라는 이야기는 아닙니다. 골룸은 그 산에서 꽤 오랫동안 살았죠).

- 골룸의 질량 m_g. 호빗의 키는 1m라고 가정하고 골룸의 질량은 20kg으로 한다(호빗은 인간의 키보다 절반 정도 작아 보입니다. 질량은 어떨까요? 골룸의 질량은 인간 질량의 절반보다 작을 것 같습니다. 사실 이와 비슷한 일을 헐크의 질량을 추정할 때 해봤죠. 20kg은 상당히 적은 수치이긴 하지만 일단은 20kg으로 밀고 나가겠습니다).

- 골룸의 열용량 C_g. 물의 열용량과 비슷하다고 보고 4.19J/kg·K로 가정한다.

- 평균 크기의 물고기 한 마리를 섭취했을 때의 에너지 E_f. 골룸이 평균 크기의 물고기 한 마리를 섭취했을 때 에너지는 2.13×10^6J로 한다(어쩌다 알게 된 사이트(www.alfitness.com.au)에 날생선 100g의 에너지가 427KJ라고 나와 있었습니다. 공식은 $E_f=m_f(4.27KJ/g)$로, 여기서 물고기의 질량은 g 단위로 나타냅니다. 지하 호수에 있는 물고기의 평균 질량이 500g이라고 하면 물고기 한 마리를 섭취했을 때 에너지는 2.13×10^6J이 됩니다).

일단 가정은 여기까지 하겠습니다. 두 가지가 더 있어야 할 것 같지만 다음으로 넘어가도록 하죠. 골룸이 먹지 않았거나 체온을 꾸준히 유지하지 않았다면 체온은 당연히 떨어지겠죠. 골룸의 체온이 떨어지는 것은 열에너지의 손실 때문일 겁니다. 이런 열에너지 손실의 원인이 될 수 있는 상호작용에는 기본적으로 세 가지가 있습니다.

첫째, 전도 현상입니다. 맞닿아 있는 두 물체 간에 에너지가 이동하는 것으로 온도가 높은 물체에서 낮은 물체로 에너지가 이동합니다. 골룸은 공기보다 따뜻하므로 골룸과 공기 간 이런 방식의 상호작용이 있을 겁니다. 공기는 열용량이 상당히 낮으므로 이런 공기와의 열전도는 작다고(또는 다른 종류의 에너지 이동에 비해 작다고) 보겠습니다. 그런데 물속에서는 어떨까요? 골룸이 물속을 돌아다닌다면 공기 속에 있을 때보다 훨씬 빨리 에너지를 잃겠죠. 이런 이유로 골룸은 자신의 섬으로 갈 때 배를 타는 것 같군요. 어쨌든 골룸은 물속으로 들어가지 않는다고 가정하죠.

다음으로는 증발 현상입니다. 피부에 땀이나 물이 있으면 이는 액체에서 기체로 변할 수 있습니다. 이런 상태 변화에는 에너지가 소모됩니다. 그렇다면 에너지는 어디서 오는지 생각해봅시다. 이 에너지는 몸에서 나와 열에너지의 감소로 이어지고 결국 온도가 내려갑니다. 앞에서 이미 골룸은 물속에 들어가지 않는다고 말했죠. 땀도 흘리지 않는다고 가정한다면(골룸은 땀을 막는 약을 사용하는지도 모르죠) 증발로 인한 체온 저하에 대해서는 고민하지 않아도 됩니다.

마지막은 방출 현상입니다. 모든 사물은 에너지를 방출합니다. 물체에서 나오는 에너지의 양은 물체의 표면적과 온도에 의해 결정됩니다. 뜨거운 물체는 에너지를 빠른 속도로 방출하죠. 제가 살펴보고자 하는 것은 골룸과 관련된 이와 같은 에너지 이동입니다. 왜냐고요? 추정할 수 있는 수치이기 때문입니다. 어떤 방이 있는데 방 안에 있는 모든 물체가 같은 온도라면 어떨까요? 그 물체들도 에너지를 방출할까요? 그렇습니다. 하지만 그 물체들은 에너지를 방출하는 동시에 방출된 에너지를 흡수하므로 더 차가워지지는 않죠. 그 물체들은 평형 상태에 있습니다.

물체가 방출하는 에너지의 양은 얼마일까요? 에너지 방출에 대한 한 가지 모형은 스테판–볼츠만의 법칙Stefan-Boltzmann's Law에서 나옵니다. 이에 따르면 물체에서 방출되는 에너지의 양은 물체의 표면적과 (켈빈 단위의) 온도의 네제곱을 곱한 것으로 결정됩니다. 실제로 골룸이 방출한 에너지도 생각해볼 수 있습니다. 이 법칙을 적용하면 골룸이 방출하는 에너지의 양은 골룸의 체온을 네제곱한 수치에서 주변 환경의 온도를 네제곱한 수치를 뺀 것에 비례하겠죠. 중요한 점은 이것을 계산할 수 있다는 사실입니다.

두 온도의 추정치를 구해보죠. 골룸의 표면적을 추정하기만 하면 됩니다. 골룸의 형태는 원기둥과 비슷하고 키는 1m이며 반지름은 15cm라고 정하죠. 물론 골룸은 원기둥 형태가 아닙니다. 골룸의 피부를 모두 벗겨내서 평평하게 펼쳐놓으면 원기둥을 펼쳐놓은 것에 비해서는 면적이 클 것 같군요. 하지만 골룸의 피부 표면 중에 상당 부분이 피부의 다른 쪽으로 곧장 에너지를 방출할 수도 있습니다. 여러분이 양팔을 몸통 옆에 두고 있으면 팔 피부의 일부분은 몸통의 옆면을 마주하게 되죠. 물론 몸을 최대한 움츠리면 노출되는 표면적을 훨씬 더 줄일 수 있습니다.

이 모든 수량에 대한 추정치를 구했으므로 이를 스테판–볼츠만 모형에 대입하겠습니다. 계산해보면 방출되는 동력은 117W입니다. 그렇다면 물고기는 어떻게 되나요? 여기서는 골룸이 일정한 체온을 유지해야 한다는 점이 가장 중요합니다. 일반적인 동력의 단위는 1초당 J 입니다. 이 단위를 1초당 '섭취되는 물고기'로 바꾸겠습니다. 앞서 추정치들을 물고기당 J에 적용해보면 1초당 55마이크로물고기, 즉 매초 5,500만 분의 1물고기가 됩니다. 골룸이 앉아서 1초마다 물고기 살을 아주 조금씩 뜯어먹는다는 뜻일까요? 아닙니다. 골룸이 물고기를 먹는 평균적인 속도가 그래야 한다는 말이죠. 골룸에게는 에너지를 저장할 수 있는 지방이 어느 정도 있을 것입니다. 그리고 적어도 위장은 있을 테니 물고기를 소화하는 데 시간이 걸리겠죠. 1일을 기준으로 하면 물고기는 몇 마리가 될까요? 단위를 1초에서 1일로 바꾸기만 하면 됩니다. 계산해보면 하루에 4.7마리가 되네요.

그 정도 물고기면 지하 호수에서 찾아내기에는 굉장히 많은 것 같습니다. 실제로 골룸은 물고기만 먹고 살지는 않았습니다. 고블린들에게서 음식을 훔치기도 했죠(고블린을 먹기도 했고요). 골룸이 먹는 음식에서 물고기가 차지하는 비중이 25%에 불과하다고 가정합시다. 그래도 하루에 물고기 한 마리(또는 약 500g)가 됩니다. 여전히 많은 것 같죠.

물고기는 어떻고요? 물고기도 매일 뭔가를 먹어야 하지 않을까요? 사실 제가 지금 하는 이야기는 지어낸 것입니다. 지하 호수에 사는 물고기는 한 번도 본 적이 없어요. 동굴 아주 깊숙이 사는 가재를 본 적은 있지만요. 여기서 중요한 점은 두 가지입니다. 첫째, 물고기와 가재는 온혈동물이 아닙니다. 그것들의 체온은 물의 온도와 같아서 따뜻한 체온을 유지하기 위해 먹을 필요가 없죠. 둘째, 동굴에 사는 가재는 많이 먹지 않습니다. 땅을 통과하며 걸러져서 동굴 속에 들어온 것들을 찾아낼 뿐입니다. 그중에는 먹을 만한 게 별로 없기 때문에 동굴 속에 사는 가재는 희귀하죠. 아, 그렇습니다. 가재가 먹는 음식에 대한 내용은 제가 지어낸 이야기가 맞아요. 사실 저도 잘 모르거든요.

제10장

과학 위의 인간

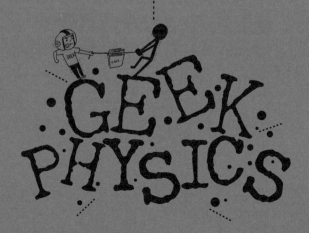

01

인간은 왜
새처럼 날 수 없을까?

인간은 늘 새처럼 날고 싶어 했습니다. 왠지 가능한 일처럼 느껴지죠. 그러나 안타깝게도 인간은 영원히 육지에서 살아야 할 운명인지 모릅니다. 동력을 이용한 비행이나 행글라이딩을 제외한다면 말이죠. 이 두 가지는 할 수 있으니까요.

인간은 왜 날 수 없을까요? 가장 단순한 대답은 인간은 너무 크기 때문이라는 겁니다. 너무 크다고요? 인간이 그렇게까지 크지는 않죠. 날개가 더 크기만 하면 날 수 있다고 생각할 수도 있겠습니다. 하지만 날

개가 커도 날 수 없습니다. 날 수 없을 가능성이 높죠. 이는 '인간의 직감에 따라 확대나 축소가 적용되지 않는 사물'의 범주에 속합니다. 쉽게 말하면 큰 사물은 작은 사물과 같지 않다는 이야기입니다.

근육이 크면 힘이 세지지만 그 근육은 더 많은 무게를 지탱해야만 합니다. 근육에 대한 대략적인 모형에서 근육의 힘은 근육의 단면적에 비례합니다. 어떤 근육의 (비율은 그대로 유지하면서) 길이를 두 배로 증가시키면 힘은 네 배로 증가할 것입니다. 하지만 이때 근육의 무게는 여덟 배나 증가합니다. 문제가 보이기 시작하죠? 크기가 커지면 힘이 늘어나는 정도보다 무게가 더 많이 무거워집니다. 이런 이유로 여덟 살짜리 제 딸이 저보다 턱걸이를 더 많이 할 수 있습니다. 제 딸은 자신이 대단하다고 생각하지만 운전을 할 수 있지는 않죠.

비행 이야기로 돌아옵시다. 인간은 크기를 따져보면 비행에 잘 어울리는 체형이 되기에는 굉장히 어색한 크기가 아닌가 합니다. 같은 이유로 거대한 새가 발견되지 않는 것이겠죠. 날아다니는 새 몇 종을 살펴볼까요? 익룡과 같이 비행할 수 있는 거대한 공룡(실제로는 공룡이 아닙니다)도 생각해볼 수 있습니다. 이들 중 가장 큰 종은 아마 케찰코아

툴루스$_{\text{quetzalcoatlus}}$였을 겁니다. 먼 옛날에 살았던 이 날아다니는 동물의 크기에 대해서는 다양한 견해가 있어요. 날개 길이는 10m 정도고 질량은 70~200kg이었던 것으로 추측됩니다. 케찰코아톨루스는 정말 날 수 있었을까요? 아무도 모르죠. 행글라이더처럼 활공만 했을지도 모릅니다. 아니면 덩치만 커서 날지 못했을 수도 있고요. 타임머신을 제작해 과거로 돌아가 야생에서 사는 케찰코아톨루스를 실제로 관찰하기 전까지는 결코 알 수 없을 겁니다.

다들 잘 알고 있는 날 수 있는 새 중 하나는 어떨까요? 실존하는 새 중에 나그네알바트로스(신천옹이라고도 하며 남반구의 남부 수역에 주로 서식한다—옮긴이)가 있습니다. 이 새는 현존하는 가장 큰 새 중 하나로 날개 길이는 3.7m고 질량은 12kg에 달합니다.

이렇게 해봅시다. 위키피디아를 검색해서 다양한 새를 살펴보세요. 들새를 관찰하듯이 말이죠. 각각의 새에 대해 대략의 날개 길이와 질량을 찾아서 이 두 변수의 관계를 찾아보는 겁니다. 위키피디아에 나와 있는 여러 새에 대한 내용이 전부 다 똑같지는 않다는 점에 유의하세요. 날개 길이와 질량에 대한 정보가 다 나와 있지는 않거든요.

데이터는 잠시 후에 보여드리겠습니다. 우선은 '인간 날개'$_{\text{Human Birdwings}}$ 프로젝트에 대해 이야기하겠습니다. 이 프로젝트에 대해서는 오래전에 들어본 적이 있을지 모르겠군요. 전체적인 이야기는 이렇습니다. 한 네덜란드인이 기계로 된 날개를 만드는 과정을 상세히 보여주는 영상을 연속으로 만들었습니다. 이 과정에서 그는 날개를 달고 나는 실험을 하고 결국 날아가는 모습까지 영상에 담았습니다. 나중에 이 모든 것이 거짓임이 밝혀졌지만 아주 보기 좋게 사람들을 속였죠. 네, 방금 저는 거짓이라고 말했습니다. 영상을 만든 사람도 가짜라고 털어놨죠(수많은 인터넷 사용자들이 그의 이야기가 사실인지 확인하려고 한 다음에 말입니다). 가짜긴 했지만 이 프로젝트에서 도출된 날개 길이와 질량을 저의 데이터에 포함시키도록 하겠습니다.

데이터를 구하긴 했는데 이제 무엇을 그래프로 그려야 할까요? 날 수 있는지의 여부는 날개의 크기와 새(또는 사람)의 질량에 의해 결정되는 것 같습니다. 질량과 날개 길이 또는 질량과 날개 길이의 제곱(비행은 날개의 표면적에 의해 결정될 가능성이 높기 때문이죠)을 그래프로 그린다면 데이터들을 다 넣을 수 없을 겁니다. 벌새의 데이터와 날개를 단 인간의 데이터를 어떻게 동일한 그래프에 그려 넣을 수 있겠어요?

가장 좋은 방법은 다음과 같습니다. 질량과 날개 길이 사이에 모종의 관계가 있다고 가정합시다. 실제로 관계가 있다고 한다면(선형 관계는 아닙니다) 질량을 몇 제곱한 것과 날개 길이를 몇 제곱한 것 사이에 관계가 있다고 가정할 수 있습니다. 질량과 날개 길이 둘 다에 자연로그를 취하면 제곱했던 수가 상수가 될 겁니다. 머릿속에 잘 안 그려질 수도 있지만 다음 그래프를 확인해보세요.

데이터가 서로 관계가 있을 때마다 저는 기분이 아주 좋습니다. 인간에게 붙은 날개도 실제 새의 날개 길이와 질량의 대략적인 관계와 유사하다는 점이 흥미롭습니다. 물론 그렇다고 해서 이 날개로 날 수 있다는 뜻은 아니죠. 인간이 새와 근육 분포가 동일하다고 가정했을 때 가능한 일입니다. 일반적으로 인간은 새와 달라 보이죠. 인간이 날 때

▶ 질량의 로그값에 따른 날개 길이의 로그값

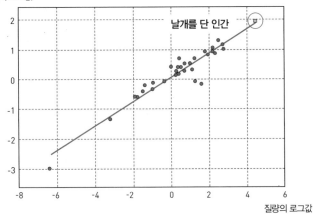

양팔을 사용하면 팔 이외에 큰 근육, 즉 다리를 운반해야 합니다. 날 수 있는 새들은 일반적으로 다리 근육이 훨씬 작습니다.

결론적으로 인간은 날 수 없습니다. 적어도 새처럼은 말이죠. 날고 싶지 않아서가 아니라 몸이 너무 크기 때문입니다.

02

·

아놀드 슈왈제네거는
무엇으로 만들어졌을까?

아주 오래전에 영화배우 아놀드 슈왈제네거Arnold Schwarzenegger는 보디빌더였습니다. 그 후 배우가 되어 이름만 들어도 알 만한 영화들에 출연했죠. 제가 기억하는 작품 중 하나는 〈코만도〉Commando입니다. 줄거리는 신경 쓰지 않아도 됩니다. 여기서 알아보려는 내용은 한 장면에서만 나오거든요.

이유는 잘 기억나지 않지만 코만도 역의 아놀드는 악당을 쫓아가는 중이었습니다. 그는 악당을 붙잡은 다음 중요한 정보를 캐내려고 하죠. 어떤 사람을 말하게 하고 싶을 때 그를 거꾸로 들고 절벽 위에 서 있는 것만큼 좋은 방법이 있을까요? 그래요, 아놀드는 한 손으로 그 악당을 거꾸로 들었습니다. 아놀드는 분명 힘이 세긴 하지만 이 상황에서는 힘이 다가 아닙니다. 다음은 절벽 위에서 아놀드가 악당을 들고 있는 장면을 그린 그림입니다.

그림에는 아놀드와 악당으로 구성되는 시스템에 작용하는 중요한 힘 세 가지가 표시되어 있습니다. 일단 아놀드의 힘은 믿을 수 없을 정도로 강하다고 가정하죠(이는 사실일 수도 있고 아닐 수도 있습니다). 그의 힘은 굉장히 세서 위 그림과 같은 자세로도 악당(영화에서 악당의 이름은 설리였습니다)을 잡을 수 있습니다. 이는 아놀드-설리의 조합을 하나의 고정된 물체로 볼 수 있다는 뜻이죠.

이 경우 아놀드-설리에 작용하는 힘은 기본적으로 세 가지입니다. 아놀드를 아래로 당기는 중력(F_{w-c}), 설리를 아래로 당기는 중력(F_{w-s}),

아놀드를 위로 밀어 올리는 지면의 힘(F_N)이 되겠죠. 아놀드가 설리를 붙잡고 있는 지점이 정점이라고 가정하겠습니다. 아놀드가 절벽 끝자락으로 조금이라도 다가가면 추락할 겁니다.

아놀드−설리가 평형 상태에 있어서 움직임에 변화가 없다면 다음 두 가지 사항이 사실이어야 합니다. 즉, 알짜힘이 0이어야 하고 알짜 토크(물체에 작용해 물체를 회전시키는 원인이 되는 물리량 — 옮긴이)도 0이어야 합니다. 당연하지 않은 것 같지만 힘이 작용하는 대부분의 시간 동안 물체는 입체감이 없는 것처럼 취급됩니다. 예를 들어 책 한 권이 탁자 위에 있다고 합시다. 이 경우 책에 작용하는 힘은 두 가지입니다. 책을 아래로 당기는 중력과 위로 밀어 올리는 탁자의 힘입니다. 이 힘들을 그린다면 둘 다 책의 한가운데에 점으로 그리는 게 가장 쉽겠죠.

중력은 질량이 있는 물체들 사이의 상호작용입니다. 책과 같은 사물은 물질의 여러 부분들로 이루어져 있고 중력은 이 부분들을 모두 당깁니다. 물론 책 한 권에 있는 작은 부분들 하나하나에 작용하는 모든 힘을 살펴보려는 사람은 아무도 없죠. 따라서 반칙을 하면 됩니다. 책을 이루는 작은 부분들에 작용하는 작은 중력들을 합친 것은 사람들이 흔히 '무게중심'이라고 하는, 책 위에 한 지점에 단 하나의 중력이 당기는 것과 동일하다고 보는 거죠.

핵심은 다음과 같습니다. 이런 부분들이 고정되어 있어서 움직일 때 서로에게 영향을 미치지 않으면 단 하나의 힘이든, 네 개의 작은 힘이든 하는 일은 같다는 점입니다.

물체들을 점들이 아닌 현실의 물체들로 생각하기 시작하면 다른 힘들이 그 물체에 작용하는 위치가 중요해집니다. 예를 들어 아놀드 캐릭터 인형 두 개, 즉 질량이 같은 두 개의 물체가 있다고 생각해봅시다. 두 개의 물체에는 동일한 중력이 작용하고 있습니다. 그런데 하나는 다리를 넓게 벌린 상태고 다른 하나는 허리가 구부러져 있다고 합시다.

이 두 개를 탁자 위에 놓으면 두 물체에 작용하는 전체 힘은 0입니다. 중력이 아래로 당기는 만큼 탁자는 위로 밀어 올리죠. 그러나 허리가 구부러진 캐릭터 인형은 앞으로 넘어질 겁니다. 왜 넘어지냐고요? 단단한 물체에 대해 이야기하자면 그 물체가 어떤 방식으로 회전하는지도 고려해야만 한다는 뜻이죠. 그리고 이런 상황에서 토크가 등장합니다. 힘은 물체의 직선 운동을 변화시킨다고 본다면 토크는 물체의 회전운동을 변화시키는 회전력과 비슷합니다. 토크는 물체에 작용하는 힘이 얼마인지뿐만 아니라 그 힘이 어느 곳에 작용하는지에 의해 결정됩니다.

누군가가 문을 열고 싶어 한다고 가정합시다. 일반적으로 문을 열려면 문은 회전을 해야 합니다. 문을 회전시키기 시작하려면 어떻게 해야 할까요? 문을 미는 게 한 가지 방법이 되겠죠. 그러면 문의 한가운데, 경첩에 가까운 쪽, 손잡이에 가까운 쪽 중에 어느 곳을 밀어야 할까요? 저만큼 문을 여러 번 열어보셨다면 경첩에서 먼 쪽을 밀어서 문을여는 방법이 가장 쉽다는 사실을 알 겁니다(그렇기 때문에 보통은 그쪽에 손잡이가 달려 있죠). 따라서 회전의 축이 되는 지점에서 거리가 멀어질수록 토크는 증가합니다.

허리가 구부러진 아놀드 인형의 경우 중력에 의한 토크가 바닥에 의한 토크를 상쇄하지 않는다는 점이 확실합니다. 그 결과 토크는 0이 아니게 되고 물체는 앞으로 기울어지기 시작해서 넘어지죠. 반면 다리를벌린 아놀드 인형은 중력에 의한 토크를 상쇄해주는, 바닥에 의한 토크가 두 가지 있습니다. 이 인형에 작용하는 알짜 토크는 0이라서 인형의 회전운동은 변하지 않고 넘어지지도 않죠. 일반적으로 물체의 무게중심이 그것을 지탱하는 지점들 사이에 있다면 그 물체는 넘어지지 않습니다. 토크에 대해 굳이 설명하지 않고 이 이야기만 할 수도 있었지만 그랬다면 재미가 별로 없었겠죠.

절벽 위에 있는 아놀드와 설리 이야기로 돌아옵시다. 지면은 두 사람(아놀드와 설리)의 무게를 합친 것과 동일한 힘으로 밀어 올려야 합니다. 그런데 이 시스템에 작용하는 토크는 어떨까요? 토크에 영향을 미치는 요인에는 몇 가지가 있는데 이번 경우에는 두 가지 요인이 토크를 증가시킨다고 할 수 있습니다. 힘이 커질수록, 회전축에서 거리가 멀어질수록 토크는 증가합니다. 시소를 생각해보세요. 아놀드가 회전축을 기준으로 한쪽에 앉고 설리가 반대쪽에 앉는다면 아놀드가 더 무거우므로 시소는 아놀드를 아래로 내리는 방향으로 회전하겠죠. 두 사람이 시소를 더 오래 타고 싶다면 두 사람의 균형이 맞춰질 때까지 아놀드가 회전축으로 가까이 다가가면 되겠죠. 다만 아놀드가 시소를 더 타고 싶은 기분일지는 모르겠습니다.

절벽 위로 설리를 붙들고 있는 아놀드가 회전력의 측면에서 안정된 상황을 유지하려면 밀어 올리는 지면의 위치가 설리보다는 아놀드 쪽에 가까워야 합니다. 이는 아놀드가 질량이 더 크고 무게가 더 많이 나가기 때문이죠. 설리의 무게에 의한 토크가 아놀드의 토크를 상쇄한다면 설리는 이 지점에서 더 멀리 있어야 합니다. 이렇게 하면 설리의 가벼운 무게에 긴 거리가 곱해져서 토크가 같아집니다.

이제 데이터를 몇 가지 구해봅시다. 위키피디아에 따르면 아놀드의 키는 188cm입니다.* 영화 〈코만도〉의 이미지를 살펴보면 아놀드의 중심에서 절벽 끝자락까지의 거리는 0.15m로, 절벽에서 설리까지의 거리는 약 0.44m로 추정할 수 있습니다. 설리가 아주 일반적인 사람이라고 가정하면 그의 몸무게는 약 68kg 정도라 할 수 있겠습니다. 이는 아놀드-설리 시스템이 절벽 끝자락에서 균형을 잡으려면 아놀드의 질

---

* http://en.wikipedia.org/wiki/Arnold_Schwarzenegger

량이 199kg이 되어야만 한다는 뜻입니다.

이 몸무게와 비교했을 때 위키피디아에 나와 있는 아놀드의 몸무게는 약 113kg입니다. 이 내용을 누가 입력했는지 모르지만 그는 아놀드의 부피와 보통 사람의 밀도를 이용해 몸무게를 계산했군요. 하지만 아놀드가 보통 사람과 같은 물질로 이루어져 있다고 한다면 누가 믿겠습니까? 부피가 맞았다고 가정한다면(아놀드도 겉으로는 인간과 같아 보이죠) 아놀드의 질량이 199kg이 되기 위해서는 밀도가 보통 사람 밀도의 1.76배가 되어야 한다는 뜻입니다.

인간의 밀도로 사용하기 좋은 수치는 물의 밀도($1,000kg/m^3$)입니다. 그렇다면 아놀드의 밀도는 $1,750kg/m^3$가 되겠죠. 그렇다면 아놀드를 구성하는 물질은 무엇일까요? 알루미늄의 밀도가 약 $2,700kg/m^3$고 티타늄의 밀도는 약 $4,500kg/m^3$입니다. 아놀드는 순수 알루미늄이나 티타늄은 아닌 것 같군요. 아놀드의 4분의 1이 티타늄일 수 있긴 하지만요. 어쩌면 그는 미래에 발명될 환상적인 물질로 만들어졌을 수도 있습니다. 아놀드는 터미네이터라는 점을 잊지 마세요. 방금 구했던 아놀드의 밀도가 이를 증명해주죠. 이제 아놀드는 미국 대통령으로는 절대 출마할 수 없을 겁니다. 대통령 선거에 출마하려면 태어날 때부터 인간이어야 하고 시민권도 있어야 하니까요.

저를 비롯한 보통 사람들은 미래에 발명될 금속 같은 것으로 만들어지지 않았죠. 그런데 유아용 카시트 제조사들은 사람들이 그런 물질로 만들어졌다고 생각하는 것 같습니다. 유아용 카시트 업체를 비난하려는 게 아닙니다. 유아용 카시트를 좋아하는 사람들도 분명히 있습니다. 제 경우 자동차에서 카시트를 꺼내기 좋다고 생각할 때는 단 두 가지 상황에서입니다. 첫째, 식당에서 유아용 높은 의자에 올려놓으면 아주 좋습니다. 둘째로는 식료품점에 들렀을 때죠. 이 경우에도 카시트는 일반적인 쇼핑 카트에 잘 들어맞습니다.

두 가지 경우 모두 양손을 사용할 수 있어야 도움이 됩니다. 그 외의 경우라면 아기를 그냥 들고 돌아다니는 쪽이 훨씬 편하죠. 그래서 문제가 뭐냐고요? 카시트라고 하는 신식 발명품에 무슨 문제가 있냐고요? 물리학 원리와 무게중심에 관련된 문제입니다. 카시트를 들어본

적이 있다면 다음 그림에 나오는 자세가 낯설지 않을 겁니다.

유아용 카시트는 질량이 있으므로 중력이 작용하겠죠. 카시트는 운반하는 사람의 발 위쪽으로 있을 수 없으므로 토크는 0이 아닐 겁니다. 사람은 몸통을 반대 방향으로 움직임으로써 이 토크에 대응합니다. 사람들이 이런 자세를 취하는 모습을 다들 본 적이 있겠죠. 특히 작은 사람들은 몸통을 더 멀리 움직여야만 반대 방향으로 동일한 토크를 만들어낼 수 있습니다.

다들 무슨 생각을 하는지 알겠네요. 위 그림이 현실과 달라 보인다고 생각하는군요. 그렇습니다. 저 사람은 미소를 짓지 말아야 합니다. 유아용 카시트를 저렇게 불편한 자세로 운반하면서 미소를 짓는 사람은 아무도 없죠. 이 카시트를 들고 다닐 때 생기는 중요한 문제를 눈치챘을 수도 있겠군요. 저런 자세로 어떻게 걸을 수 있을까요? 카시트를 몸 앞에 두고 양손으로 운반하면 어떨까요? 그러면 몸을 뒤로 기울여 걸어야 합니다. 어쨌든 불편한 건 마찬가지죠.

카시트가 (안전하면서도) 가벼워지는 그날까지, 또는 티타늄으로 인조인간을 제작할 때까지 저는 슬링(아기를 안을 때 사용하는 띠─옮긴이)을 권하고 싶습니다. 아기 슬링을 이용하면 아기 무게가 아기를 드는 사람의 발에 훨씬 가까워진다는 장점이 있습니다. 반대 방향으로 몸을 많이 기울일 필요가 없다는 뜻이죠.

03

사람이 음속보다 빨리
낙하할 수 있을까?

2012년 10월 14일 오스트리아의 스카이다이
버 펠릭스 바움가르트너Felix Baumgartner는 믿을 수 없는 일을 해냈습니
다. 그는 헬륨 열기구를 타고 약 39km(128,000ft) 상공까지 올라갔죠.
그러고는 열기구에서 뛰어내려 4분 넘게 낙하하다가 낙하산을 펼쳐
서 뉴멕시코 주 로스웰에 있는 개활지에 무사히 착륙했습니다. 이는
에너지음료 제조업체 레드불이 후원하는 스트라토스(레드불 스트라토
스는 우주 스카이다이빙 프로젝트의 명칭으로 스트라토스는 성층권을 의미하는

'stratosphere'의 줄임말이다 — 옮긴이) 점프였습니다. 1962년 조 키팅거_{Joe} Kittinger가 약 31km(10만 2,000ft) 상공에서 뛰어내렸던 상황과 비슷하게 굉장히 멋있었죠. 자, 이 스카이다이빙과 관련해 해결해야 할 질문들이 많으니 바로 시작해봅시다.

펠릭스의 스카이다이빙에 대해 대부분의 언론에서는 가장 먼저 이런 질문을 했습니다. "이와 같은 점프에서 배울 수 있는 과학적 원리는 무엇이죠?"라고요. 하지만 좋은 질문은 아닌 것 같습니다. 과학의 본질에 대해 약간 오해하고 있거든요. 지금은 고인이 된 위대한 물리학자 리처드 파인만_{Richard Feynman}은 그런 질문에 대해 아주 현명한 답을 제시했습니다.

> "물리학은 성행위와 비슷합니다. 행위를 통해 실질적인 결과물을 얻을 수 있기도 하지만 사람들이 결과물만 얻으려고 그것을 하는 건 아니죠."

레드불 스트라토스 점프도 마찬가지입니다. 이 점프를 통해 사람들은 뭔가 배울 수 있을까요? 그렇습니다. 이런 사례에서 사람들은 과학적 사실을 포함해 용기와 가능성 등 여러 가지 새로운 것들을 배울 수 있죠. 하지만 뭔가를 배운다는 사실은 곁가지에 불과합니다. 사람들이 이런 일을 하는 이유는 그저 인간이기 때문입니다. 인간은 그림을 그리고 음악을 만들고 열기구에서 뛰어내리는 일처럼 정신 나간 짓을 하기도 하죠. 인간으로 살아간다는 것에 대해 변명할 필요는 없습니다만 변명하는 것 또한 인간이기에 하는 일이죠.

이제 물리학과 관련된 질문들을 해봅시다. 펠릭스가 뛰어내린 곳은 우주 공간이었을까요? 이 질문에 대한 답은 우주 공간을 어떻게 정의하느냐에 따라 달라질 수 있습니다. 일반적으로 우주 공간은 '대기권을 벗어난 지역'으로 정의됩니다. 이런 정의의 문제점은 지구의 대기권이 불쑥 끝나버리지 않는다는 사실입니다. 지구의 대기권이 우주로 전환되는 과정은 계단보다는 언덕과 비슷합니다.

구체적인 수치를 이야기하자면 대부분의 사람들은 국제우주정거장이 우주 공간에 있다고 여깁니다. 우주정거장은 지구 표면을 기준으로 300km(약 984,000ft) 상공에서 궤도를 그리며 돌고 있습니다. 그 높이에서 100km(약 328,000ft)까지는 우주에 아주 가깝다고 할 수 있습니다. 따라서 39km(128,000ft)는 거기까지는 못 미치죠. 그래도 착각하면 안 됩니다. 39km도 꽤 높으니까요.

그러면 공기의 밀도는 어느 정도일까요? 지구 표면에서 공기의 밀도는 $1.2kg/m^3$ 정도입니다. 39km 상공에서 공기의 밀도는 $7.3 \times 10^{-4} kg/m^3$에 불과하죠. 다음 페이지의 그래프는 고도에 따른 공기 밀도를 나타낸 것입니다.

이 그래프를 보고 고도 39km를 '우주'라고 부른다고 해서 말도 안 되는 소리라고 할 수는 없을 겁니다. 그 정도 높이면 확실히 우주복을 착용해야 할 테니 우주라고도 할 수 있겠죠.

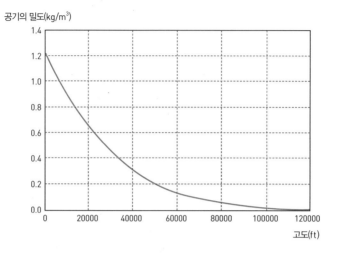

공기의 밀도(kg/m³)

고도(ft)

열기구를 타고 그 높이까지 올라갈 수 있을까요? 그렇게 높은 곳까지 올라갈 때 당연히 1순위로 선택하는 것은 로켓입니다. 비행기를 이용하는 건 어떨까요? 대부분의 비행기는 작동하기 위해 '공기'라는 것이 필요하죠. 저 높은 곳에는 공기가 별로 없습니다. 따라서 로켓을 제외하면 열기구가 최선의 선택이죠. 그런데 잠깐만요. 제가 방금 공기가 별로 없다고 말하지 않았었나요? 그랬었죠. 열기구도 공기가 필요하긴 하지만 열기구 풍선의 크기가 어느 정도 이상이면 문제없이 올라갈 수 있습니다.

특정한 고도에 있는 열기구를 생각해보면 이 열기구에는 기본적으로 두 가지 힘이 작용합니다. 우선 중력이 있고 사람들이 부력이라고 부르는 또 하나의 힘이 있습니다. 공기가 열기구 풍선의 위쪽보다 아래쪽과 많이 충돌하면 부력이 생기죠. 열기구 풍선의 크기가 클수록 공기와 많이 충돌하게 되고 부력은 커집니다. 하지만 이때 문제가 하나 있습니다. 열기구 풍선에 공기를 넣어 늘어나게만 하면 풍선의 크기가 커지면서 풍선에 작용하는 중력도 증가합니다. 해결책은 공기보다 밀도가 낮은 기체를 사용하는 것입니다. 이 경우 그 기체는 헬륨입니다.

그렇다 해도 앞의 그래프에서 볼 수 있듯이 39km 상공의 공기 밀도는 낮습니다. 밀도가 낮으면 공기와 열기구 풍선 사이에 충돌이 많이 일어나지 않죠. 결국 풍선의 크기가 더 커져야 합니다(불행하게도 풍선이 더 커지면 질량도 늘어나죠). 따라서 풍선을 최대한 크게 했을 때 그 폭이 약 80m에 달해야만 점프하는 사람과 생명 유지 장치가 39km까지 올라갈 수 있습니다.

이렇듯 위쪽은 공기가 매우 희박합니다만 중력은 어떨까요? 중력은 물체 사이의 거리에 의해 결정됩니다(적어도 구 형태의 물체는 그렇습니다). 행성의 중심과 우주선 사이의 거리를 두 배로 늘리면 중력은 4분의 1로 줄어듭니다. 이때 핵심이 되는 말은 '행성의 중심'입니다. 만일 제가 지구 표면에서 3m 위에 있다가 6m까지 올라가면 지구 중심으로부터 얼마나 멀리 이동한 걸까요? 정답은 '(근사치로 따졌을 때) 전혀 이동하지 않았다.'입니다. 이유가 뭘까요? 지구는 엄청나게 큽니다. 지구의 반지름은 약 6.38×10^6m에 달하거든요.

레드불 스트라토스 점프는 인간이 음속보다 빨리 낙하할 가능성을 제공했다는 점에서 매우 흥미롭습니다. 그렇다면 음속은 얼마나 될까요? 물리학 입문서를 보면 음속은 340m/s 정도라고 나와 있습니다. 이는 (지구 표면에서와 같은) 일반적인 온도와 압력 하에서의 음속을 이야기하는 것입니다. 광속과 달리 음속은 일정하지 않습니다. 소리는 공기 분자 사이의 상호작용으로 일어나기에 공기 분자가 어떤 상태에 있는지에 따라 결정됩니다(그리 간단한 문제가 아닙니다). 다만 음속에 대한 한 가지 모형을 보면 음속은 주변의 온도에 비례한다고 나와 있습니다 (모형일 뿐이지만 상당히 잘 들어맞습니다). 위로 높이 올라갈수록 온도는 어느 점까지 낮아집니다. 공기의 밀도와 동일한 모형을 이용해 계산하면 온도를 구할 수 있고 따라서 음속도 구할 수 있습니다. 39km에서 음속은 200m/s 정도에 불과합니다.

펠릭스는 음속보다 빨리 낙하할 수 있을까요? 이것이 다들 기다려 왔던 중요한 질문이죠. 답은 '(아마도) 그렇습니다.'입니다. 어떻게 그럴 수 있는지 알아보기 위해 펠릭스가 열기구에서 점프하자마자 그에게 작용하는 힘들을 생각해봅시다.

처음에 펠릭스는 움직임이 많지 않고 공기도 별로 없는 상황이라서 그에게는 중력만 작용합니다. 중력은 아래로 작용하고 있으므로 펠릭스는 점점 더 빨리 내려갑니다.

펠릭스가 빨리 움직이기 시작하면서 공기저항력이 작용합니다. 움직이는 차 안에서 창밖으로 손을 내밀어본 사람이라면 공기저항력을 느껴봤겠죠. 차가 빨리 갈수록 그 힘도 강해집니다. 그런데 공기저항은 공기의 밀도에도 영향을 받습니다. 따라서 점프 초기에는 중력(아래로 향하는 힘)이 공기저항력(위로 향하는 힘)보다 강합니다. 이는 알짜힘이 아래로 작용한다는 뜻입니다. 펠릭스는 아래로 움직이고 있으므로 이 힘에 의해 그의 속도가 증가합니다. 하지만 공기저항력에 의해 알짜힘이 약간 줄어들어 속도의 증가율은 그리 크지 않게 되죠.

펠릭스의 속도는 영원히 증가할 수 없습니다. 나중에는 그의 속도가 매우 빨라지고 펠릭스의 높이가 감소함에 따라 공기의 밀도는 증가할 것입니다. 어떤 지점에 이르면 공기저항력이 중력보다 커지죠. 그러면 알짜힘은 위로 작용하겠지만 펠릭스는 계속 떨어지기는 할 겁니다. 다만 알짜힘이 물체의 운동 방향과 반대로 작용하기 때문에 펠릭스가 떨어지는 속도는 줄어듭니다.

낙하가 지속되면서 펠릭스의 속도도 계속 줄어들어 어느 순간이 되면 공기저항력과 중력이 같아지는 시점에 이를 것입니다. 이렇게 되면 알짜힘은 0이 되고 펠릭스의 속도는 더 이상 증가하거나 감소하지 않죠. 펠릭스는 일정한 속도로 움직이는데, 이때의 속도를 '종단 속도'라고 부릅니다.

질문에 대한 답을 하지 않았다는 사실을 저도 알고 있습니다. 음속은 어떻다고요? 솔직히 이야기해서 음속을 알아내기란 결코 쉽지 않습니다. 이런 문제를 푸는 가장 좋은 방법은 문제를 단계별로 잘게 쪼개 컴퓨터가 계산하도록 하는 겁니다. 그 방법으로 시간에 따른 펠릭스의 속도를 그래프로 그려봤습니다. 낙하하는 시간 동안 펠릭스가 위치한 고도에서의 음속을 나타내는 곡선도 그래프에 넣었습니다.

▶ 펠릭스의 낙하 속도와 음속

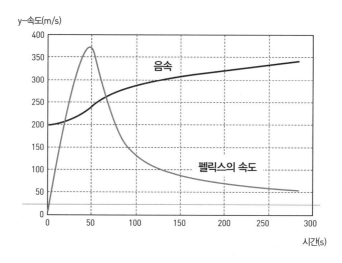

그런데 스카이다이버들도 54m/s 정도로 낙하하지 않나요? 그렇죠. 스카이다이버들의 종단 속도는 54m/s 정도가 맞습니다. 하지만 펠릭스의 상황은 스카이다이버와 같지 않죠. 펠릭스가 낙하할 때는 공기의 밀도가 변합니다(따라서 공기저항도 변하죠). 펠릭스는 동일한 공기 밀도에서 오래 머물지 못하기 때문에 점프의 초기 단계에서 종단 속도에 이를 수 있을 정도로 느려지지는 못합니다. 물론 나중에는 종단 속도에 이르겠죠. 어쨌든 앞의 계산에 따르면 펠릭스는 점프 후 얼마 지나지 않아 음속을 능가한다는 사실을 알 수 있습니다. 초음속 스카이다이버가 되는 것입니다!

결국 모형과 추정에 의존할 필요는 없다는 이야기입니다. 레드불 스트라토스 점프는 실제로 있었던 일이고 주최 측에서는 펠릭스가 낙하하는 동안 그의 속도를 측정했습니다. 그 결과 펠릭스의 최고 속도는 마하 1.25(425m/s)에 이른 것으로 밝혀졌습니다. 음속에 비해 25%나 빨랐다는 이야기죠. 잘했습니다, 펠릭스. 정말 대단했어요.

창조적인 일의 시작은 무엇일까? 단순한 호기심이다. "이게 뭘까? 왜 그런 걸까?" 하면서 끊임없이 머릿속에 물음표가 그려지고, 해보고 싶고, 알고 싶고, 결과가 어떻게 될지 궁금해 참을 수 없는 마음이 궁금증의 시작이다.

이런 호기심은 누구나 가질 수 있다. 하지만 이런 궁금증을 단지 머릿속에만 가둬 두는 사람이 있고, 이를 해결하고 알아내기 위해 진지하게 도전하고 풀어보는 사람도 있다.

《괴짜 물리학》은 세상에서 일어나는 사소한 일들에서 발견해낸 다양한 궁금증을 물리학으로 해석하고 답을 풀어내고 싶은 사람이 쓴 책이

다. 이런 사람을 흔히 '괴짜'라고 표현하기도 하고 심하면 '또라이'라고 말하기도 한다. 이 책을 쓴 렛 얼레인 교수는 후자로 표현하기에는 진지하고 학구적이며 과학적이기까지 하다. '성실한 괴짜 물리학자' 정도가 맞을 것 같다.

얼레인 교수를 직접 만난 적은 없지만 이 책을 통해 본 그는 물리학적인 기초 지식으로 탄탄하게 무장한 사람이다. 본인의 호기심이 발동한 문제, 자신의 블로그를 통해 들어온 다양한 질문들에 대한 답을 꼼꼼하고 치밀하게 풀어간다. 물론 그는 대학에서 물리학을 가르치는 사람이니 지극히 정상적인 물리학자가 사실을 밝힌 것임에는 틀림이 없다.

물리학은 현실에 뿌리를 둔 학문이다. 자연계에서 일어나는 일들을 분석해 예측하기도 하고 그 결과를 정확히 맞추기도 한다. 이러한 일들은 치밀한 수치적 계산에 근거한다. 힘과 운동, 별자리의 움직임, 혜성의 궤도, 우주선의 궤도 등 자연계에서 일어나는 현상과 과정들은 정확한 수치로 계산할 수 있다. 지금은 똑똑한 컴퓨터의 도움으로 100년 전에는 계산할 수 없었던 문제를 단 몇 초 만에 풀 수 있는 세상이다.

보통 물리학 개념은 쉽게 이해되지만 물리학 책에 나온 공식을 이용해 현실적인 문제를 푸는 것은 매우 어렵다. 물리학 교과서에서는 가장 이상적이고 단순한 환경에서 실험한 결과를 나타내고 있기 때문이다. 특히 정확한 물리적 상수 값을 찾아내 직접 공식에 대입해 계산하는 것은 쉽지 않다.

이 책은 중간중간 공식을 넣어 설명하고 있으며 전 과정을 세밀하게 추적해 설득력 있는 결과를 보여준다. 사실 이런 과정이나 계산은 끝까지 해보기가 어렵다. 이걸 해서 뭐 하나 하는 생각에 그만두고 싶어지기 일쑤다. 하지만 얼레인 교수는 독자들이 지루할 틈을 주지 않고 그만의 유머와 위트로 유쾌하고 재미있게 독자들을 물리의 세계로 이끈다.

아인슈타인은 베를린대학 교수 시절, 일반상대성이론이라는 혁명적인 이론을 발전시켰다. 그는 개기일식이 일어나면 빛이 태양과 같이 질량이 큰 물체 옆을 지날 때 중력에 의해 휘어질 것이라는 사실을 예측했다.

영국의 일식관측대는 이 이론을 증명해내기 위해 아프리카 서해안의 포르투갈 령인 프린시페에서 개기일식을 관측했고, 실제로 빛이 휘는 것을 밝혀내 아인슈타인의 일반상대성이론을 실증했다. 이를 위해 수많은 인원이 동원됐고 그들을 움직이게 만든 건 바로 '이 이론이 맞는 걸까?'라는 호기심이었다. 게다가 당시는 1919년으로 제1차 세계대전이 끝난 직후였다. 이런 사람들을 그저 '괴짜'라고 치부할 수 있을까?

이 책은 일반 물리학 책과 노트를 옆에 두고 읽어보길 권한다. 괴짜 물리학자 렛 얼레인 교수가 설명하는 수치와 공식을 실제로 노트에 써

가면서 함께 답을 추적해내는 재미가 더할 것 같다. 이 책을 통해 많은 사람들이 일상 속에 녹아있는 물리학의 개념과 원리들에 좀 더 쉽게 접근할 수 있는 계기가 되었으면 한다.

이기진(서강대 물리학과 교수)

GEEK
PHYSICS